G101图集应用其实没那么难！

平法钢筋识图200问

周 胜 主编

中国电力出版社
CHINA ELECTRIC POWER PRESS

内 容 提 要

本书根据G101系列平法图集编写，以问答的形式一一解答了平法钢筋识图中常见的问题，全书共分为十章，具体包括：平法钢筋的基础知识、柱平法施工图识读、剪力墙平法施工图识读、梁平法施工图识读、板平法施工图识读、独立基础平法施工图识读、条形基础平法施工图识读、筏形基础平法施工图识读、桩基承台平法施工图识读、楼梯平法施工图识读。书的编写以实用、精练、方便查阅为原则，紧密结合工程实际，配有大量图例，便于读者理解掌握。

本书可作为工程施工及造价人员的培训教材，也可供大中专院校土木工程、工程管理、工程造价等相关专业的老师和学生学习参考。

图书在版编目（CIP）数据

平法钢筋识图200问/周胜主编. —北京：中国电力出版社，2016.8

（G101图集应用其实没那么难）

ISBN 978-7-5123-9480-3

Ⅰ.①平… Ⅱ.①周… Ⅲ.①钢筋混凝土结构-建筑构图—识别—问题解答
Ⅳ.①TU375-44

中国版本图书馆CIP数据核字（2016）第140828号

中国电力出版社出版发行
北京市东城区北京站西街19号 100005 http://www.cepp.sgcc.com.cn
责任编辑：未翠霞 联系电话：010－63412611
责任印制：蔺义舟 责任校对：郝军燕
北京市同江印刷厂印刷·各地新华书店经售
2016年8月第1版·第1次印刷
700mm×1000mm 1/16·14印张·274千字
定价：38.00元

前　言

说到平法识图，那究竟什么是平法呢？简单来说，平法就是混凝土结构施工图采用建筑结构施工图平面整体设计的方法，这种方法是由陈青来教授首先提出的。

1995 年 7 月，平法通过建设部科技成果鉴定，于 1996 年 6 月列为建设部科技成果制定推广项目，并于同年批准为《国家级科技成果重点推广计划》项目。11 月，建设部颁布了第一本平法标准图集 96G101。2000 年，96G101 修订为 00G101。

2003 年，建设部颁布了 03G101 图集，03G101 图集在混凝土结构新规范的基础上，针对旧的标准图集重新作了修订。2004 年、2006 年、2009 年国家颁布了 04G101、06G101、08G101 标准图集。

2011 年 9 月 1 日起实施的新的平法图集，把过去颁布的图集合并为三本标准图集，分别为：11G101-1、11G101-2、11G101-3。相对于之前的图集，11G101 图集细化了平法的知识面，更加注重实际经验的运用，理论与实践相结合，结构体系上重点突出、详略得当，方便读者理解掌握。

平法是对我国原有的混凝土结构施工图的设计表示方法做了重大的改革，现已普遍应用，对现有结构设计、施工概念与方法的深刻反思和系统整合思路，不仅在工程界已经产生了巨大影响，对结构教育界、研究界的影响也逐渐显现。

本书主要作为建筑工程技术人员参照新的制图标准学习怎样识读和绘制施工图的自学参考书，也可以作为高等院校土建类各专业、工程管理专业以及其他相关专业师生的参考教材。本书由周胜主编，王玉静、张跃、李佳滢、李长江、刘梦然、刘海明、徐春霞参加了编写。

本书在编写过程中，参阅和借鉴了许多优秀的书籍、图集和有关国家标准，并得到了有关领导和专家的帮助，在此一并致谢。由于编者的学识和经验有限，书中难免存在疏漏或未尽之处，恳请有关专家和读者提出宝贵意见并予以批评指正，不吝指教。

编者

2016 年 7 月

目　录

平法钢筋的基础知识

1. 平法的表达形式是什么?

平法的表达形式，概括来讲，是把结构构件的尺寸和配筋等，按照平面整体表示方法制图规则，整体直接表达在各类构件的结构平面布置图上，再与标准构造详图相配合，即构成一套新型完整的结构设计。

2. 平法表示方法与传统表示方法有什么不同?

平法表示方法与传统表示方法的区别在于：

（1）平法施工图把结构构件的尺寸和配筋等，按照平面整体表示方法的制图规则，整体直接地表示在各类构件的结构布置平面图上，再与标准构造详图配合，结合成了一套新型完整的结构设计表示方法。改变了传统中将构件（柱、剪力墙、梁）从结构平面设计图中索引出来，再逐个绘制模板详图和配筋详图的烦琐办法。

（2）平法适用的结构构件为柱、剪力墙、梁三种。内容包括两大部分，即平面整体表示图和标准构造详图。在平面布置图上表示各种构件尺寸和配筋方式。表示方法分平面注写方式、列表注写方式和截面注写方式三种。

3. 平法的基本原理是什么?

平法视全部设计过程与施工过程为一个完整的主系统，主系统由多个子系统构成，主要包括以下几个子系统：基础结构、柱墙结构、梁结构、板结构，各子系统有明确的层次性、关联性、相对完整性。

（1）层次性。基础、柱墙、梁、板均为完整的子系统。

（2）关联性。柱、墙以基础为支座——柱、墙与基础关联；梁以柱为支座——梁与柱关联；板以梁为支座梁——板与梁关联。

（3）相对完整性。基础自成体系，仅有自身的设计内容而无柱或墙的设计内容；柱、墙自成体系，仅有自身的设计内容（包括在支座内的锚固纵筋）而无梁的设计内容；梁自成体系，仅有自身的设计内容（包括锚固在支座内的纵筋）而无板的设计内容；板自成体系，仅有板自身的设计内容（包括锚固在支座内的纵筋）。在设计出图的表现形式上它们都是独立的板块。

 4. 认识平法分为几个层次?

（1）第一层次。

1）内容：认识平法设计方法产生的结果：平法设计的建筑结构施工图。

2）说明：平法是一种结构设计方法，其结果是平法设计的结构施工图，要认识平法施工图构件、如何识图，以及和传统结构施工图区别。

“平法”是“建筑结构平面整体设计方法”的简称。应用平法设计方法，就对结构设计的结果——“建筑结构施工图”的结果表现有了大的变革。钢筋混凝土结构中，结构施工图表达钢筋和混凝土两种材料的具体配置。设计文件要由两部分组成，一是设计图样，二是文字说明。从传统结构设计方法的设计图样，到平法设计方法的设计图样，其演进情况，如图1-1所示；传统结构施工图中的平面图及断面图上的构件平面位置、截面尺寸及配筋信息，演变为平法施工图的平面图；传统结构施工图中剖面上的钢筋构造，演变为国家标准构造即《混凝土结构施工图平法整体表示方法制图规则和构造详图》（11G101）。

应用平法设计方法，就取消了传统设计方法中的“钢筋构造标注”，将钢筋构造标准形成《混凝土结构施工图平法整体表示方法制图规则和构造详图》（11G101）系列国家标准构造图集。

（2）第二层次。

1）内容：认识了平法设计产生的结果之后，就要根据自己的角色，认识自己应该把握的工作内容。

2）说明：不同角色，在平法设计方法下完成本职工作，比如结构工程师，按平法制图规则绘制平法施工图；造价工程师按平法标注及构造详图进行钢筋算量；施工人员按平法标注及构造详图进行钢筋施工。

平法设计方式下，设计、造价、施工等工程相关人员有相应的学习及工作内容，工程造价人员在钢筋算量过程中，对平法设计方式下的结构施工图设计文件要学习的内容，见表1-1。

（3）第三层次。

1）内容：从平法这种结构设计方法产生的结果，以及针对该结果要做的工作，这样层层往后追溯，逐渐理解平法设计方法背后蕴含的平法理论，站在一个更高的高度来认识由结构设计方法演变带来的整个行业演变。

2）说明：不同角色，在平法设计方法下有新的定位，比如结构工程师应该重点着力于结构分析，而非重复性的劳动；例如，造价工程师，着力研究平法施工图下的钢筋快速算量；施工、监理人员着力研究平法构造，在实践中继续发展结构构造。

通过前面两个次层，已经能够在平法设计方式下完成各自的工作了，在此基础上，追溯到平法设计方法产生的根源，逐渐理解平法设计方法带来的行业演变。

平法是一种结构设计方法，它最先影响的是设计系统，然后影响到平法设计的应用，最后影响到下游的造价、施工等环节。

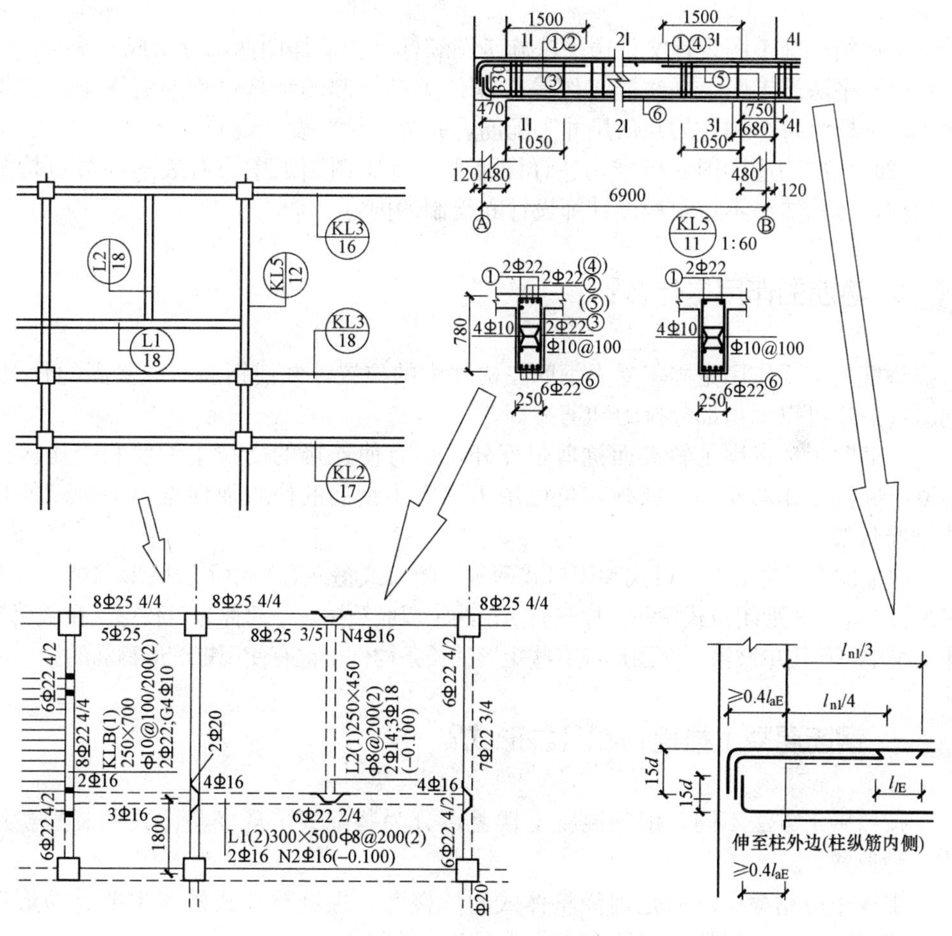

图 1-1　结构施工图设计图样的演进

表 1-1　　　　平法学习内容

内容	目　的	内　容
学习识图	能看懂平法施工图	学习《混凝土结构施工图平法整体表示方法制图规则和构造详图》（11G101）系列平法图集的“制图规则”
理解标准构造	理解平法设计和各构件的各钢筋的锚固、连接、根数的构造	学习《混凝土结构施工图平法整体表示方法制图规则和构造详图》（11G101）系列平法图集的“构造详图”
整理出钢筋算量的具体计算公式	在理解平法设计的钢筋构造基础上，整理出具体的计算公式，比如 KL 上部通长钢筋端支座弯锚长度$=h_c-c+15d$	对《混凝土结构施工图平法整体表示方法制图规则和构造详图》（11G101）系列平法图集按照系统思考的方法进行整理

5. 平法结构施工图设计文件由哪两部分组成？

平法结构施工图设计文件由平法施工图和标准构造详图两部分组成。

(1) 平法施工图。平法施工图是在构件类型绘制的结构平面布置图上，根据制图规则标注每个构件的几何尺寸和配筋，并含有结构设计说明。

(2) 标准构造详图。标准构造详图是平法施工图图纸中没有表达的节点构造和构件本体构造等不需结构设计师设计和绘制的内容。

6. 箍筋的作用是什么？

箍筋的主要作用是固定受力钢筋在构件中的位置，并使钢筋形成坚固的骨架，同时箍筋还可以承担部分拉力和剪力等。

箍筋除了可以满足斜截面抗剪强度外，还有使连接的受拉主钢筋和受压区的混凝土共同工作的作用。此外，也可用于固定主钢筋的位置而使梁内各种钢筋构成钢筋骨架。

箍筋的形式主要有开口式和闭口式两种。闭口式箍筋有三角形、圆形和矩形等多种形式。单个矩形闭口式箍筋也称双肢箍；两个双肢箍拼在一起称为四肢箍。在截面较小的梁中可使用单肢箍；在圆形或有些矩形的长条构件中也有使用螺旋形箍筋的。

7. 钢筋混凝土楼盖有哪几种形式？

按照施工方法不同，钢筋混凝土楼盖可分为装配式、现浇整体式和装配整体式三种形式。

工程中应用最广泛的是现浇整体式肋形楼盖。现浇整体式楼盖主要有肋形楼盖、无梁楼盖和井式楼盖三种形式，如图 1-2 所示。

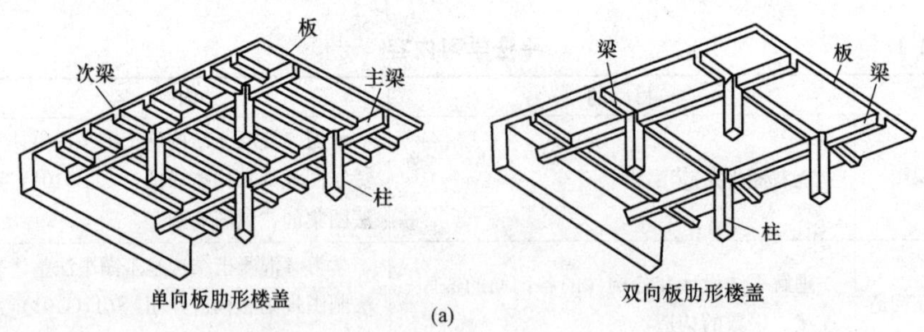

图 1-2　现浇整体式楼盖

(a) 肋形楼盖

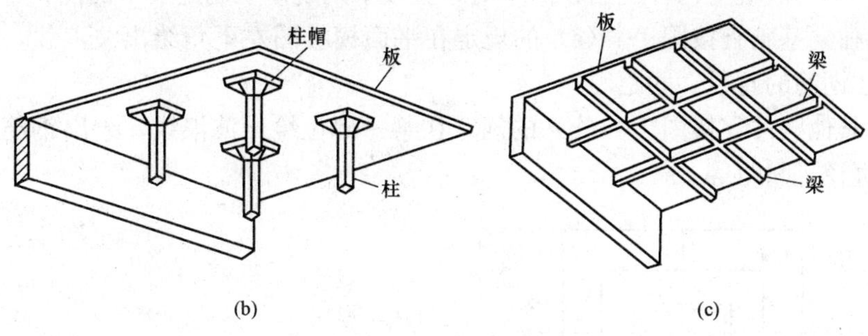

图 1-2　现浇整体式楼盖

（b）无梁楼盖；（c）井式楼盖

8. 钢筋简化表示方法是怎样的？

（1）当构件对称时，采用详图绘制构件中的钢筋网片可按图 1-3 的方法用 1/2 或 1/4 表示。

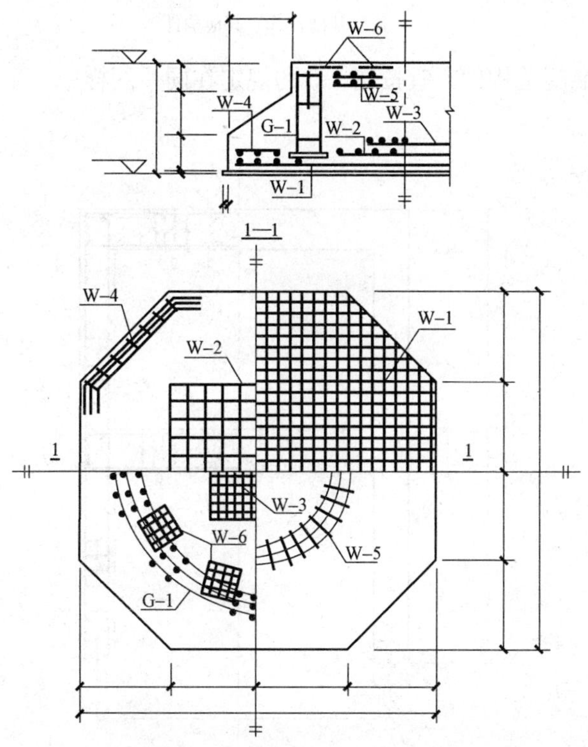

图 1-3　构件中钢筋简化表示方法

(2) 钢筋混凝土构件配筋较简单时，宜按下列规定绘制配筋平面图：

1) 独立基础宜按图 1-4 (a) 的规定在平面模板图左下角绘出波浪线，绘出钢筋并标注钢筋的直径、间距等。

2) 其他构件宜按图 1-4 (b) 的规定在某一部位绘出波浪线，绘出钢筋并标注钢筋的直径、间距等。

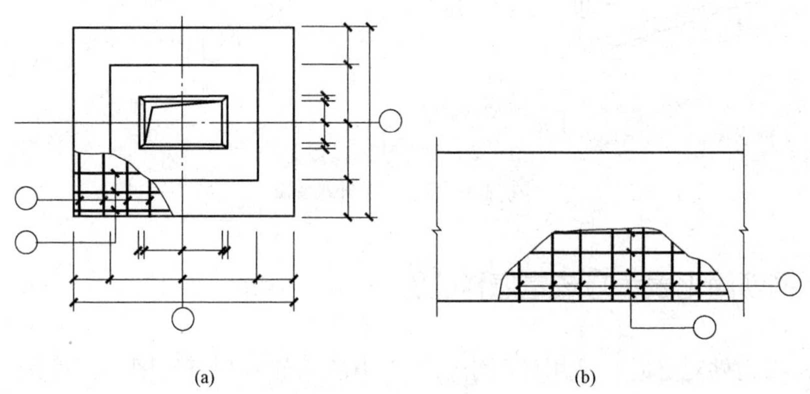

图 1-4 构件配筋简化表示方法

(a) 独立基础；(b) 其他构件

(3) 对称的混凝土构件，宜按图 1-5 的规定在同一图样中一半表示模板，另一半表示配筋。

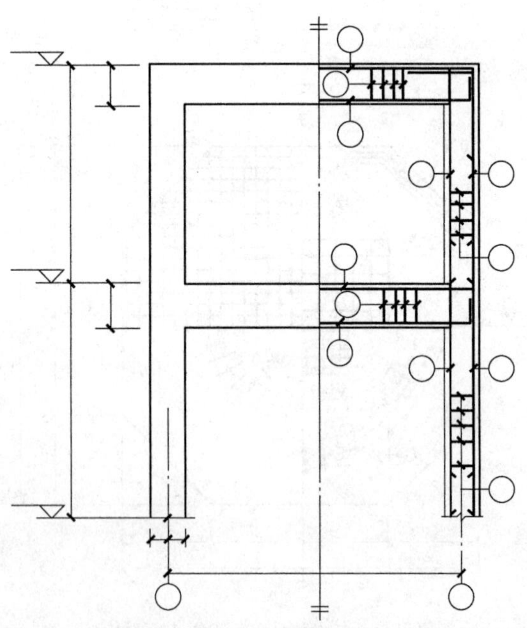

图 1-5 构件配筋简化表示方法

9. 钢筋可分为哪几个等级?

（1）Ⅰ级钢筋，HPB235 为热轧光圆钢筋，用Φ表示。

（2）Ⅱ级钢筋，HRB335 为热轧带肋钢筋，用Φ表示。

（3）Ⅲ级钢筋，HRB400 为热轧带肋钢筋，用Φ表示。

（4）Ⅳ级钢筋，RRB400 为余热处理钢筋，光圆或螺纹，用Φ表示。

（5）冷拔低碳钢丝，冷拔是使Φ6～Φ9 的光圆钢筋通过钨合金的拔丝模进行强力冷拔，钢筋通过拔丝模时，受到拉伸和压缩双重作用，使钢筋内部晶体产生塑性变形，因而能较大幅度地提高抗拉强度（可提高 50%～90%）。光圆钢筋经冷拔后称为冷拔低碳钢丝，用Φ^b 表示。

10. 钢筋弯钩构造有何要求?

受力钢筋的机械锚固形式，由于末端弯钩形式变化多样，且量度方法的不同会产生较大误差，因此主要以弯钩机械锚固进行说明。弯钩锚固形式如图 1-6 所示。

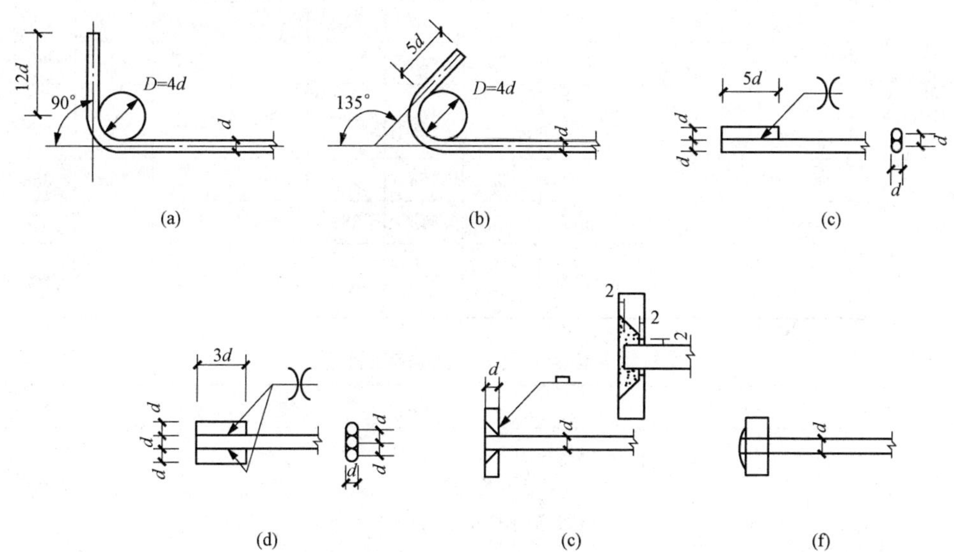

图 1-6　弯钩锚固形式

（a）末端带 90°弯钩；（b）末端带 135°弯钩；（c）末端一侧贴焊锚筋；（d）末端两侧贴焊锚筋；（e）末端与钢板穿孔塞焊；（f）末端带螺栓锚头

对于钢筋的末端作弯钩，弯钩形式应符合设计要求；当设计无具体要求时，HPB300 级钢筋制作的箍筋，其弯钩的圆弧直径应大于受力钢筋直径，且不小于箍筋直径的 2.5 倍，弯钩平直部分长度对一般结构不小于箍筋直径的 5 倍，对有抗震要求的结构，不应小于箍筋直径的 10 倍。下列钢筋可不作弯钩：

（1）焊接骨架和焊接网中的光面钢筋，绑扎骨架中的受压光圆钢筋。

（2）钢筋骨架中的受力带肋钢筋。

对于纵向受力钢筋，如果设计计算充分利用其强度，受力钢筋伸入支座的锚固长度 l_{ab}、l_{abE}应符合基本锚固长度的要求，具体见表 1-2～表 1-4。

表 1-2　　受拉钢筋的基本锚固长度 l_{ab}、l_{abE}

钢筋种类	抗震等级	混凝土强度等级								
		C20	C25	C30	C35	C40	C45	C50	C55	>C60
HPB300	一、二级（l_{abE}）	45d	39d	35d	32d	29d	28d	26d	25d	24d
	三级（l_{abE}）	41d	36d	32d	29d	26d	25d	24d	23d	22d
	四级（l_{abE}） 非抗震（l_{ab}）	39d	34d	30d	28d	25d	24d	23d	22d	21d
HRB335 HRBF335	一、二级（l_{abE}）	44d	38d	33d	31d	29d	26d	25d	24d	24d
	三级（l_{abE}）	40d	35d	31d	28d	26d	24d	23d	22d	22d
	四级（l_{abE}） 非抗震（l_{ab}）	38d	33d	29d	27d	25d	23d	22d	21d	21d
HRB400 HRBF400 RRB400	一、二级（l_{abE}）	—	46d	40d	37d	33d	32d	31d	30d	29d
	三级（l_{abE}）	—	42d	37d	34d	30d	29d	28d	27d	26d
	四级（l_{abE}） 非抗震（l_{ab}）	—	40d	35d	32d	29d	28d	27d	26d	25d
HRB500 HRBF500	一、二级（l_{abE}）	—	55d	49d	45d	41d	39d	37d	36d	35d
	三级（l_{abE}）	—	50d	45d	41d	38d	36d	34d	33d	32d
	四级（l_{abE}） 非抗震（l_{ab}）	—	48d	43d	39d	36d	34d	32d	31d	30d

表 1-3　　受拉钢筋锚固长度 l_a、抗震锚固长度 l_{aE}

非抗震	抗　震	备　　注
$l_a=\zeta_a l_{ab}$	$l_{aE}=\zeta_{aE} l_a$	（1）l_a不应小于 200mm。 （2）锚固长度修正系数 ζ_a按表 1-11 取用，当多于一项时，可按连乘计算，但不应小于 0.6。 （3）ζ_{aE}为抗震锚固长度修正系数，对一、二级抗震等级取 1.15，对三级抗震等级取 1.05，对四级抗震等级取 1.00

注　1. HPB300 级钢筋末端应做成 180°弯钩，弯后平直段长度不应小于 3d；但作受压钢筋时可不做弯钩。

2. 当锚固钢筋的保护层厚度不大于 5d 时，锚固钢筋长度范围内应设置横向构造钢筋，其直径不应小于 $d/4$（d 为锚固钢筋的最大直径）；对梁、柱等构件间距不应大于 5d，对板、墙等构件不应大于 10d，且均不应大于 100mm（d 为锚固钢筋的最小直径）。

表 1-4　　受拉钢筋锚固长度修正系数 ζ_a

锚固条件		ζ_a	备　注
带肋钢筋的公称直径大于 25mm		1.10	—
环氧树脂涂层带肋钢筋		1.25	
施工过程中易受扰动的钢筋		1.10	
锚固区保护层厚度	3*d*	0.80	注：中间时按内插值。 *d* 为锚固钢筋直径
	5*d*	0.70	

11. 钢筋焊接方法的适用范围是什么？

钢筋焊接方法的适用范围见表 1-5。

表 1-5　　钢筋焊接方法的适用范围

焊接方法	接头形式	适用范围	
		钢筋牌号	钢筋直径/mm
电阻点焊		HPB300 HRB335　RBF335 HRB400　RBF400 HRB500　HRBF500 CRB550 CDW550	6～16 6～16 6～16 6～16 4～12 3～8
闪光对焊		HPB300 HRB335　HRBF335 HRB400　HRBF400 HRB500　HRBF500 RRB400W	8～22 8～40 8～40 8～40 8～32
箍筋闪光对焊		HPB300 HRB335　HRBF335 HRB400　HRBF400 HRB500　HRBF500 RRB400W	6～18 6～18 6～18 6～18 8～18
电弧焊　帮条焊　双面焊		HPB300 HRB335　HRBF335 HRB400　HRBF400 HRB500　HRBF500 RRB400W	10～22 10～40 10～40 10～32 10～25

续表

焊接方法			接头形式	适用范围	
				钢筋牌号	钢筋直径/mm
电弧焊	帮条焊	单面焊	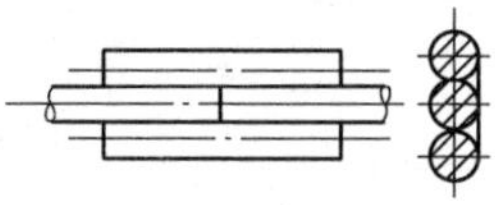	HPB300 HRB335 HRBF335 HRB400 HRBF400 HRB500 HRBF500 RRB400W	10～22 10～40 10～40 10～32 10～25
	搭接焊	双面焊	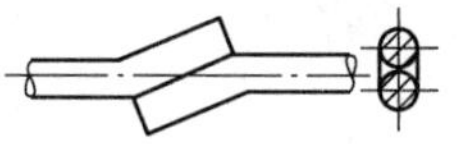	HPB300 HRB335 HRBF335 HRB400 HRBF400 HRB500 HRBF500 RRB400W	10～22 10～40 10～40 10～32 10～25
		单面焊	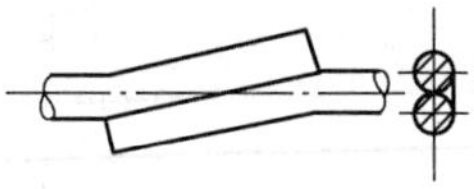	HPB300 HRB335 HRBF335 HRB400 HRBF400 HRB500 HRBF500 RRB400W	10～22 10～40 10～40 10～32 10～25
	熔槽帮条焊		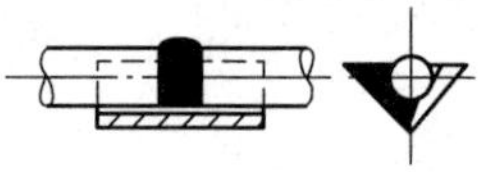	HPB300 HRB335 HRBF335 HRB400 HRBF400 HRB500 HRBF500 RRB400W	20～22 20～40 20～40 20～32 20～25
	坡口焊	平焊	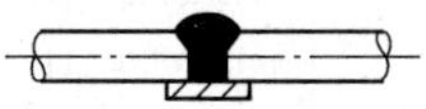	HPB300 HRB335 HRBF335 HRB400 HRBF400 HRB500 HRBF500 RRB400W	18～22 18～40 18～40 18～32 18～25
		立焊	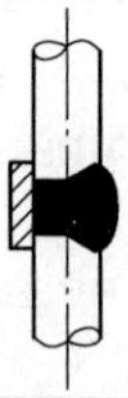	HPB300 HRB335 HRBF335 HRB400 HRBF400 HRB500 HRBF500 RRB400W	18～22 18～40 18～40 18～32 18～25
	钢筋与钢板搭接焊		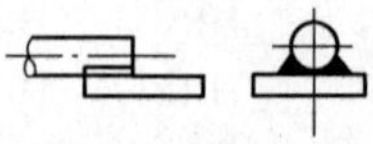	HPB300 HRB335 HRBF335 HRB400 HRBF400 HRB500 HRBF500 RRB400W	8～22 8～40 8～40 8～32 8～25

续表

焊接方法			接头形式	适用范围	
				钢筋牌号	钢筋直径/mm
电弧焊	窄间隙焊			HPB300 HRB335　HRBF335 HRB400　HRBF400 HRB500　HRBF500 RRB400W	16～22 16～40 16～40 18～32 18～25
	预埋件钢筋	角焊	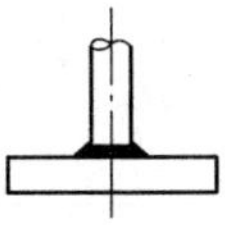	HPB300 HRB335　HRBF335 HRB400　HRBF400 HRB500　HRBF500 RRB400W	6～22 6～25 6～25 10～20 10～20
		穿孔塞焊		HPB300 HRB335　HRBF335 HRB400　HRBF400 HRB500 RRB400W	20～22 20～32 20～32 20～28 20～28
		埋弧压力焊 埋弧螺柱焊	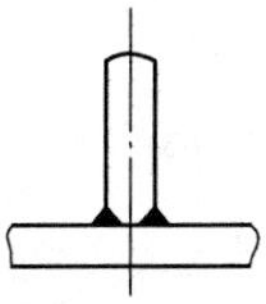	HPB300 HRB335　HRBF335 HRB400　HRBF400	6～22 6～28 6～28
电渣压力焊				HPB300 HRB335 HRB400 HRB500	12～22 12～32 12～32 12～32
气压焊	固态		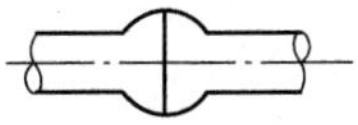	HPB300 HRB335 HRB400 HRB500	12～22 12～40 12～40 12～32
	熔态		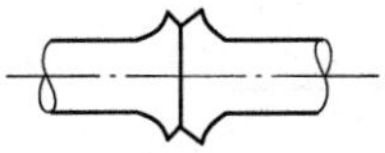		

注　1. 电阻点焊时，适用范围的钢筋直径指两根不同直径钢筋交叉叠接中较小钢筋的直径。

2. 电弧焊分焊条电弧焊和二氧化碳气体保护电弧焊两种工艺方法。

3. 在生产中，对于有较高要求的抗震结构用钢筋，在牌号后加 E，焊接工艺可按同级别热轧钢筋施焊；焊条应采用低氢型碱性焊条。

12. 钢筋焊接接头的标注方法有哪些?

钢筋焊接接头的标注方法见表 1-6。

表 1-6　钢筋焊接接头的标注方法

名　称	接头形式	标注方法
单面焊接的钢筋接头		
双面焊接的钢筋接头		
用帮条单面焊接的钢筋接头		
用帮条双面焊接的钢筋接头		
接触对焊的钢筋接头（闪光焊、压力焊）		
坡口平焊的钢筋接头	60° b	60° b
坡口立焊的钢筋接头	b 45°	45° b
用角钢或扁钢做连接板焊接的钢筋接头		
钢筋或螺（锚）栓与钢板穿孔塞焊的接头		

13. 预埋件、预留孔洞如何表示?

（1）在混凝土构件上设置预埋件时，可按图 1-7 的规定在平面图或立面图上表示。引出线指向预埋件，并标注预埋件的代号。

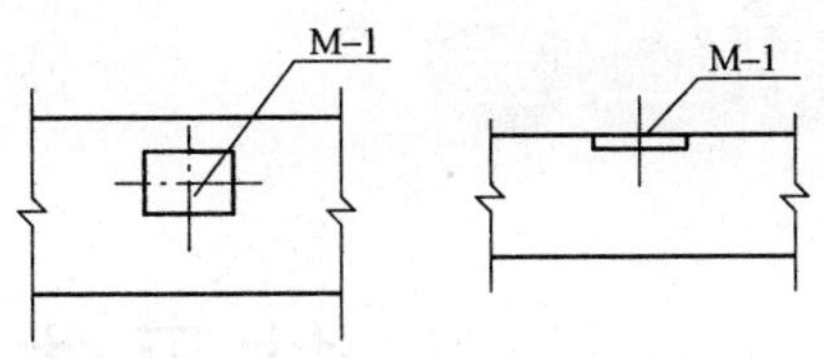

图 1-7　预埋件的表示方法

（2）在混凝土构件的正、反面同一位置均设置相同的预埋件时，可按图 1-8 的规定，引出线为一条实线和一条虚线并指向预埋件，同时在引出横线上标注预埋件的数量及代号。

（3）在混凝土构件的正、反面同一位置设置编号不同的预埋件时，可按图 1-9 的规定引一条实线和一条虚线并指向预埋件。引出横线上标注正面预埋件代号，引出横线下标注反面预埋件代号。

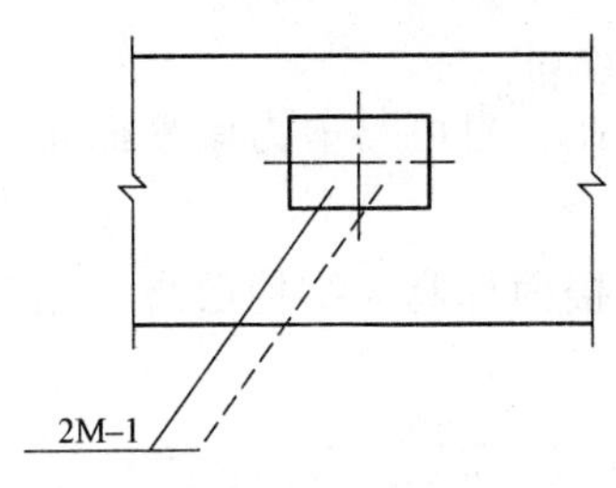

图 1-8　同一位置正、反面预埋件相同的表示方法

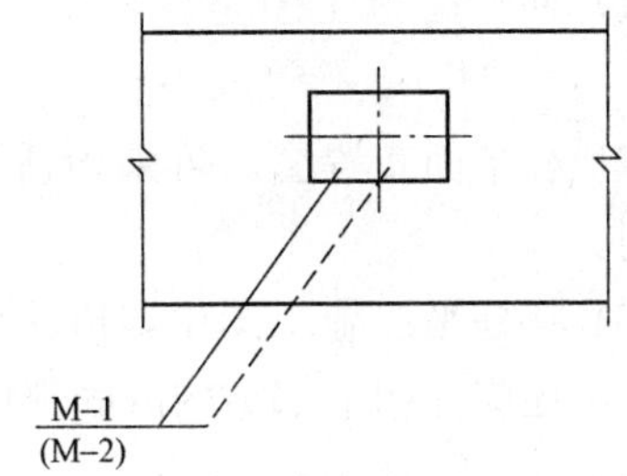

图 1-9　同一位置正、反面预埋件不相同的表示方法

（4）在构件上设置预留孔、洞或预埋套管时，可按图 1-10 的规定在平面或断面图中表示。引出线指向预留（埋）位置，引出横线上方标注预留孔、洞的尺寸，预埋套管的外径。横线下方标注孔、洞（套管）的中心标高或底标高。

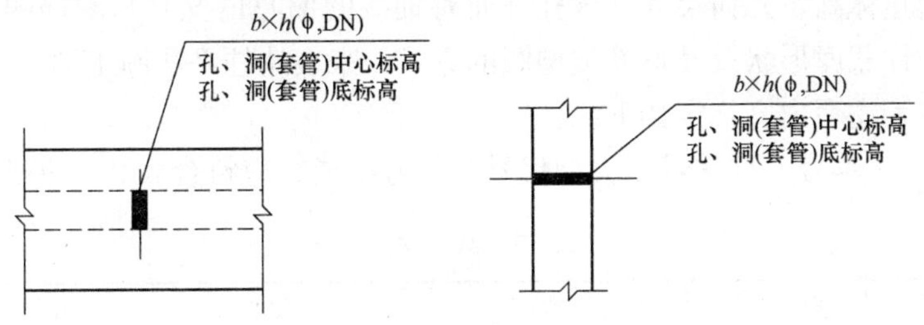

图 1-10　预留孔、洞及预埋套管的表示方法

柱平法施工图识读

14. 柱平法施工图的表达方式有哪些?

（1）柱平法施工图是在柱平面布置图上采用列表注写方式或截面注写方式表达。

（2）柱平面布置图，可采用适当比例单独绘制，也可与剪力墙平面布置图合并绘制。

（3）在柱平法施工图中，应注明各结构层的楼面标高、结构层高及相应的结构层号，还应注明上部结构嵌固部位位置。

15. 柱平法列表注写方式有哪些?

（1）列表注写方式，是在柱平面布置图上（一般只需采用适当比例绘制一张柱平面布置图，包括框架柱、框支柱、梁上柱和剪力墙上柱），分别在同一编号的柱中选择一个（有时需要选择几个）截面标注几何参数代号；在柱表中注写柱编号、柱段起止标高、几何尺寸（含柱截面对轴线的偏心情况）与配筋的具体数值，并配以各种柱截面形状及其箍筋类型图的方式，来表达柱平法施工图。

（2）柱表注写内容规定如下。

1）注写柱编号，柱编号由类型代号和序号组成，应符合表 2-1 的规定。

表 2-1　　柱　编　号

柱　类　型	代　　号	序　　号
框架柱	KZ	××
框支柱	KZZ	××
芯柱	XZ	××
梁上柱	LZ	××
剪力墙上柱	QZ	××

注　编号时，当柱的总高、分段截面尺寸和配筋均对应相同，仅截面与轴线的关系不同时，仍可将其编为同一柱号，但应在图中注明截面与轴线的关系。

2）注写各段柱的起止标高，自柱根部往上以变截面位置或截面未变但配筋改变处为界分段注写。

①框架柱和框支柱的根部标高是指基础顶面标高。

②芯柱的根部标高是指根据结构实际需要而定的起始位置标高。

③梁上柱的根部标高是指梁顶面标高。

④剪力墙上柱的根部标高为墙顶面标高。

3）对于矩形柱，注写柱截面尺寸 $b\times h$ 及与轴线关系的几何参数代号 b_1、b_2 和 h_1、h_2 的具体数值，需对应于各段柱分别注写。其中 $b=b_1+b_2$，$h=h_1+h_2$。当截面的某一边收缩变化至与轴线重合或偏到轴线的另一侧时，b_1、b_2、h_1、h_2 中的某项为零或为负值。

对于圆柱，表中 $b\times h$ 一栏改用在圆柱直径数字前加 d 表示。为表达简单，圆柱截面与轴线的关系也用 b_1、b_2 和 h_1、h_2 表示，并使 $d=b_1+b_2=h_1+h_2$。

对于芯柱，根据结构需要，可以在某些框架柱的一定高度范围内，在其内部的中心位置设置（分别引注其柱编号）。芯柱截面尺寸按构造确定，并按《混凝土结构施工图平面整体表示方法制图规则和构造详图（现浇混凝土框架、剪力墙、梁、板）》(11G101—1）中标准构造详图施工，设计不需注写；当设计者采用与本构造详图不同的做法时，应另行注明。芯柱定位随框架柱，不需要注写其与轴线的几何关系。

4）注写柱纵筋。当柱纵筋直径相同，各边根数也相同时（包括矩形柱、圆柱和芯柱），将纵筋注写在“全部纵筋”一栏中；除此之外，柱纵筋分角筋、截面 b 边中部筋和 h 边中部筋三项分别注写（对于采用对称配筋的矩形截面柱，可仅注写一侧中部筋，对称边省略不注）。

5）注写箍筋类型及箍筋肢数，在箍筋类型栏内注写。

6）注写柱箍筋，包括钢筋级别、直径与间距。当为抗震设计时，用“/”区分柱端箍筋加密区与柱身非加密区长度范围内箍筋的不同间距。施工人员需根据标准构造详图的规定，在规定的几种长度值中取其最大者作为加密区长度。当框架节点核芯区内箍筋与柱端箍筋设置不同时，应在括号中注明核芯区箍筋直径及间距。

（3）具体工程所设计的各种箍筋类型图以及箍筋复合的具体方式，需画在表的上部或图中的适当位置，并在其上标注与表中相对应的 b、h 和类型号。

注：当为抗震设计时，确定箍筋肢数时要满足对柱纵筋“隔一拉一”以及箍筋肢距的要求。

16. 柱平法的截面注写方式有哪些?

（1）截面注写方式，是在柱平面布置图的柱截面上，分别在同一编号的柱中选择一个截面，以直接注写截面尺寸和配筋具体数值的方式来表达柱平法施工图。

（2）对除芯柱之外的所有柱截面进行编号，从相同编号的柱中选择一个截面，按另一种比例原位放大绘制柱截面配筋图，并在各配筋图上继其编号后再注写截面尺寸 $b \times h$、角筋或全部纵筋（当纵筋采用一种直径且能够图示清楚时）、箍筋的具体数值，以及在柱截面配筋图上标注柱截面与轴线关系 b_1、b_2、h_1、h_2 的具体数值。

（3）在截面注写方式中，如柱的分段截面尺寸和配筋均相同，仅截面与轴线的关系不同时，可将其编为同一柱号。但此时应在未画配筋的柱截面上注写该柱截面与轴线关系的具体尺寸。

17. 柱平法施工图的表示方法有几点？

（1）柱平法施工图是在柱平面布置图上采用列表注写方式或截面注写方式表达。

（2）柱平面布置图，可采用适当比例单独绘制，也可与剪力墙平面布置图合并绘制。

（3）在柱平法施工图中，应注明各结构层的楼面标高、结构层高及相应的结构层号，还应注明上部结构嵌固部位位置。

18. 柱表注写内容有哪些规定？

（1）注写柱编号。柱编号由类型代号和序号组成，见表2-2。

表2-2　柱　编　号

柱类型	代号	序号
框架柱	KZ	××
框支柱	KZZ	××
芯柱	XZ	××
梁上柱	LZ	××
剪力墙上柱	QZ	××

注　编号时，当柱的总高、分段截面尺寸和配筋均对应相同，仅截面与轴线的关系不同时，仍可将其编为同一柱号，但应在图中注明截面与轴线的关系。

（2）注写各段柱的起止标高。自柱根部往上以变截面位置或截面未变但配筋改变处为界分段注写。框架柱和框支柱的根部标高是指基础顶面标高；芯柱的根部标高是指根据结构实际需要而定的起始位置标高；梁上柱的根部标高是指梁顶面标高；剪力墙上柱的根部标高为墙顶面标高。

（3）注写柱截面尺寸。

1）对于矩形柱，注写柱截面尺寸 $b \times h$ 及与轴线关系的几何参数代号 b_1、b_2 和

h_1、h_2的具体数值，需对应于各段柱分别注写。其中$b=b_1+b_2$，$h=h_1+h_2$。当截面的某一边收缩变化至与轴线重合或偏到轴线的另一侧时，b_1、b_2、h_1、h_2中的某项为零或为负值。

2）对于圆柱，表中$b\times h$一栏改用在圆柱直径数字前加d表示。为表达简单，圆柱截面与轴线的关系也用b_1、b_2和h_1、h_2表示，并使$d=b_1+b_2=h_1+h_2$。

3）对于芯柱，根据结构需要，可以在某些框架柱的一定高度范围内，在其内部的中心位置设置（分别引注其柱编号）。芯柱截面尺寸按构造确定，并按《混凝土结构施工图平面整体表示方法制图规则和构造详图（现浇混凝土框架、剪力墙、梁、板）》(11G101-1）标准构造详图施工，设计不需注写；当设计者采用与本构造详图不同的做法时，应另行注明。芯柱定位随框架柱，不需要注写其与轴线的几何关系。

（4）注写柱纵筋。当柱纵筋直径相同，各边根数也相同时（包括矩形柱、圆柱和芯柱），将纵筋注写在“全部纵筋”一栏中；除此之外，柱纵筋分角筋、截面b边中部筋和h边中部筋三项分别注写（对于采用对称配筋的矩形截面柱，可仅注写一侧中部筋，对称边省略不注）。

（5）注写箍筋类型号及箍筋肢数。在箍筋类型栏内注写按《混凝土结构施工图平面整体表示方法制图规则和构造详图（现浇混凝土框架、剪力墙、梁、板）》(11G101-1）第2.2.3条规定的箍筋类型号与肢数。

（6）注写柱箍筋。包括钢筋级别、直径与间距。当为抗震设计时，用斜线“/”区分柱端箍筋加密区与柱身非加密区长度范围内箍筋的不同间距。施工人员需根据标准构造详图的规定，在规定的几种长度值中取其最大者作为加密区长度。当框架节点核芯区内箍筋与柱端箍筋设置不同时，应在括号中注明核芯区箍筋直径及间距。

【例1】 Φ10@100/250，表示箍筋为HPB300级钢筋，直径ϕ10，加密区间距为100mm，非加密区间距为250mm。

【例2】 Φ10@100/250（Φ12@100），表示柱中箍筋为HPB300级钢筋，直径ϕ10，加密区间距为100mm，非加密区间距为250mm。框架节点核芯区箍筋为HPB300级钢筋，直径ϕ12，间距为100mm。

当箍筋沿柱全高为一种间距时，则不使用“/”线。

【例3】 Φ10@100，表示沿柱全高范围内箍筋均为HPB300级钢筋，直径ϕ10，间距为100mm。当圆柱采用螺旋箍筋时，需在箍筋前加“L”。

【例4】 LΦ10@100/200，表示采用螺旋箍筋，HPB300级钢筋，直径ϕ10，加密区间距为100mm，非加密区间距为200。

 19. 柱的注写列表方式有哪些?

列表注写方式，是在柱平面布置图上（一般只需采用适当比例绘制一张柱平面布置图，包括框架柱、框支柱、梁上柱和剪力墙上柱)，分别在同一编号的柱中选择一个（有时需要选择几个）截面标注几何参数代号；在柱表中注写柱编号、柱段起止标高、几何尺寸（含柱截面对轴线的偏心情况）与配筋的具体数值，并配以各种柱截面形状及其箍筋类型图。

 20. 平面整体表示方法对层号有哪些要求?

由于柱是一种垂直构件，因此柱纵筋的长度和箍筋的个数都与层高有关。同时，正确理解“层号”的概念，以便清楚地知道一根框架柱在哪个楼层发生“变截面”的情况，这也是框架柱以及其他垂直构件（包括剪力墙）所必须注意的问题。

因此《混凝土结构施工图平面整体表示方法制图规则和构造详图（现浇混凝土框架、剪力墙、梁、板）》(11G101-1) 图集总则第 1.0.8 条中要求：按平法设计绘制结构施工图时，应当用表格或其他方式注明包括地下和地上各层的结构层楼（地）面标高、结构层高及相应的结构层号。

其结构层楼面标高和结构层高在单项工程中必须统一，以保证基础、柱与墙、梁、板、楼梯等用同一标准竖向定位。为施工方便，应将统一的结构层楼面标高和结构层高分别放在柱、墙、梁等各类构件的平法施工图中。

 21. 柱平法施工图截面注写方式的要求有哪些?

截面注写方式，是在柱平面布置图的柱截面上，分别在同一编号的柱中选择一个截面，以直接注写截面尺寸和配筋具体数值的方式来表达柱平法施工图。采用截面注写方式表达的柱平法施工图示例，如图 2-1 所示。

对除芯柱之外的所有柱截面按规定进行编号，从相同编号的柱中选择一个截面，按另一种比例原位放大绘制柱截面配筋图，并在各配筋图上继其编号后再注写截面尺寸 $b \times h$、角筋或全部纵筋（当纵筋采用一种直径且能够图示清楚时)、箍筋的具体数值，以及在柱截面配筋图上标注柱截面与轴线关系 b_1、b_2、h_1、h_2 的具体数值。

当纵筋采用两种直径时，需再注写截面各边中部筋的具体数值（对于采用对称配筋的矩形截面柱，可仅在一侧注写中部筋，对称边省略不注)。

当在某些框架柱的一定高度范围内，在其内部的中心位设置芯柱时，首先按照要求注写柱编号，继其编号之后注写芯柱的起止标高、全部纵筋及箍筋的具体数值，芯柱截面尺寸按构造确定，并按标准构造详图施工，设计不注；当设计者采用与本构造详图不同的做法时，应另行注明。芯柱定位随框架柱，不需要注写其与轴线的几何关系。

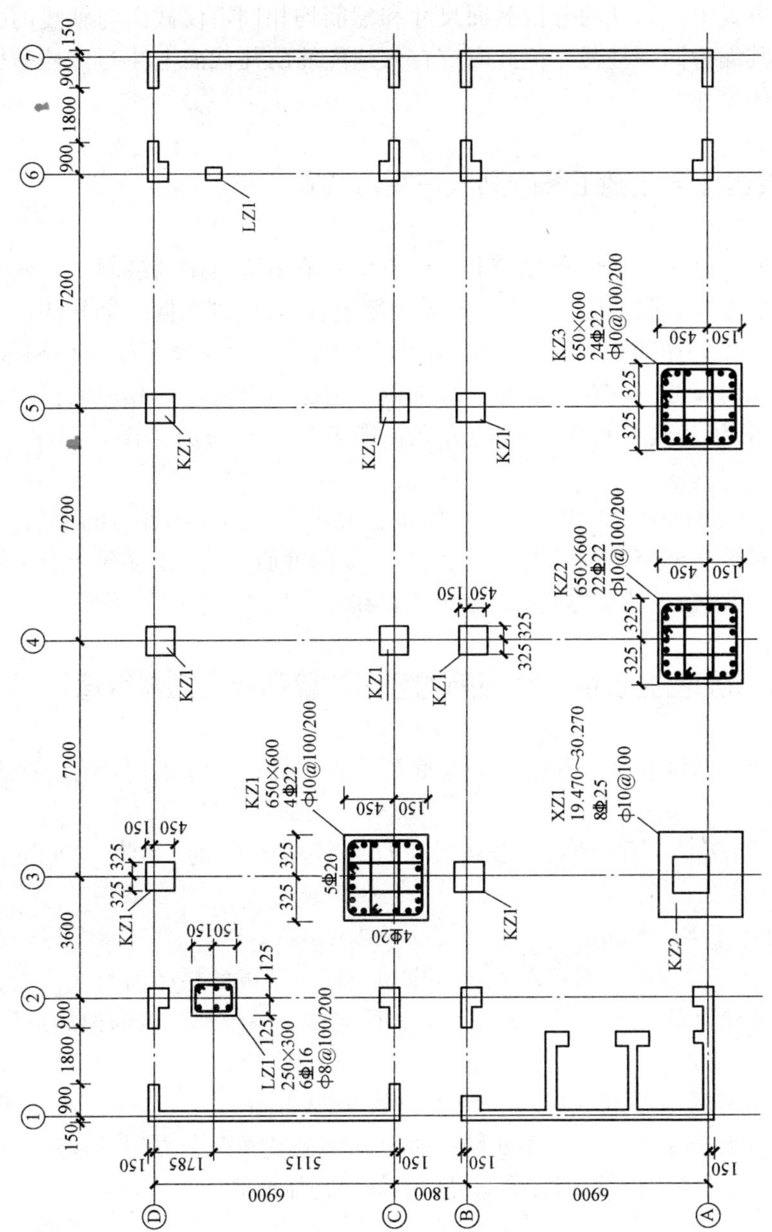

层号	标高/m	层高/m
屋面2	65.670	
塔层2	62.370	3.30
屋面1(塔层1)	59.070	3.30
16	55.470	3.60
15	51.870	3.60
14	48.270	3.60
13	44.670	3.60
12	41.070	3.60
11	37.470	3.60
10	33.870	3.60
9	30.270	3.60
8	26.670	3.60
7	23.070	3.60
6	19.470	3.60
5	15.870	3.60
4	12.270	3.60
3	8.670	3.60
2	4.470	4.20
1	-0.030	4.50
-1	-4.530	4.50
-2	-9.030	4.50

结构层楼面标高
结构层高

上部结构嵌固部位
-0.030

19.470～37.470柱平法施工图

图 2-1　柱平法施工图截面注写方式示例

在截面注写方式中，如柱的分段截面尺寸和配筋均相同，仅截面与轴线的关系不同时，可将其编为同一柱号。但此时应在未画配筋的柱截面上注写该柱截面与轴线关系的具体尺寸。

22. 怎样表达柱平法施工图的列表注写方式?

列表注写方式，是在柱平面布置图上（一般只需采用适当比例绘制一张柱平面布置图，包括框架柱、框支柱、梁上柱和剪力墙上柱），分别在同一编号的柱中选择一个（有时需要选择几个）截面标注几何参数代号；在柱表中注写柱编号、柱段起止标高、几何尺寸（含柱截面对轴线的偏心情况）与配筋的具体数值，并配以各种柱截面形状及其箍筋类型图的方式，来表达柱平法施工图，如图 2-2 所示。

图 2-2 如采用非对称配筋，需在柱表中增加相应栏目分别表示各边的中部筋。抗震设计时箍筋对纵筋至少“隔一拉一”。类型 1、5 的箍筋肢数可有多种组合，箍筋类型 1 为 5×4 的组合，其余类型为固定形式，在表中只注类型号即可。

23. 柱端箍筋加密区长度和柱箍筋加密区的箍筋肢距怎样取值?

（1）柱端箍筋加密区长度，在楼层处与底层柱根部处的尺寸不同，有三个判定条件：

1）柱端取截面高度（圆柱直径）长边尺寸 H_c、柱净高 H_n 的 1/6 和 500mm 三者的最大值；

2）刚性地面上下各 500mm；

3）剪跨比不大于 2 的柱、柱净高及因嵌砌填充墙等形成的柱净高与柱截面长边尺寸（圆柱为截面直径）之比不大于 4 的柱、框支柱、一级和二级框架的角柱，箍筋加密取全高。

（2）柱箍筋加密区的箍筋肢距，一级不宜大于 200mm，二、三级不宜大于 250mm，四级不宜大于 300mm。至少每隔一根纵向钢筋宜在两个方向有箍筋或拉筋约束；采用拉筋复合箍时，拉筋宜紧靠纵向钢筋并钩住箍筋。

24. 框架柱平法施工图识读主要分为几个步骤?

（1）查看图名、比例。

（2）校核轴线编号及其间距尺寸，要求必须与建筑图、基础平面图保持一致。

（3）与建筑图配合，明确各柱的编号、数量及位置。

（4）阅读结构设计总说明或有关说明，明确柱的混凝土强度等级。

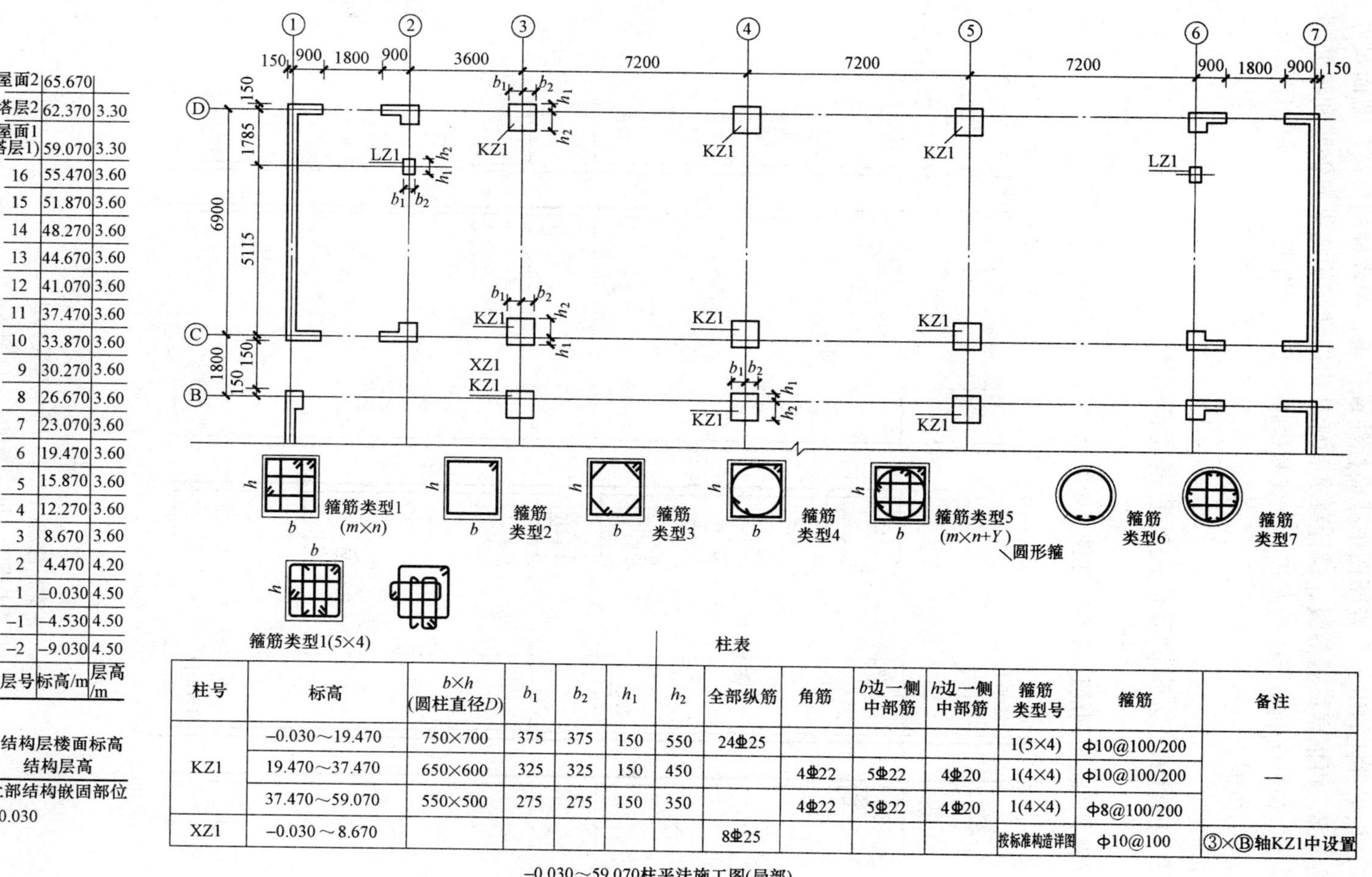

层号	标高/m	层高/m
屋面2	65.670	
塔层2	62.370	3.30
屋面1 (塔层1)	59.070	3.30
16	55.470	3.60
15	51.870	3.60
14	48.270	3.60
13	44.670	3.60
12	41.070	3.60
11	37.470	3.60
10	33.870	3.60
9	30.270	3.60
8	26.670	3.60
7	23.070	3.60
6	19.470	3.60
5	15.870	3.60
4	12.270	3.60
3	8.670	3.60
2	4.470	4.20
1	−0.030	4.50
−1	−4.530	4.50
−2	−9.030	4.50

结构层楼面标高
结构层高
上部结构嵌固部位
−0.030

柱表

柱号	标高	$b\times h$ (圆柱直径D)	b_1	b_2	h_1	h_2	全部纵筋	角筋	b边一侧中部筋	h边一侧中部筋	箍筋类型号	箍筋	备注
KZ1	−0.030～19.470	750×700	375	375	150	550	24⏀25				1(5×4)	⏀10@100/200	—
	19.470～37.470	650×600	325	325	150	450		4⏀22	5⏀22	4⏀20	1(4×4)	⏀10@100/200	
	37.470～59.070	550×500	275	275	150	350		4⏀22	5⏀22	4⏀20	1(4×4)	⏀8@100/200	
XZ1	−0.030～8.670						8⏀25				按标准构造详图	⏀10@100	③×Ⓑ轴KZ1中设置

−0.030～59.070柱平法施工图(局部)

图 2-2　柱平法施工图列表注写方式示例

（5）根据各柱的编号，查阅图中截面标注或柱表，明确柱的标高、截面尺寸和配筋情况。再根据抗震等级、设计要求和标准构造详图确定纵向钢筋和箍筋的构造要求，如纵向钢筋连接的方式、位置和搭接长度、弯折要求、柱头锚固要求、箍筋加密的范围。

25. 抗震KZ纵向钢筋连接构造是怎样的？

抗震KZ纵向钢筋连接构造如图2-3所示。

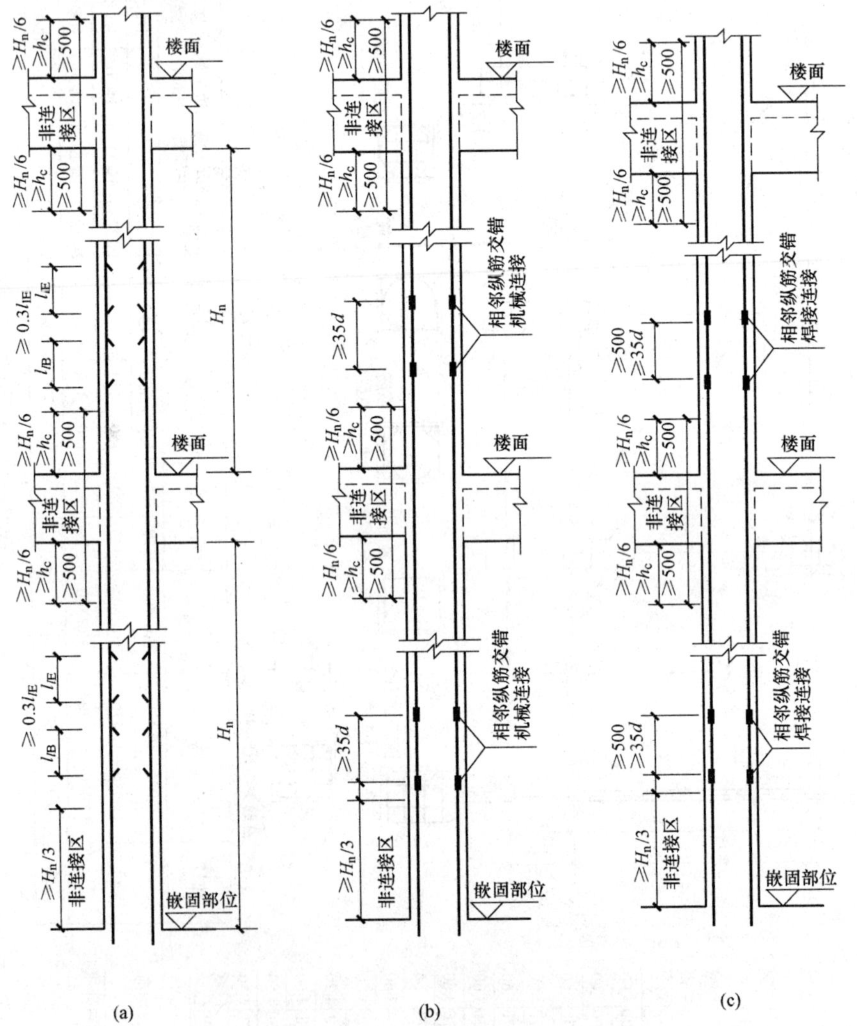

(a)　　(b)　　(c)

图2-3　抗震KZ纵向钢筋连接构造

（a）绑扎搭接；（b）机械连接；（c）焊接连接

h_c—柱截面长边尺寸（圆柱为截面直径），H_n—为所在楼层的柱净高

 26. 如何识读地下室抗震 KZ 纵向钢筋连接构造?

地下室抗震 KZ 纵向钢筋连接构造如图 2-4 所示。当某层连接区的高度小于纵筋分两批搭接所需要的高度时，应改用机械连接或焊接连接。

图 2-4 中钢筋连接构造及图 2-5 中柱箍筋加密区范围用于嵌固部位不在基础底面情况下地下室部分（基础底面至嵌固部位）的柱。

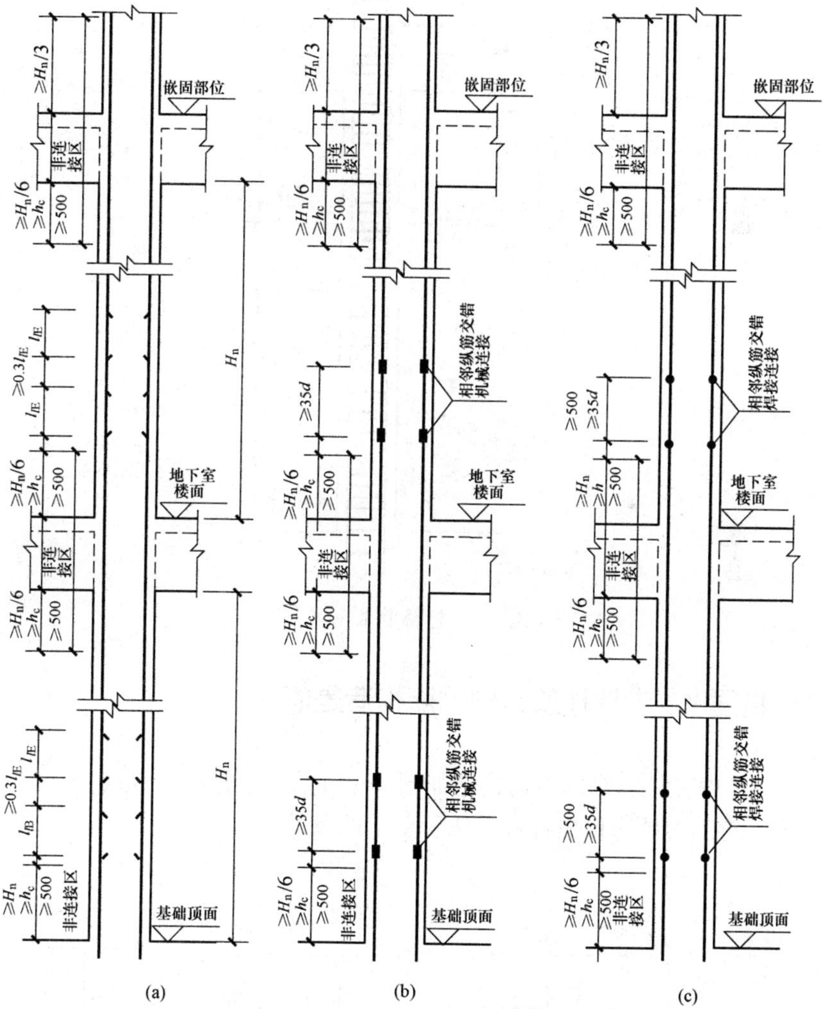

图 2-4　地下室抗震 KZ 纵向钢筋连接构造

（a）绑扎搭接；（b）机械连接；（c）焊接连接

h_c—柱截面长边尺寸（圆柱为截面直径）；H_n—所在楼层的柱净高

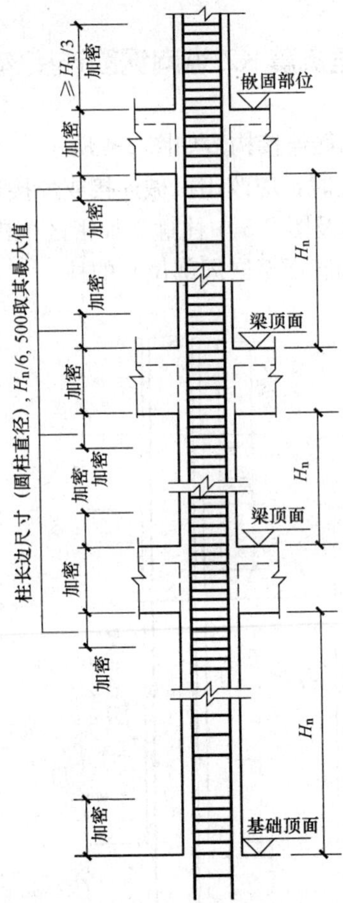

图 2-5　柱箍筋加密区范围

27. 抗震 KZ 中柱柱顶纵向钢筋构造是怎样的?

抗震 KZ 中柱柱顶纵向钢筋构造如图 2-6 所示，中柱柱头纵向钢筋构造分四种构造做法，施工人员应根据各种做法所要求的条件正确选用。

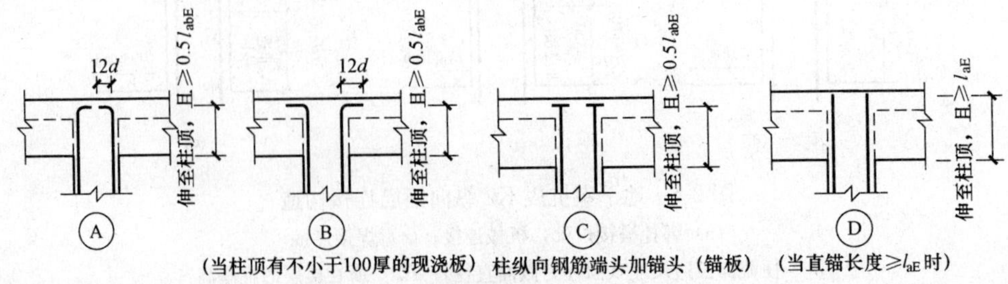

图 2-6　中柱柱顶纵向钢筋构造

28. 抗震框架柱变截面位置纵向钢筋构造是怎样的?

抗震框架柱变截面位置纵向钢筋构造如图 2-7 所示。

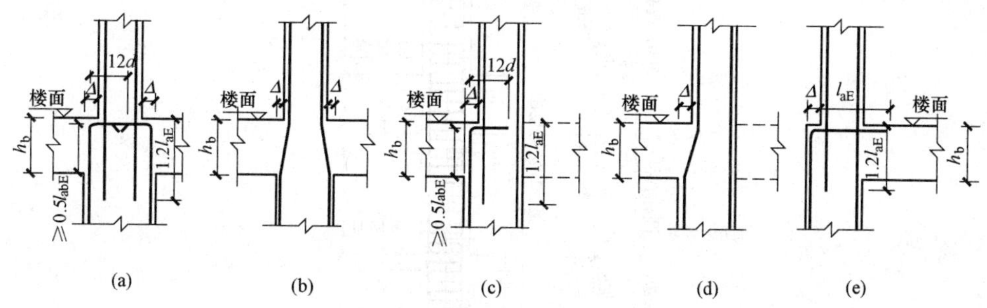

图 2-7　抗震框架柱变截面位置纵向钢筋构造

(a) 构造一 ($\Delta/h_b>1/6$);(b) 构造二 ($\Delta/h_b\leqslant1/6$);

(c) 构造三 ($\Delta/h_b>1/6$);(d) 构造四 ($\Delta/h_b\leqslant1/6$);(e) 外侧错台

注:Δ—上下柱同向侧面错台的宽度;h_b—框架梁的截面高度。

29. 如何识读抗震 KZ、QZ、LZ 箍筋加密区范围?

抗震 KZ、QZ、LZ 箍筋加密区范围如图 2-8 所示。

30. 怎样识读柱平法施工图?

(1) 柱平法施工图主要包括以下内容:

1) 图名和比例。柱平法施工图的比例应与建筑平面图相同。

2) 定位轴线及其编号、间距尺寸。

3) 柱的编号、平面布置、与轴线的几何关系。

4) 每一种编号柱的标高、截面尺寸、纵向钢筋和箍筋的配置情况。

5) 必要的设计说明(包括对混凝土等材料性能的要求)。

(2) 柱平法施工图应按下列步骤进行识读:

1) 查看图名、比例。

2) 校核轴线编号及间距尺寸,要求必须与建筑图、基础平面图一致。

3) 与建筑图配合,明确各柱的编号、数量和位置。

4) 阅读结构设计总说明或有关说明,明确柱的混凝土强度等级。

5) 根据各柱的编号,查看图中截面标注或柱表,明确柱的标高、截面尺寸和

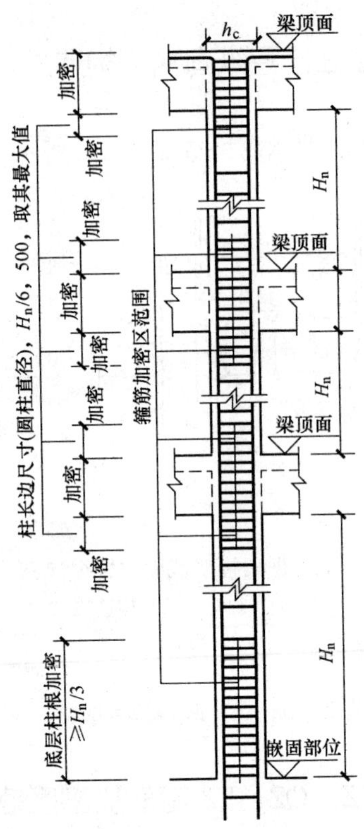

图 2-8　抗震 KZ、QZ、LZ 箍筋加密区范围

（QZ 嵌固部位为墙顶面，LZ 嵌固部位为梁顶面）

配筋情况。再根据抗震等级、设计要求和标准构造详图确定纵向钢筋和箍筋的构造要求。

6）图纸说明其他的有关要求。

（3）识读实例。

现以图 2-9 和图 2-10 为例，来进行柱平法施工图的识读。

图 2-9、图 2-10 为采用截面注写方式表达的柱平法施工图。各柱平面位置如图 2-9 所示，截面尺寸和配筋情况如图 2-10 所示。

从图中可以识读出以下内容：

图 2-9 为柱平法施工图，绘制比例为 1：100。轴线编号及其间距尺寸与建筑图、基础平面布置图一致。该柱平法施工图中的柱包含框架柱和框支柱，共有 4 种编号，其中框架柱 1 种，框支柱 3 种。7 根 KZ1，位于Ⓐ轴线上；34 根 KZZ1 分别位于Ⓒ、Ⓔ和Ⓖ轴线上；2 根 KZZ2 位于Ⓓ轴线上；13 根 KZZ3 位于Ⓑ轴线上。

本工程的结构构件抗震等级：转换层以下框架为二级，一、二层剪力墙及转换层以上两层剪力墙，抗震等级为三级，以上各层抗震等级为四级。

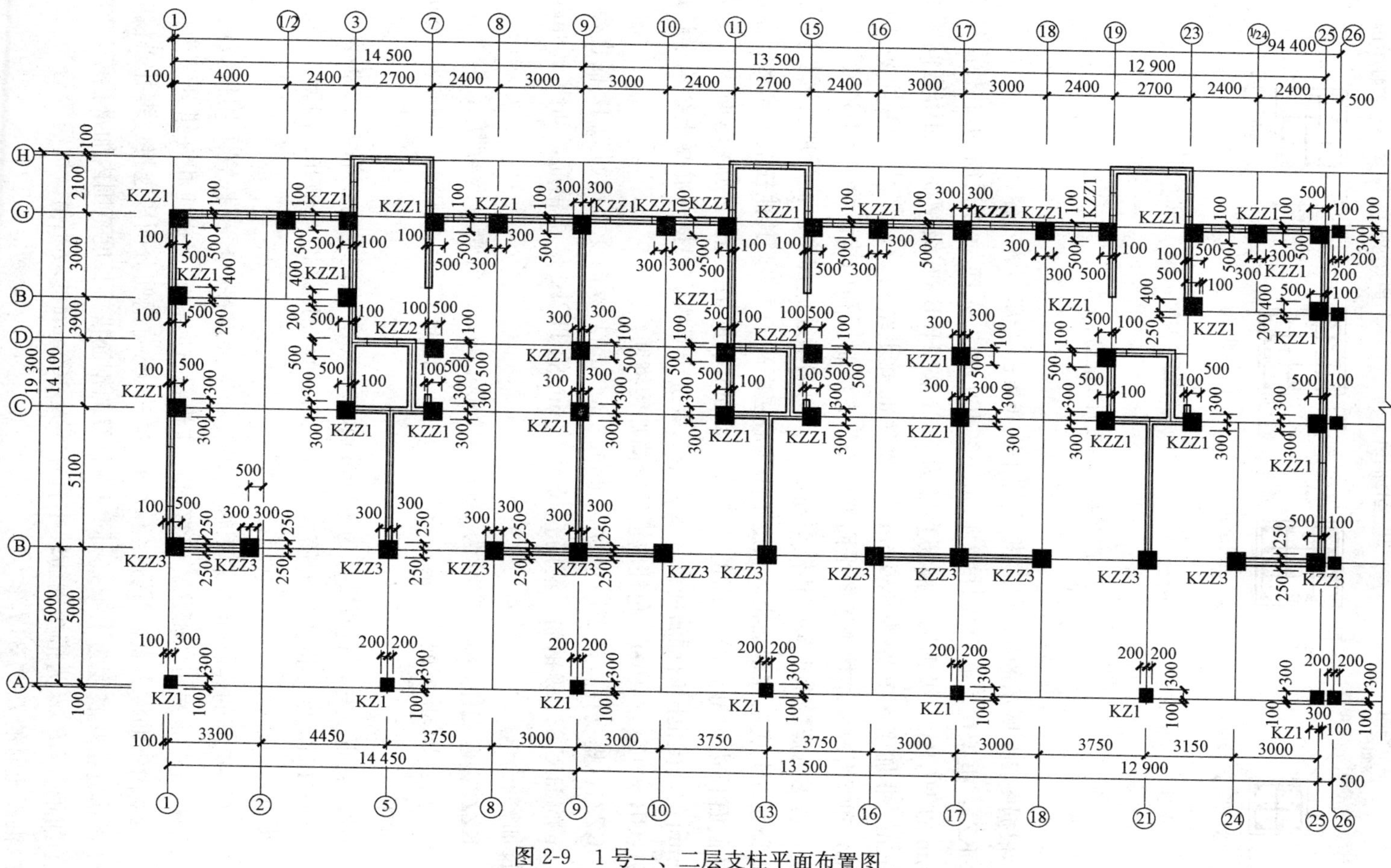

图 2-9　1 号一、二层支柱平面布置图

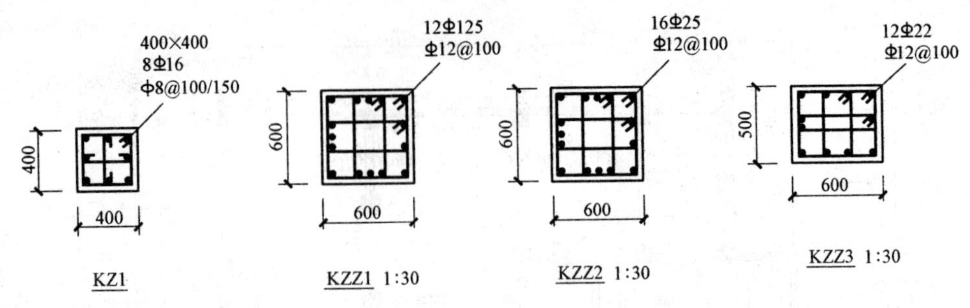

图 2-10 柱截面和配筋

根据图 2-9 所示的一、二层框支柱平面布置图可知如下内容。

KZ1：框架柱，截面尺寸为 400mm×400mm，纵向受力钢筋为 8 根直径为 16mm 的 HRB335 级钢筋；箍筋直径为 8mm 的 HPB300 级钢筋，加密区间距为 100mm，非加密区间距为 150mm。根据《混凝土结构设计规范》(GB 50010—2010）和《混凝土结构施工图平面整体表示方法制图和构造详图》（11G101）系列图集，考虑抗震要求框架柱和框支柱上、下两端箍筋应加密。箍筋加密区长度为，基础顶面以上底层柱根加密区长度不小于底层净高的 1/3；其他柱端加密区长度应取柱截面长边尺寸、柱净高的 1/6 和 500mm 中的最大值；刚性地面上、下各 500mm 的高度范围内箍筋加密。因为是二级抗震等级，根据《混凝土结构设计规范》(GB 50010—2010)，角柱应沿柱全高加密箍筋。

KZZ1：框支柱，截面尺寸为 600mm×600mm，纵向受力钢筋为 12 根直径为 25mm 的 HRB335 级钢筋；箍筋直径为 12mm 的 HRB335 级钢筋，间距 100mm，全长加密。

KZZ2：框支柱，截面尺寸为 600mm×600mm，纵向受力钢筋为 16 根直径为 25mm 的 HRB335 级钢筋；箍筋直径为 12mm 的 HRB335 级钢筋，间距 100mm，全长加密。

KZZ3：框支柱，截面尺寸为 600mm×500mm，纵向受力钢筋为 12 根直径为 22mm 的 HRB335 级钢筋；箍筋直径为 12mm 的 HRB335 级钢筋，间距 100mm，全长加密。

柱纵向钢筋的连接可以采用绑扎搭接和焊接连接，框支柱宜采用机械连接，连接一般设在非箍筋加密区。连接时，柱相邻纵向钢筋接头应相互错开，为保证同一截面内钢筋接头面积百分比不大于 50%，纵向钢筋分两段连接。绑扎搭接时，图中的绑扎搭接长度为 $1.4l_{aE}$，同时在柱纵向钢筋搭接长度范围内加密箍筋，加密箍筋间距取 $5d$（d 为搭接钢筋较小直径）及 100mm 的较小值。抗震等级为二级、C30 混凝土时的 l_{aE} 为 $34d$。

框支柱在三层墙体范围内的纵向钢筋应伸入三层墙体内至三层天棚顶，其余框支柱和框架柱，KZ1 钢筋按《混凝土结构施工图平面整体表示方法制图和构造详图（现浇混凝土框架、剪力墙、梁、板）》（11G101-1）图集锚入梁板内。本工程柱外侧纵向钢筋配筋率≤1.2%，且混凝土强度等级≥C20，板厚≥80mm。

31. 如何识读柱平法施工实例图?

【例】 某办公楼柱的平法施工图如图 2-11 所示。

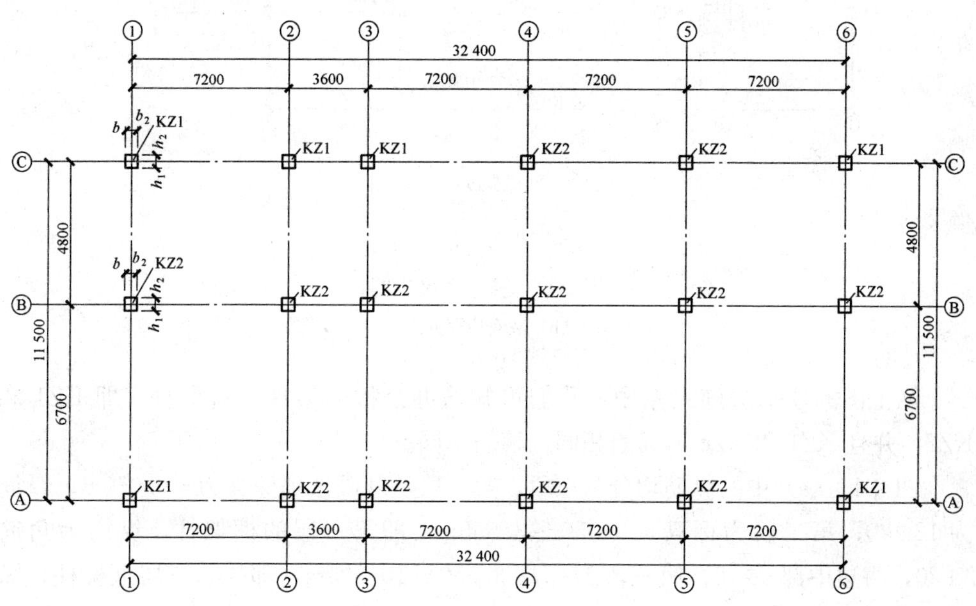

柱配筋图

柱号	标高/m	b×h（圆柱直径D）	b_1/mm	b_2/mm	h_1/mm	h_2/mm	全部纵筋	角筋	b边一侧中部筋	h边一侧中部筋	箍筋类型号	箍筋	备注
	3.550~10.800	400×400	200	200	200	200	12⌀18				1(4×4)	ф8@100	
KZ1	-0.050~3.500	400×400	200	200	200	200		4⌀20	2⌀18	2⌀18	1(4×4)	ф10@100	
	基础顶-0.050	400×400	200	200	200	200	12⌀20				1(4×4)	ф10@100	
	3.550~10.800	400×400	200	200	200	200	12⌀18				1(4×4)	ф8@100/200	
KZ2	-0.050~3.500	400×400	200	200	200	200		4⌀20	2⌀18	2⌀18	1(4×4)	ф10@100/200	
	基础顶-0.050	400×400	200	200	200	200	12⌀20				1(4×4)	ф10@100/200	

h b 箍筋类型L ($m\times n$)

层号	标高/m	层高/m
屋面	10.800	
3	7.150	3.650
2	3.550	3.600
1	-0.050	3.600
基础底	-2.000	1.950

结构层楼面标高
结构层高

(a)

图 2-11　柱平法施工图

（a）列表注写方式

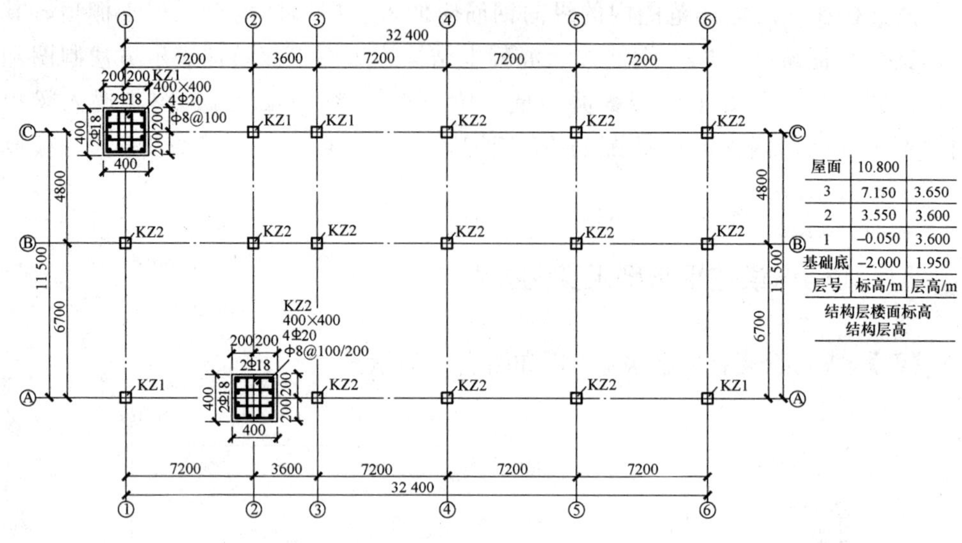

图 2-11　柱平法施工图

(b) 截面注写方式

从上图的柱平法施工图中，我们可知该办公楼框架柱共有两种，即 KZ1 和 KZ2，并且 KZ1 和 KZ2 的纵筋相同，箍筋不同。

图 2-11（a）中的纵筋均分为三段，第一段从基础顶到标高为－0.050m，纵筋为 12Φ20；第二段为标高－0.050～3.550m，即第一层的框架柱，纵筋为角筋 4Φ20，每边中部 2Φ18；第三段为标高 3.550～10.800m，即二、三层框架柱，纵筋为 12Φ18。

图 2-11（a）中箍筋不同，KZ1 箍筋为：标高 3.550m 以下为Φ10@100，标高 3.550m 以上为Φ8@100。KZ2 箍筋为：标高 3.550m 以下为Φ10@100/200，标高 3.550m 以上为Φ8@100/200。它们的箍筋形式均为类型 1，箍筋肢数为 4×4。

图 2-11（b）采用截面注写方式柱配筋图，表示的是从标高－0.050～3.550m 的框架柱配筋图，即一层的柱配筋图。图（b）中共有两种框架柱，即 KZ1 和 KZ2，它们的断面尺寸相同，均为 400mm×400mm，它们与定位轴线的关系均为轴线居中。

图 2-11（b）中框架柱的纵筋相同，角筋均为 4Φ20，每边中部钢筋均为 2Φ18，KZ1 箍筋为Φ8@100，KZ2 箍筋为Φ8@100/200。

【例】 某住宅楼柱的平法施工图如图 2-12 所示。

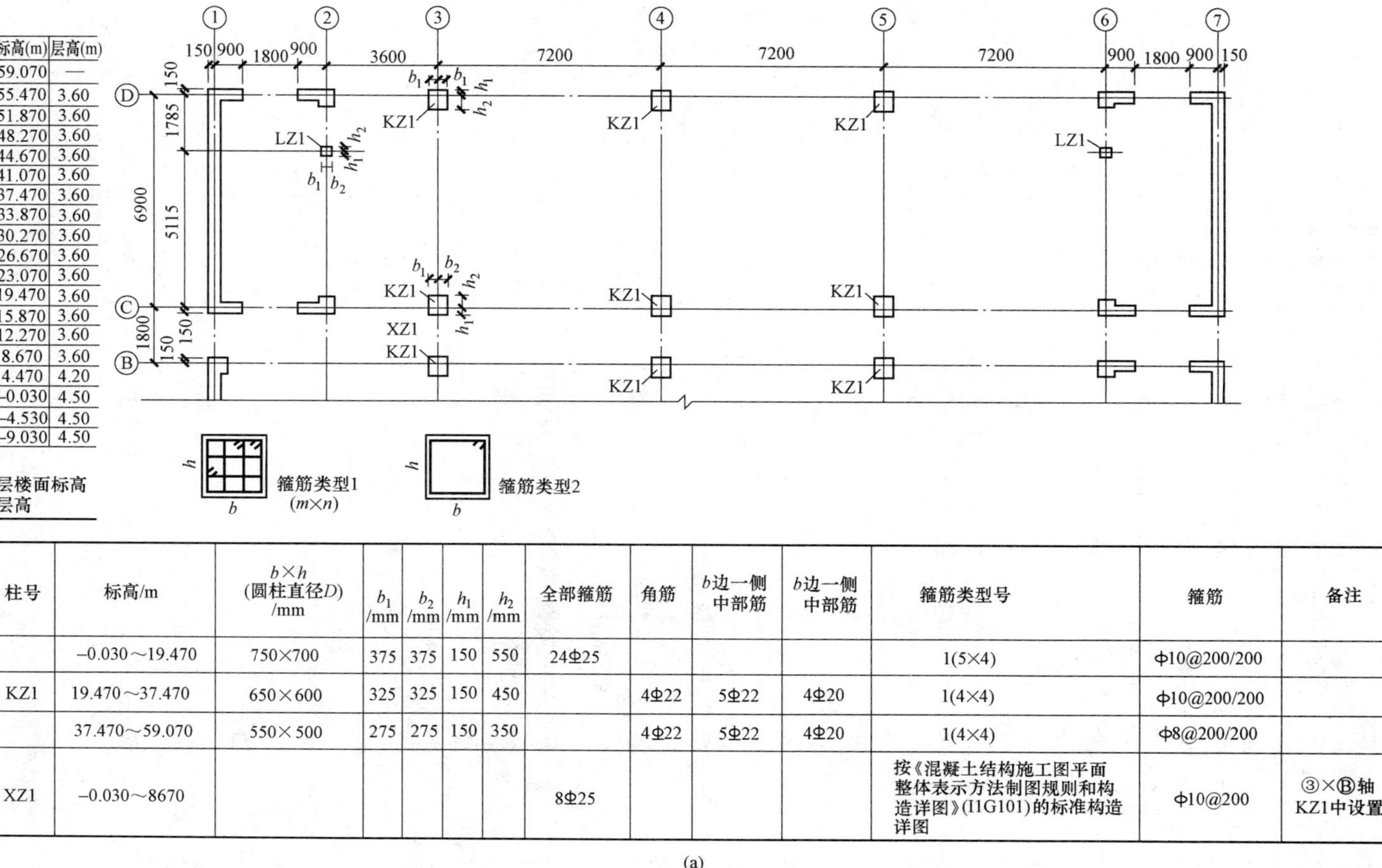

层号	标高(m)	层高(m)
屋面	59.070	—
16	55.470	3.60
15	51.870	3.60
14	48.270	3.60
13	44.670	3.60
12	41.070	3.60
11	37.470	3.60
10	33.870	3.60
9	30.270	3.60
8	26.670	3.60
7	23.070	3.60
6	19.470	3.60
5	15.870	3.60
4	12.270	3.60
3	8.670	3.60
2	4.470	4.20
1	−0.030	4.50
−1	−4.530	4.50
−2	−9.030	4.50

结构层楼面标高
结构层高

柱号	标高/m	b×h (圆柱直径D) /mm	b_1 /mm	b_2 /mm	h_1 /mm	h_2 /mm	全部箍筋	角筋	b边一侧中部筋	b边一侧中部筋	箍筋类型号	箍筋	备注
	−0.030～19.470	750×700	375	375	150	550	24Φ25				1(5×4)	Φ10@200/200	
KZ1	19.470～37.470	650×600	325	325	150	450		4Φ22	5Φ22	4Φ20	1(4×4)	Φ10@200/200	
	37.470～59.070	550×500	275	275	150	350		4Φ22	5Φ22	4Φ20	1(4×4)	Φ8@200/200	
XZ1	−0.030～8670						8Φ25				按《混凝土结构施工图平面整体表示方法制图规则和构造详图》(I1G101)的标准构造详图	Φ10@200	③×Ⓑ轴KZ1中设置

(a)

图 2-12　住宅楼柱平法施工图

(a) 列表注写方式

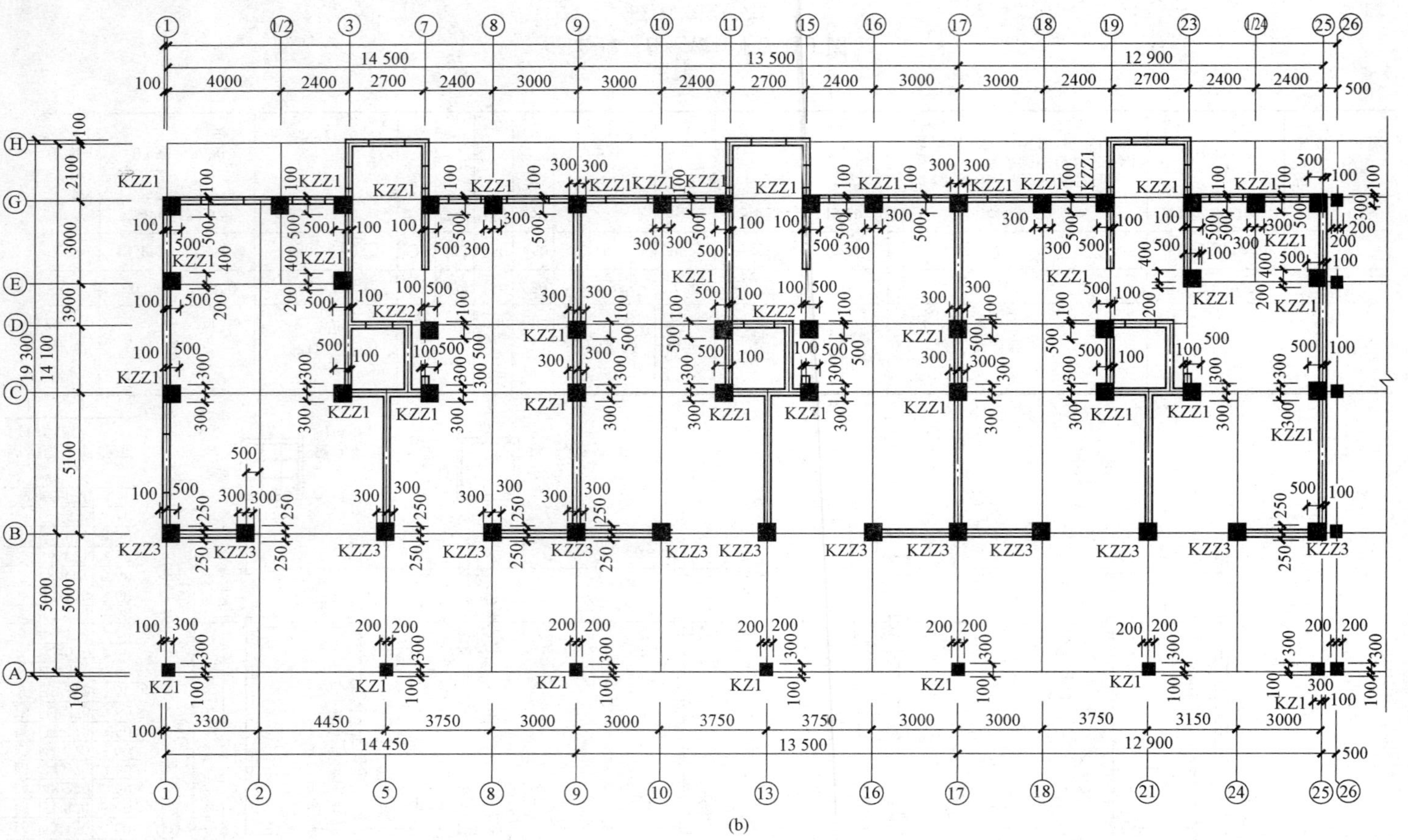

图 2-12　住宅楼柱平法施工图

（b）一、二层框支柱平面布置图

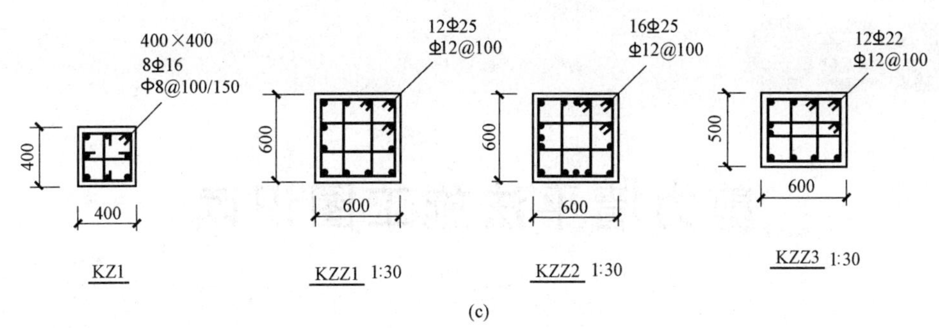

(c)

图 2-12　住宅楼柱平法施工图

(c) 柱截面和配筋

从上图中的柱平法施工图中可知，该平法施工图中的柱包含框架柱和框支柱，共有 4 种编号，其中框架柱 1 种，框支柱 3 种。7 根 KZ1，位于 A 轴线上；34 根 KZZ1 分别位于 C、E 和 G 轴线上；2 根 KZZ2 位于 D 轴线上；13 根 KZZ3 位于 B 轴线上。

KZ1：框架柱，截面尺寸为 400mm×400mm，纵向受力钢筋为 8 根直径为 16mm 的 HRB335 级钢筋；箍筋直径为 8mm 的 HPB300 级钢筋，加密区间距为 100mm，非加密区间距为 150mm。箍筋加密区长度：基础顶面以上底层柱根加密区长度不小于底层净高的 1/3；其他柱端加密区长度应取柱截面长边尺寸、柱净高的 1/6 和 500mm 中的最大值；刚性地面上、下各 500mm 的高度范围内箍筋加密。

KZZ1：框支柱，截面尺寸为 600mm×600mm，纵向受力钢筋为 12 根直径为 25mm 的 HRB335 级钢筋；箍筋直径为 12mm 的 HRB335 级钢筋，间距 100mm，全长加密。

KZZ2：框支柱，截面尺寸为 600mm×600mm，纵向受力钢筋为 16 根直径为 25mm 的 HRB335 级钢筋；箍筋直径为 12mm 的 HRB335 级钢筋，间距 100mm，全长加密。

KZZ3：框支柱，截面尺寸为 600mm×500mm，纵向受力钢筋为 12 根直径为 22mm 的 HRB335 级钢筋；箍筋直径为 12mm 的 HRB335 级钢筋，间距 100mm，全长加密。

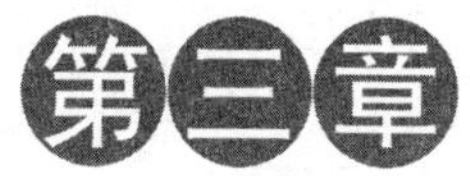

剪力墙平法施工图识读

 32. 什么是剪力墙?

剪力墙是固结于基础的钢筋混凝土墙片，具有很高的抗侧移能力（沿墙体平面）。其既承担竖向荷载，又承担水平荷载（风荷载及地震作用），防止结构剪切破坏，故称为剪力墙，也称抗风墙或抗震墙、结构墙。

 33. 剪力墙结构包括哪些构件?

剪力墙结构构件。包含“一墙、二柱、三梁”，即一种墙身、两种墙柱、三种墙梁。

（1）一墙（一种墙身）。剪力墙的墙身（Q）就是一道混凝土墙，常见的墙厚度在 200mm 以上，一般配置两排钢筋网。

（2）二柱（两种墙柱）。剪力墙柱分成两大类：暗柱和端柱。暗柱的宽度等于墙的厚度，暗柱是隐藏在墙内看不见的。端柱的宽度比墙厚度要大，约束边缘端柱的长宽尺寸要大于等于 2 倍墙厚。

（3）三梁（三种墙梁）。三种墙梁包括：连梁（LL）、暗梁（AL）和边框梁（BKL）。

1）连梁（LL）。连梁（LL）其实是一种特殊的墙身，它是上下楼层窗（门）洞口之间的那部分水平的窗间墙（至于同一楼层相邻两个窗口之间的垂直窗间墙，一般是暗柱。）

2）暗梁（AL）。暗梁（AL）与暗柱有些共同性，因为都是隐藏在墙身内部看不见的构件，都是墙身的一个组成部分。

3）边框梁（BKL）。边框梁（BKL）与暗梁有很多共同之处，边框梁与暗梁的不同之处在于其的截面宽度比暗梁宽，即边框梁的截面宽度大于墙身厚度，其形成了凸出剪力墙墙面的一个边框。因为边框梁与暗梁设置在楼板以下的部位，因此有了边框梁就可不设暗梁。边跨梁有两种：纯剪力墙结构设置的边框梁和框剪结构中框架梁延伸入剪力墙中的边框梁。

 34. 剪力墙的主要作用是什么?

剪力墙的主要作用是抵抗水平地震力，其主要受力方式是抗剪。剪力墙抗剪的主要受力钢筋是水平分布钢筋。剪力墙水平分布筋不是抗弯的，有抗拉作用，但主要的作用是抗剪。暗柱箍筋没有提供抵抗横向水平力的功能。因此剪力墙水平分布筋配置按总墙肢长度考虑，并未扣除暗柱长度。

剪力墙水平分布筋是剪力墙身的主筋，剪力墙的保护层是针对墙身水平分布筋而言的，也就是说剪力墙身水平分布筋放在竖向分布筋的外侧。

 35. 剪力墙平法施工图的表达方式有哪些?

剪力墙平法施工图系在剪力墙平面布置图上采用列表注写方式或截面注写方式表达。

剪力墙平面布置图可采用适当比例单独绘制，也可与柱或梁平面布置图合并绘制。当剪力墙较复杂或采用截面注写方式时，应按标准层分别绘制剪力墙平面布置图。

在剪力墙平法施工图中，应按《混凝土结构施工图平面整体表示方法制图规则和构造详图（现浇混凝土框架、剪力墙、梁、板)》(11G101-1) 图集第 1.0.8 条的规定注明各结构层的楼面标高、结构层高及相应的结构层号，尚应注明上部结构嵌固部位位置。

对于轴线未居中的剪力墙（包括端柱)，应标注其偏心定位尺寸。

 36. 为什么会有箍筋加密区?

这是因为由于反复的水平荷载作用，会出现塑性铰，楼板的嵌固面积不应大于 30%，否则应采取措施，楼板在平面内的刚度非常大，可以传力，在此种情况下的框架梁与实际框架结构中的框架梁，受力情况是不一样的。

 37. 剪力墙边缘构件平法施工图的表示方法有哪些要求?

(1) 剪力墙边缘构件平法施工图有三种注写方式：列表注写、截面注写、平面注写。

(2) 剪力墙边缘构件平面布置图可采用适当比例单独绘制，也可与连梁平面布置图合并绘制。当剪力墙较复杂时，可采用平面注写与列表注写或截面注写相结合进行边缘构件的绘制。

(3) 在剪力墙平法施工图中，应按12G101-4第1.0.6条的规定注明各结构层的楼面标高、结构层高及相应的结构层号，并应注明上部结构嵌固部位位置。

(4) 对于定位轴线未居中的剪力墙（包括端柱），应标注其偏心定位尺寸。

 38. 剪力墙洞口的表示方法有什么要求?

(1) 无论采用列表注写方式还是截面注写方式，剪力墙上的洞口均可在剪力墙平面布置图上原位表达。

(2) 洞口的具体表示方法。

1) 在剪力墙平面布置图上绘制洞口示意，并标注洞口中心的平面定位尺寸。

2) 在洞口中心位置引注。

①洞口编号：矩形洞口为JD××（××为序号），圆形洞口为YD××（××为序号）。

②洞口几何尺寸：矩形洞口为洞宽×洞高（$b\times h$），圆形洞口为洞口直径D。

③洞口中心相对标高：系相对于结构层楼（地）面标高的洞口中心高度。当其高于结构层楼面时为正值，低于结构层楼面时为负值。

④洞口每边补强钢筋，分以下几种不同情况：

A. 当矩形洞口的洞宽、洞高均不大于800mm时，此项注写为洞口每边补强钢筋的具体数值（如果按标准构造详图设置补强钢筋时可不注）。当洞宽、洞高方向补强钢筋不一致时，分别注写洞宽方向、洞高方向补强钢筋，以“/”分隔。

【例1】 JD 2 400×300 +3.100 3⌀14，表示2号矩形洞口，洞宽400mm，洞高300mm，洞口中心距本结构层楼面3100mm，洞口每边补强钢筋为3⌀14。

JD 3 400×300 +3.100，表示3号矩形洞口，洞宽400mm，洞高300mm，洞口中心距本结构层楼面3100mm，洞口每边补强钢筋按构造配置。

JD 4 800×300 +3.100 3⌀18/3⌀14，表示4号矩形洞口，洞宽800mm，洞高300mm，洞口中心距本结构层楼面3100mm，洞宽方向补强钢筋为3⌀18，洞高方向补强钢筋为3⌀14。

B. 当矩形或圆形洞口的洞宽或直径大于800mm时，在洞口的上、下需设置补强暗梁，此项注写为洞口上、下每边暗梁的纵筋与箍筋的具体数值（在标准构造详图中，补强暗梁梁高一律定为400mm，施工时按标准构造详图取值，设计不注。

当设计者采用与该构造详图不同的做法时，应另行注明），圆形洞口时尚需注明环向加强钢筋的具体数值；当洞口上、下边为剪力墙连梁时，此项免注；洞口竖向两侧设置边缘构件时，亦不在此项表达（当洞口两侧不设置边缘构件时，设计者应给出具体做法）。

【例 2】 JD　5　1800×2100　+1.800　6⌀20　⌀8@150，表示 5 号矩形洞口，洞宽 1800mm，洞高 2100mm，洞口中心距本结构层楼面 1800mm，洞口上下设补强暗梁，每边暗梁纵筋为 6⌀20，箍筋为⌀8@150。

YD　5　1000　+1.800　6⌀20　⌀8@150　2⌀16，表示 5 号圆形洞口，直径 1000mm，洞口中心距本结构层楼面 1800mm，洞口上下设补强暗梁，每边暗梁纵筋为 6⌀20，箍筋为⌀8@150，环向加强钢筋 2⌀16。

C. 当圆形洞口设置在连梁中部 1/3 范围（且圆洞直径不应大于 1/3 梁高）时，需注写在圆洞上下水平设置的每边补强纵筋与箍筋。

D. 当圆形洞口设置在墙身或暗梁、边框梁位置，且洞口直径不大于 300mm 时，此项注写为洞口上下左右每边布置的补强纵筋的具体数值。

E. 当圆形洞口直径大于 300mm，但不大于 800mm 时，其加强钢筋在标准构造详图中系按照圆外切正六边形的边长方向布置，设计仅需注写六边形中一边补强钢筋的具体数值。

39. 剪力墙平法施工图有哪些其他的要求?

（1）在抗震设计中，应注明底部加强区在剪力墙平法施工图中的所在部位及其高度范围，以便使施工人员明确在该范围内应按照加强部位的构造要求进行施工。

（2）当剪力墙中有偏心受拉墙肢时，无论采用何种直径的竖向钢筋，均应采用机械连接或焊接接长，设计者应在剪力墙平法施工图中加以注明。

40. 剪力墙边缘构件平法施工图的表示方法有哪些要求?

（1）剪力墙边缘构件平法施工图有三种注写方式：列表注写、截面注写、平面注写。

（2）剪力墙边缘构件平面布置图可采用适当比例单独绘制，也可与连梁平面布置图合并绘制。当剪力墙较复杂时，可采用平面注写与列表注写或截面注写相结合进行边缘构件的绘制。

（3）在剪力墙平法施工图中，应按 12G101-4 第 1.0.6 条的规定注明各结构层的楼面标高、结构层高及相应的结构层号，并应注明上部结构嵌固部位位置。

(4) 对于定位轴线未居中的剪力墙（包括端柱），应标注其偏心定位尺寸。

 41. 剪力墙边缘构件平面注写方式有哪些规定?

(1) 剪力墙边缘构件平面注写方式，系在剪力墙平法施工图上，分别在相同编号的剪力墙边缘构件中选取其中一个，在其上注写截面尺寸和配筋数值来表达剪力墙边缘构件的平法施工图；设计人员在边缘构件平面布置图中，应将边缘构件阴影区进行填充，以便施工人员确认边缘构件形状，然后按照图集中的钢筋排布规则即可完成钢筋的施工。

剪力墙边缘构件平面注写方式包括集中标注与原位标注，边缘构件配筋采用集中标注，边缘构件尺寸采用原位标注。

(2) 编号规定。由墙柱类型代号和序号组成，表达形式应符合表 3-1 的规定。

表 3-1　　边缘构件编号

边缘构件类型	代　号	序　号
约束边缘构件	YBZ	××
构造边缘构件	GBZ	××

(3) 剪力墙边缘构件包括约束边缘构件和构造边缘构件两类。约束边缘构件包括约束边缘暗柱、约束边缘端柱、约束边缘翼墙、约束边缘转角墙四种标准类型，如图 3-1 所示。

构造边缘构件包括构造边缘暗柱、构造边缘端柱、构造边缘翼墙、构造边缘转角墙四种标准类型，如图 3-2 所示。

但在实际工程中，存在很多非标准类型的边缘构件，这主要是因为剪力墙开洞或者相邻边缘构件距离太小需要合并而产生。

(4) 剪力墙边缘构件平面注写方式，主要包括两方面内容：

1) 集中标注内容。对同一编号的剪力墙边缘构件，如图 3-3 中的 YBZ1，在其中一处集中注写 YBZ1 的阴影区的纵筋根数、直径、钢筋等级；箍（拉）筋直径、间距、钢筋等级。

2) 原位标注内容。原位标注内容包括阴影区尺寸和 l_c 长度；当阴影区中的尺寸符合 12G101-4 图集中对应的典型尺寸时，典型尺寸可以不注写；当 l_c 长度大于对应的阴影区长度时，均应在原位注写 l_c 长度，反之可不注写 l_c；编号相同的边缘构件，l_c 长度可以不同，但阴影区的尺寸和配筋必须相同。

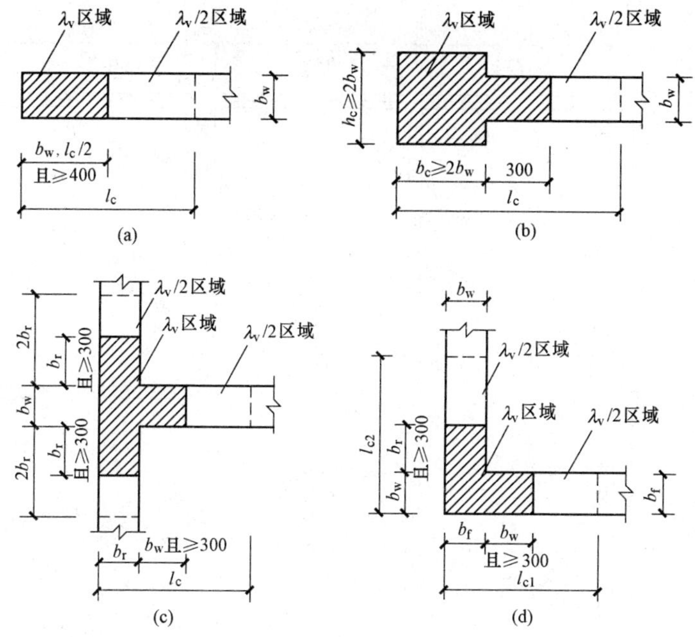

图 3-1　约束边缘构件（标准类型）

（a）约束边缘暗柱；（b）约束边缘端柱；

（c）约束边缘翼墙；（d）约束边缘转角墙

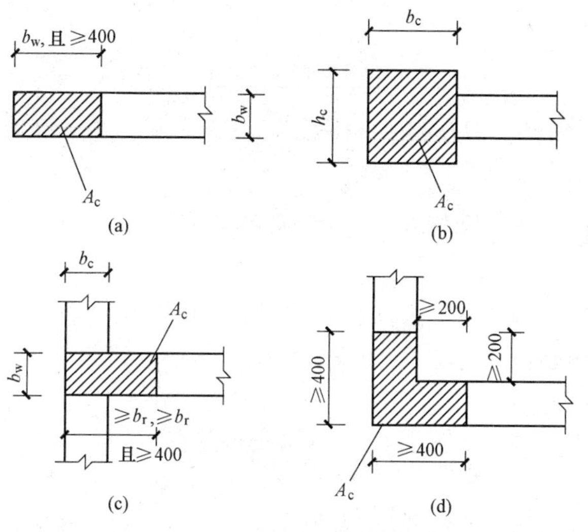

图 3-2　构造边缘构件（标准类型）

（a）构造边缘暗柱；（b）构造边缘端柱；

（c）构造边缘翼墙；（d）构造边缘转角墙

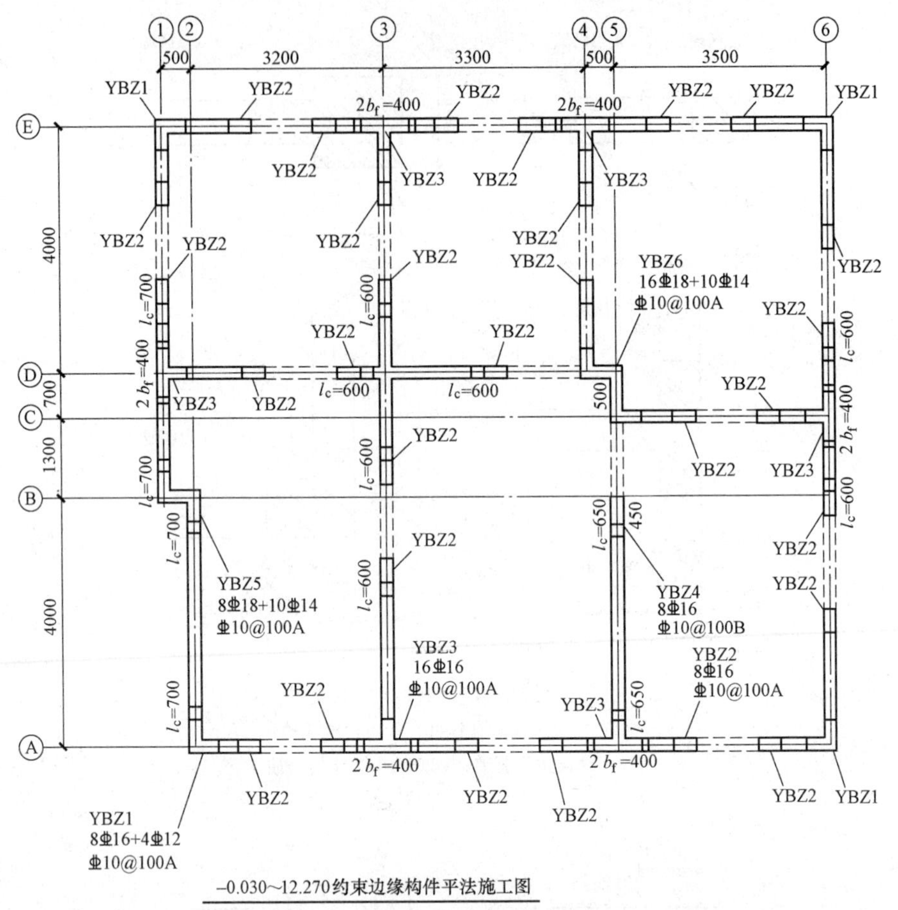

图 3-3　剪力墙边缘构件平法施工图平面注写方式示例

42. 剪力墙边缘构件钢筋排布规则有哪些？

（1）剪力墙边缘构件阴影区纵筋排布规则。以图 3-4～图 3-6 所示剪力墙边缘构件为例（图中箍筋仅为示意），边缘构件阴影区纵筋宜采用同一种直径，且不应超过两种。

当纵筋直径为两种时，大直径纵筋优先布置在©钢筋（位于阴影区端部和交叉部位）位置。

当大直径纵筋根数少于©钢筋根数时，对于一字型边缘构件和 T 型构造边缘构件，大直径纵筋优先布置在靠近剪力墙端头位置的©钢筋处，对于其他类型边缘构件，大直径纵筋优先布置在交叉位置的©钢筋处。

沿墙肢长度方向，边缘构件纵筋宜均匀布置，纵筋间距宜取 100～200mm 且不大于墙竖向分布筋间距；当墙厚 300mm≤b_w≤400mm 时，在墙厚 b_w方向应增加

Ⓒ纵筋，如图 3-5（b）所示。

b_w<300
C
D
纵筋根数
纵盘注写(直径相同时): 12⌀14
纵筋直径
(a)
300≤b_w≤400
C
D
C 纵筋根数
C 纵筋直径
纵盘注写(直径不同时): 6⌀16+6⌀14
D 纵筋直径
D 纵筋根数
(b)

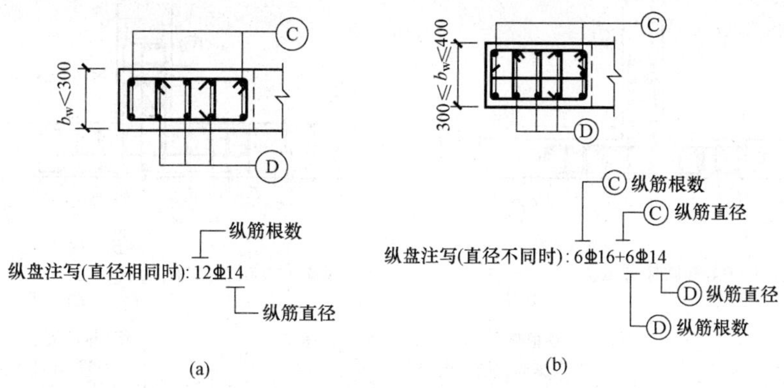

图 3-4　一字形边缘构件纵筋排布规则

b_f<300
纵筋根数
纵筋注写 (直径相同时): 20⌀14
纵筋直径
C
D
b_w<300
(a)
300≤b_f≤400
300≤b_w≤400
C 纵筋根数
Ⓒ纵筋直径
纵筋注写 (直径不同时): 12⌀16+12⌀14
Ⓓ 纵筋直径
Ⓓ 纵筋根数
(b)
b_f<300
纵筋根数
纵筋注写 (直径相同时): 20⌀14
纵筋直径
300≤b_w≤400
Ⓒ 纵筋根数
Ⓒ纵筋直径
纵筋注写 (直径不同时): 10⌀16+12⌀14
D 纵筋直径
D 纵筋根数
(c)

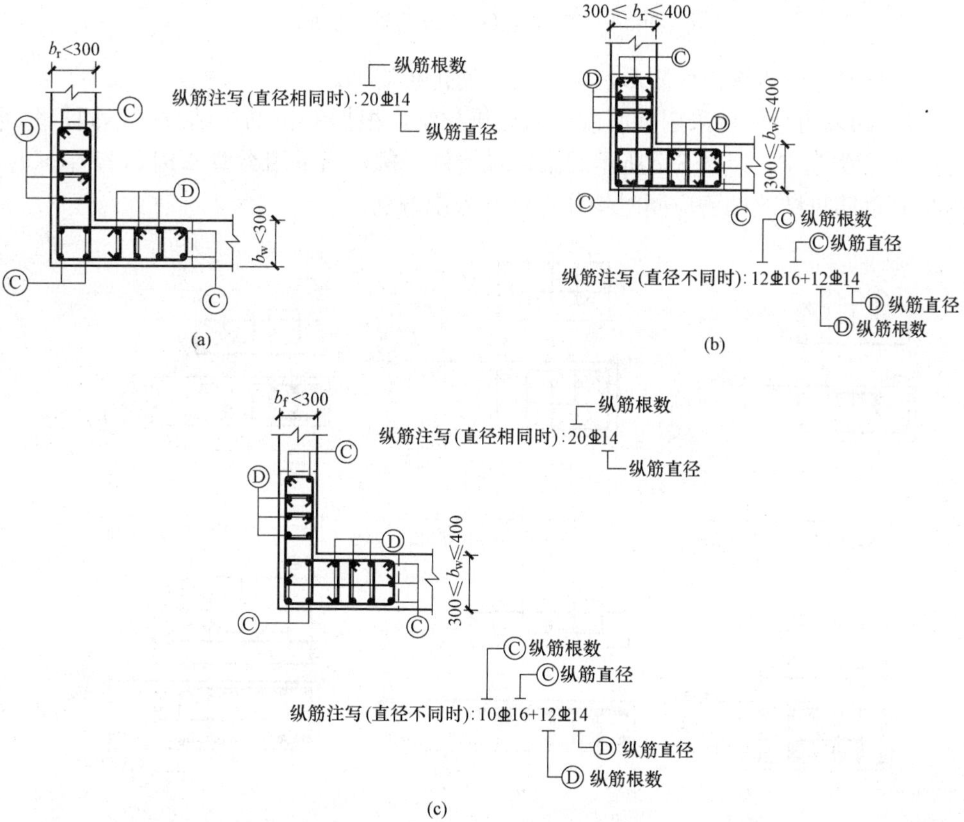

图 3-5　L 形边缘构件纵筋排布规则

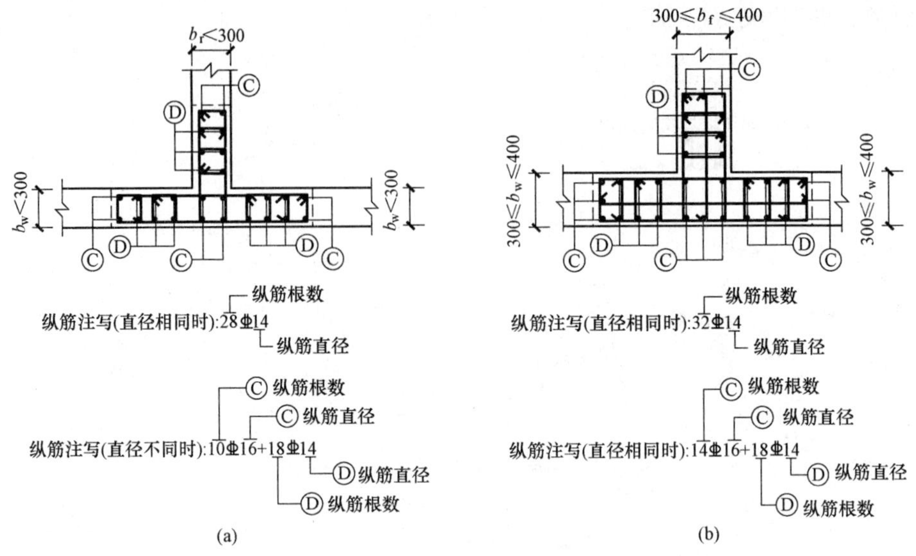

图 3-6 T形边缘构件纵筋排布规则

(2) 剪力墙边缘构件阴影区箍（拉）筋排布规则。

1) 约束边缘构件采用箍筋或拉筋逐排拉结，根据Ⓓ钢筋拉结方式不同，分为类型A和类型B，以图3-7所示约束边缘构件为例；当采用类型A时，若 $l_1>3l_2$，则与Ⓓ钢筋拉结的拉筋应同时钩住纵筋和外围箍筋。

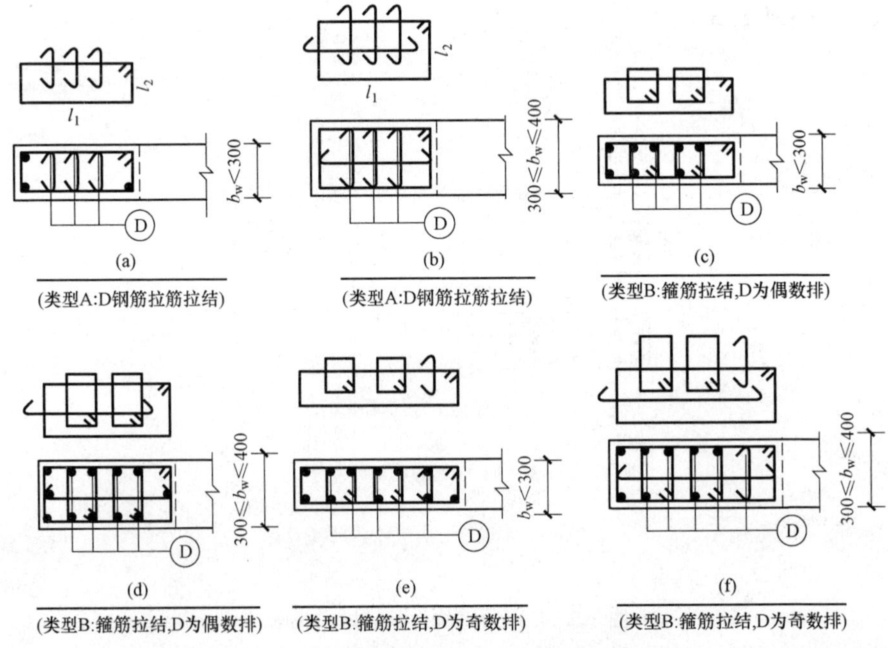

图 3-7 约束边缘构件箍（拉）筋排布规则

图 3-7（e）、（f）中的拉筋宜在远离边缘构件阴影区端头布置。

在结构施工图中，设计人员应注明约束边缘构件Ⓓ钢筋的拉结方式。

2）以图 3-8 所示构造边缘构件为例，构造边缘构件中，Ⓓ钢筋一般采用“隔一拉一”原则用箍（拉）筋拉结，且箍（拉）筋水平向肢距≤300mm。

其中，图 3-8（a）、（b）适用于Ⓓ钢筋为奇数排时；图 3-8（c）、（d）适用于Ⓓ钢筋为偶数排时。

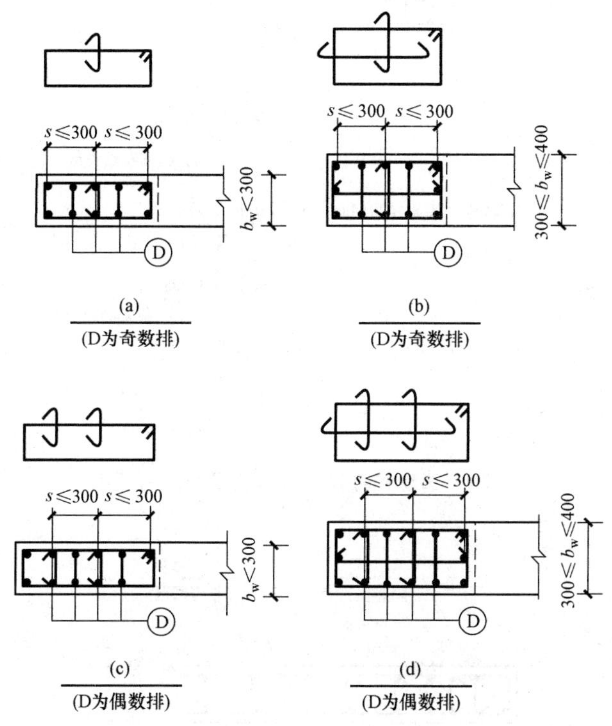

图 3-8　构造边缘构件箍（拉）筋排布规则

3）边缘构件阴影区箍（拉）筋宜采用同种直径，且不应超过两种，以图 3-9 所示边缘构件为例；当箍（拉）筋直径不同时，直径较大的箍（拉）筋Ⓖ与纵筋Ⓒ拉结，直径较小的箍（拉）筋Ⓛ与纵筋Ⓓ拉结。

（3）剪力墙约束边缘构件非阴影区箍（拉）筋排布规则。约束边缘构件非阴影区可采取在剪力墙竖向和水平向钢筋相交的每个交点处设置拉筋进行拉结，如图3-10 所示。拉筋应同时钩住剪力墙竖向和水平向钢筋；在满足体积配箍率前提下，非阴影区拉筋直径宜同约束边缘构件阴影区箍（拉）筋直径；当阴影区箍（拉）筋直径不同时，非阴影区拉筋直径同阴影区箍（拉）筋直径的较大值；反之，设计人员应注明非阴影区拉筋直径并满足体积配箍率要求。

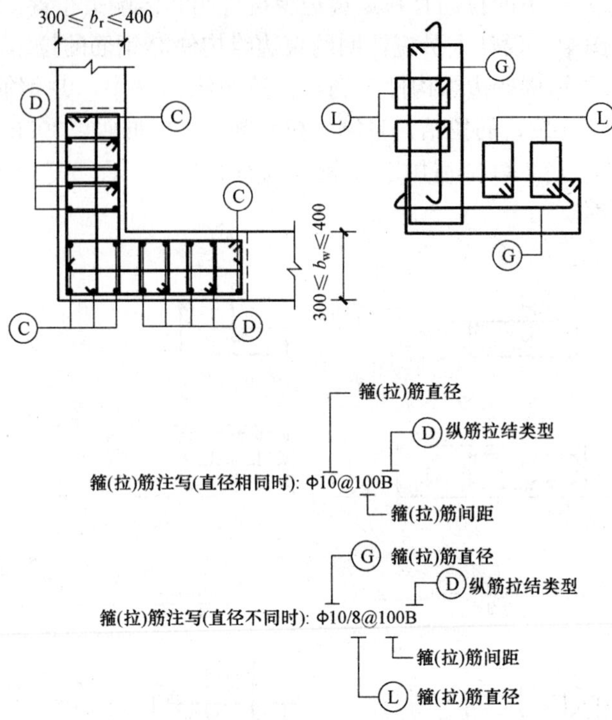

图 3-9 边缘构件箍（拉）筋平面注写规则

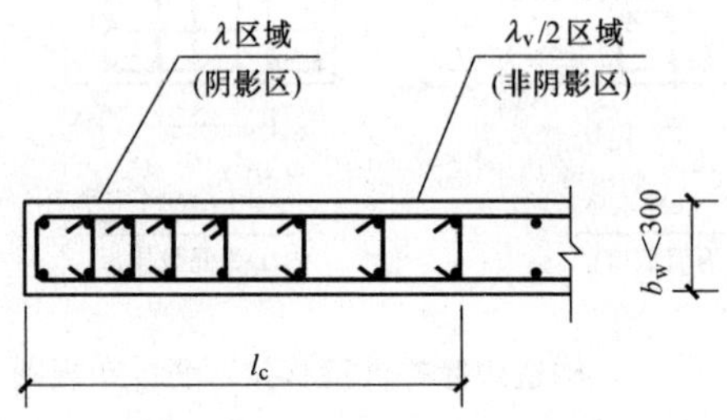

图 3-10 约束边缘构件非阴影区拉筋拉结

43. 剪力墙边缘构件平法施工图制图规则中需要注意哪些事项？

（1）当约束边缘构件体积配箍率计入剪力墙水平分布筋时，设计者应注明。此时还应注明墙身水平分布筋在阴影区域内设置的拉筋。施工时，墙身水平分布钢筋应注意采用相应的构造做法。

（2）当非阴影区外圈设置箍筋时，设计者应注明箍筋的具体数值及其余拉筋。施工时，箍筋应包住阴影区内第二列竖向纵筋。

44. 剪力墙约束边缘构件典型尺寸（阴影区）有怎样的要求?

剪力墙约束边缘构件典型尺寸（阴影区），如图 3-11 所示。

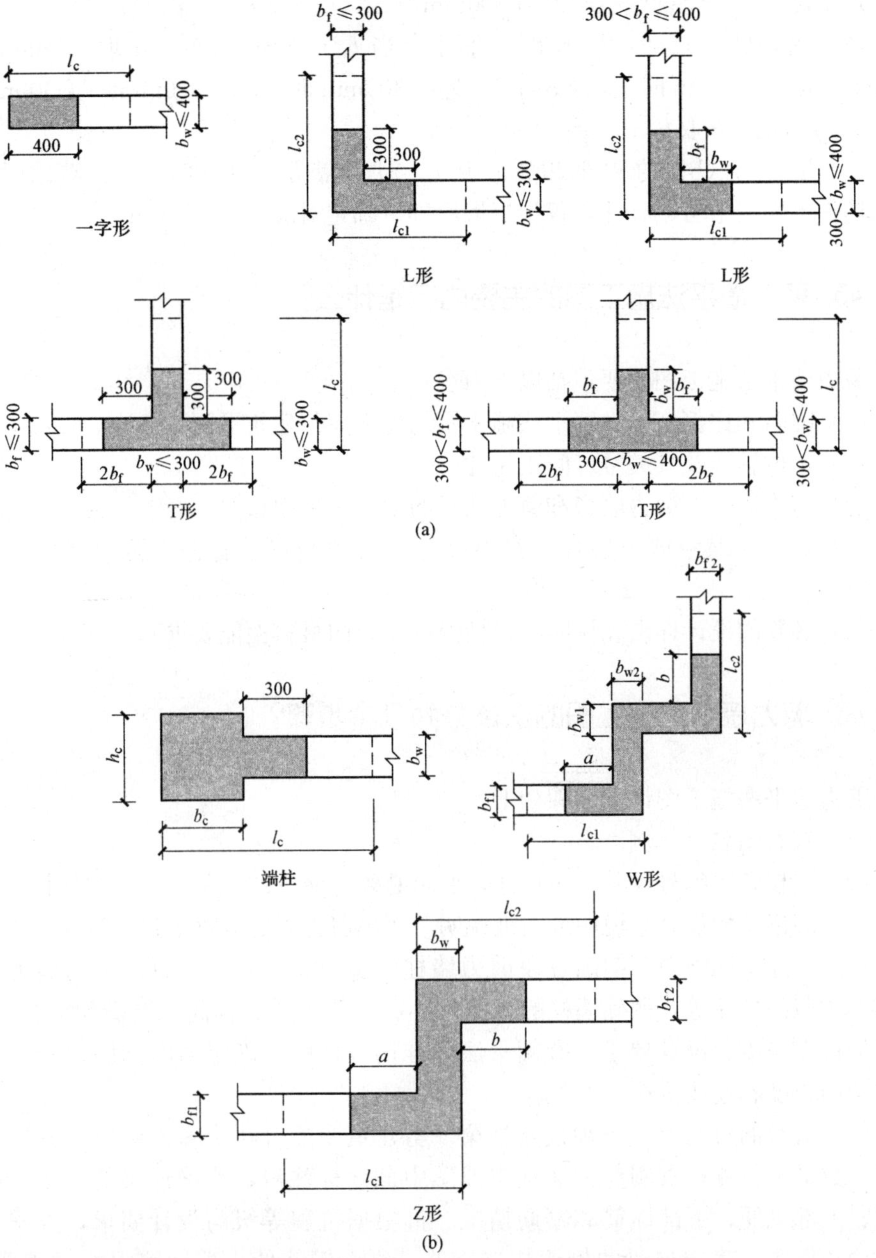

(a)

(b)

图 3-11 剪力墙约束边缘构件典型尺寸（阴影区）

（1）剪力墙约束边缘构件阴影区尺寸，满足图 3-11（a）中要求的边缘构件，其阴影区尺寸在平面图中可以不标注，仅根据墙厚即可确定相应的阴影区尺寸。

（2）图 3-11（b）中端柱的约束端柱阴影区长度 300mm，在边缘构件平面图中，可不标注，未特殊注明时即为 300mm。

（3）图 3-11（b）的 W 形和 Z 形中，当 $b_{f1} \leqslant 300$mm 时，a 取 300mm；当 300mm$\leqslant b_{f1} \leqslant$400mm 时，$a$ 取 b_{f1}；当 $b_{f2} \leqslant$300mm 时，b 取 300mm；当 300mm$\leqslant b_{f1} \leqslant$400mm 时，$b$ 取 b_{f2}。

（4）图 3-11（b）的 W 形和 Z 形中 a、b 尺寸满足上述（2）、（3）要求时，在边缘构件平面图中可不标注，仅根据墙厚即可确定对应的 a、b 尺寸。

45. 剪力墙平法施工图的主要内容是什么?

剪力墙平法施工图主要包括以下内容：

（1）图名和比例。剪力墙平法施工图的比例应与建筑平面图相同。

（2）定位轴线及其编号、间距尺寸。

（3）剪力墙柱、剪力墙身和剪力墙梁的编号、平面布置。

（4）每一种编号剪力墙柱、剪力墙身和剪力墙梁的标高、截面尺寸、配筋情况。

（5）必要的设计详图和说明（包括混凝土等的材料性能要求）。

46. 剪力墙平法施工图的识读分为几个步骤?

剪力墙平法施工图识读步骤如下：

（1）查看图名、比例。

（2）校核轴线编号及其间距尺寸，要求必须与建筑图、基础平面图保持一致。

（3）阅读结构设计总说明或图纸说明，明确剪力墙的混凝土强度等级。

（4）与建筑图配合，明确各段剪力墙柱的编号、数量、位置；查阅剪力墙柱表或图中截面标注等，明确墙柱的截面尺寸、配筋形式、标高、纵筋和箍筋情况。再根据抗震等级、设计要求，查阅平法标准构造详图，确定纵向钢筋在转换梁等上的锚固长度和连接构造。

（5）所有洞口的上方必须设置连梁。与建筑图配合，明确各洞口上方连梁的编号、数量和位置；查阅剪力墙柱表或图中截面标注等，明确连梁的标高、截面尺寸、上部纵筋、下部纵筋和箍筋情况。再根据抗震等级与设计要求，查阅平法标准构造详图，确定连梁的侧面构造钢筋、纵向钢筋伸入剪力墙内的锚固要求、箍筋构造等。

（6）与建筑图配合，明确各段剪力墙身的编号、位置；查阅剪力墙身表或图中截面标注等。明确各层各段剪力墙的厚度、水平分布钢筋、垂直分布钢筋和拉筋。再根据抗震等级与设计要求，查阅平法标准构造详图，确定剪力墙身水平钢筋、竖向钢筋的连接和锚固构造。

（7）明确图纸说明的其他要求，包括暗梁的设置要求等。

 47. 如何识读剪力墙 LL、AL、BKL 配筋构造？

剪力墙 LL、AL、BKL 配筋构造，如图 3-12 所示。

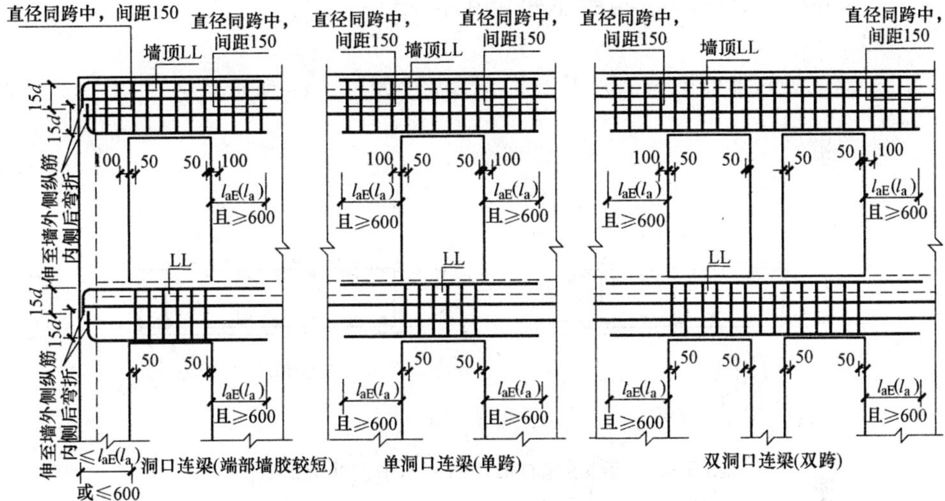

(a)

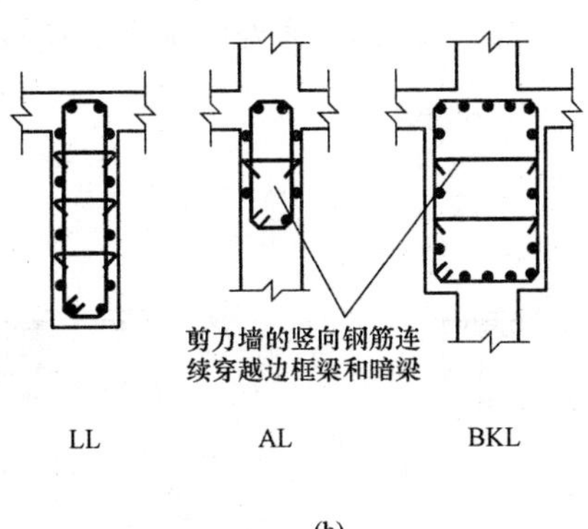

(b)

图 3-12　剪力墙 LL、AL、BKL 配筋构造

（a）连梁 LL 配筋构造；（b）连梁、暗梁和边框梁侧面纵筋和拉筋构造

图 3-12（a）中括号内为非抗震设计时连梁纵筋锚固长度；当端部洞口连梁的纵向钢筋在端支座的直锚长度≥l_{aE}（l_a）且≥600mm 时，可不必往上（下）弯折；洞口范围内的连梁箍筋详见具体工程设计；连梁设有交叉斜筋，对角暗撑及集中对角斜筋的做法见《混凝土结构施工图平面整体表示方法制图规则和构造详图（现浇混凝土框架、剪力墙、梁、板）》（11G101-1）图集。

图 3-12（b）中侧面纵筋详见具体工程设计；拉筋直径：当梁宽≤350mm 时为 6mm，梁宽＞350mm 时为 8mm，拉筋间距为 2 倍箍筋间距，竖向沿侧面水平筋“隔一拉一”。

 48. 如何识读剪力墙墙身水平钢筋构造?

（1）端部无暗柱时剪力墙水平钢筋端部做法如图 3-13 所示。图 3-13（a）为墙厚度较小时的做法。

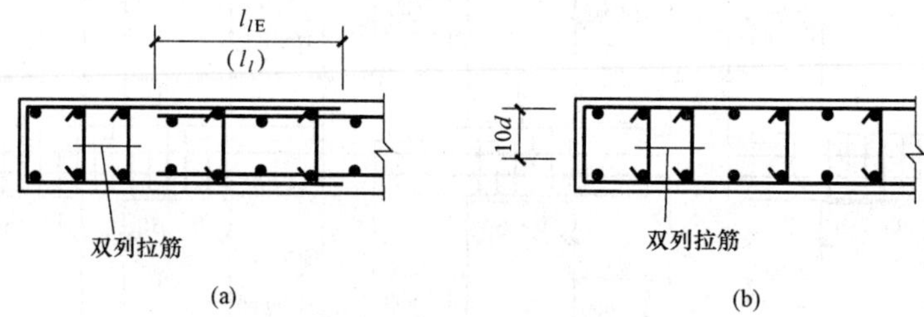

图 3-13　端部无暗柱时剪力墙水平钢筋端部做法

（2）端部有暗柱时剪力墙水平钢筋端部做法如图 3-14 所示。

（3）斜交转角墙如图 3-15 所示。转角墙如图 3-16 所示，其中图 3-16（a）为外侧水平筋连续通过转弯，图 3-16（b）为外侧水平筋在转角处搭接。

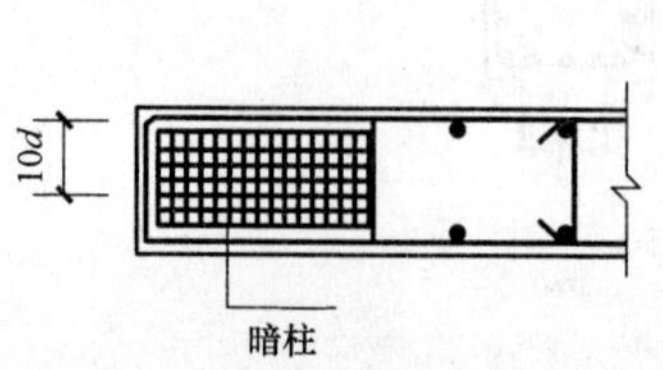

图 3-14　端部有暗柱时剪力墙水平钢筋端部做法

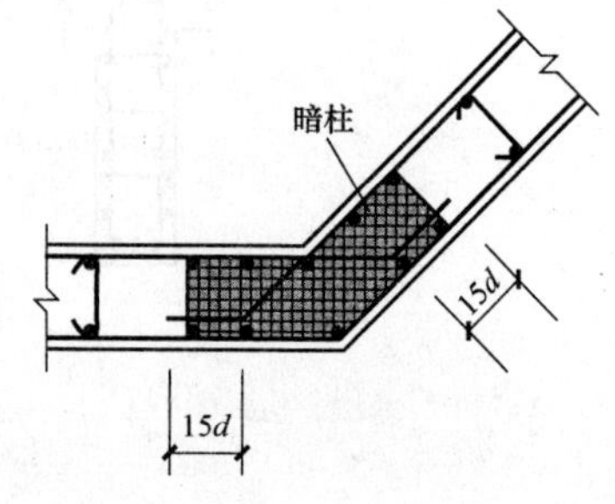

图 3-15　斜交转角墙

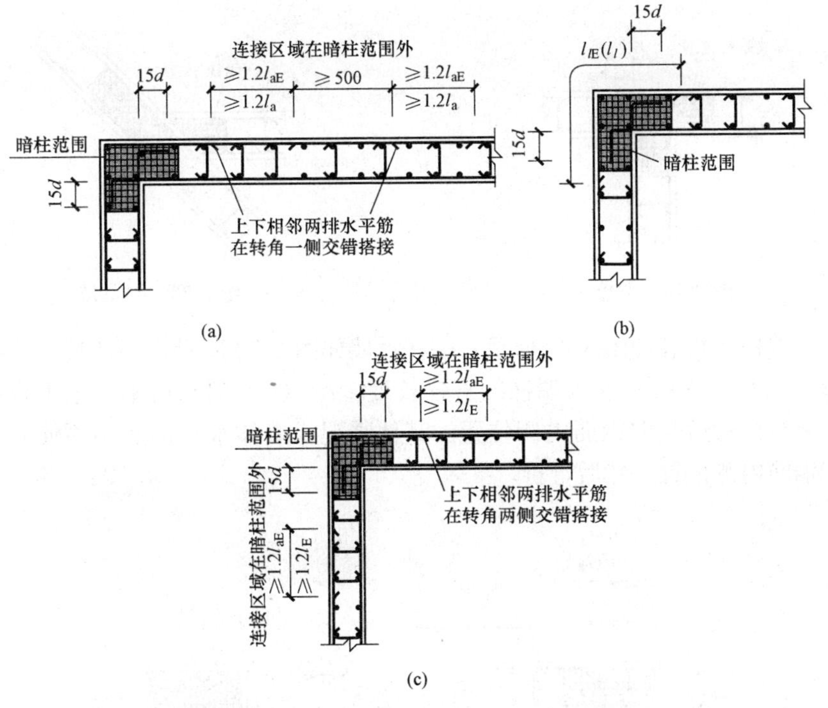

图 3-16　转角墙

（4）剪力墙水平钢筋交错搭接，沿高度每隔一根错开搭接，如图 3-17 所示。剪力墙水平配筋如图 3-18 所示。剪力墙钢筋配置若多于两排，中间排水平筋端部构造同内侧钢筋。

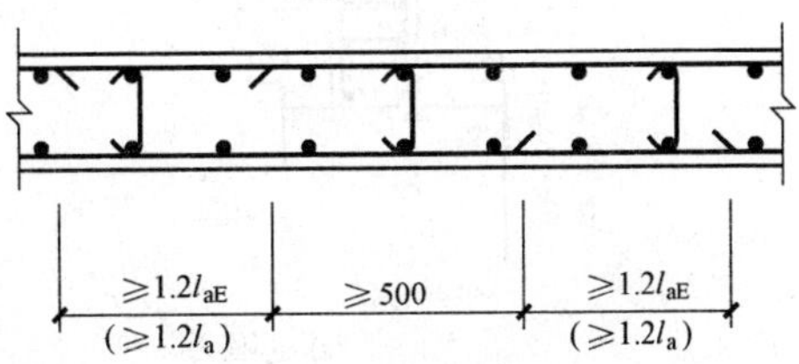

图 3-17　剪力墙水平钢筋交错搭接

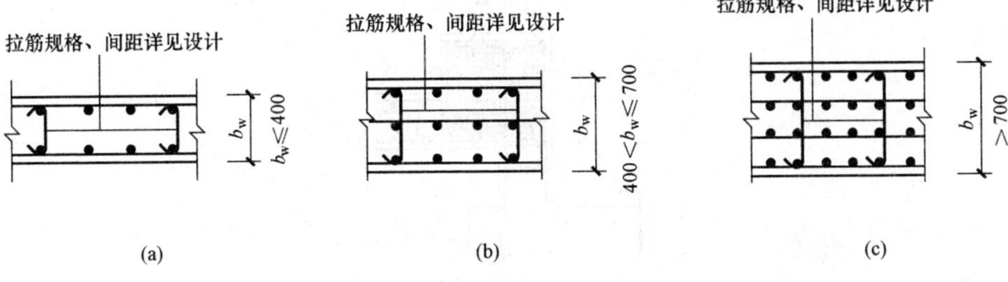

图 3-18　剪力墙水平配筋

（a）剪力墙双排配筋；（b）剪力墙三排配筋（水平、竖向钢筋均匀分布，拉筋需与各排分布筋绑扎）；（c）剪力墙四排配筋（水平、竖向钢筋均匀分布，拉筋需与各排分布筋绑扎）

（5）翼墙如图 3-19 所示，斜翼墙如图 3-20 所示。

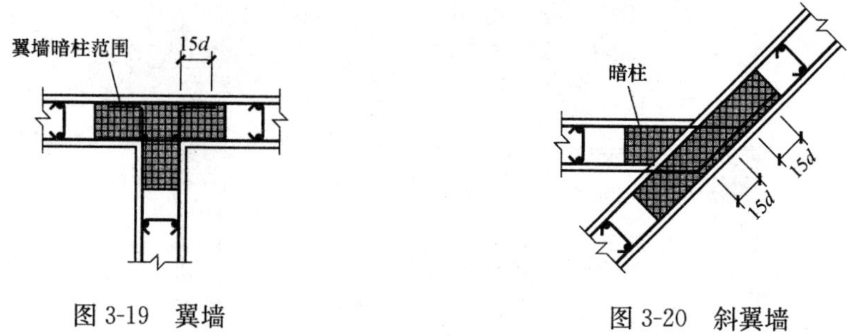

图 3-19　翼墙　　　　图 3-20　斜翼墙

（6）端柱转角墙如图 3-21 所示，端柱翼墙如图 3-22 所示，端柱端部墙如图 3-23 所示当墙体水平钢筋伸入端柱的直锚长度≥l_{aE}（l_a）时，可不必上下弯折，但必须伸至端柱对边竖向钢筋内侧位置。其他情况，墙体水平钢筋必须伸入端柱对边竖向钢筋内侧位置，然后弯折。

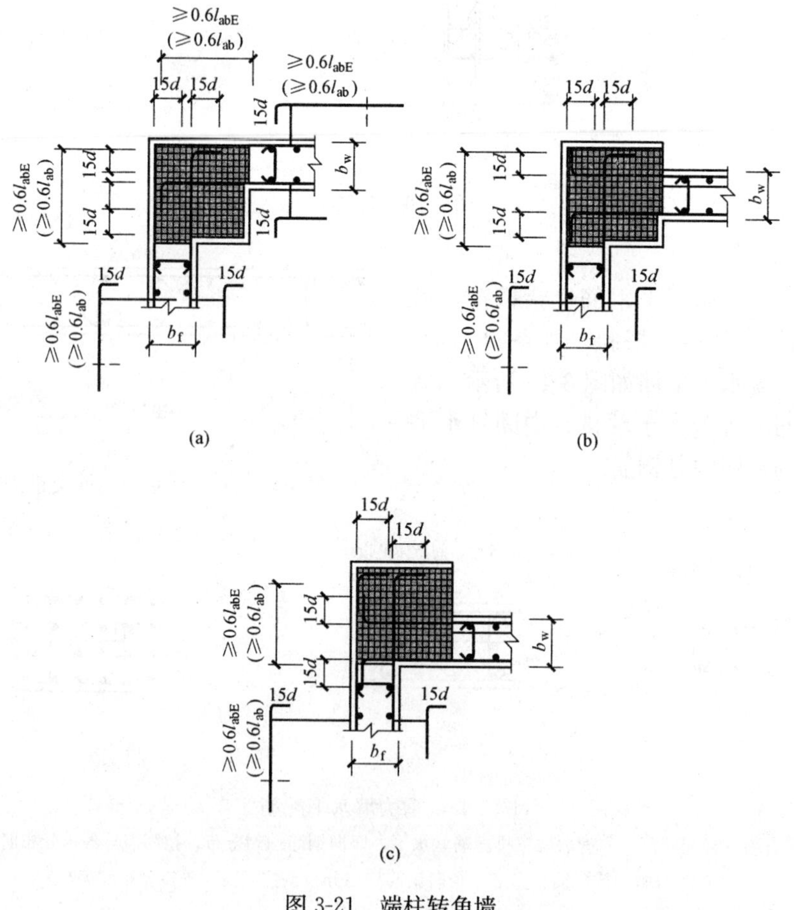

图 3-21　端柱转角墙

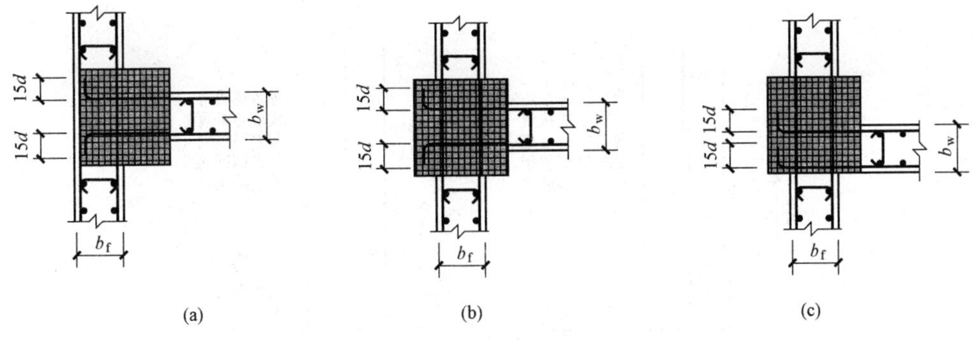

图 3-22　端柱翼墙

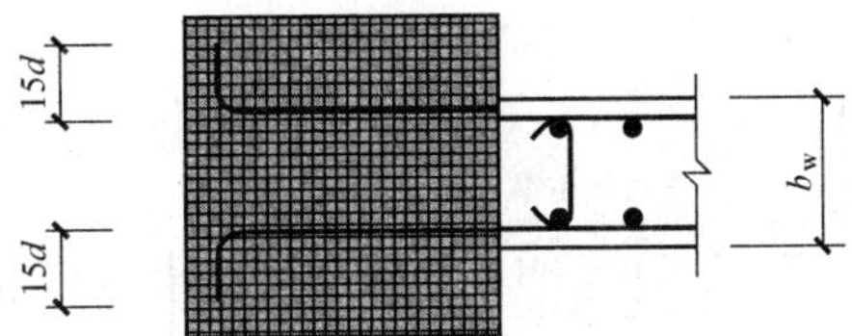

图 3-23　端柱端部墙

（7）水平变截面墙水平钢筋构造如图 3-24 所示。

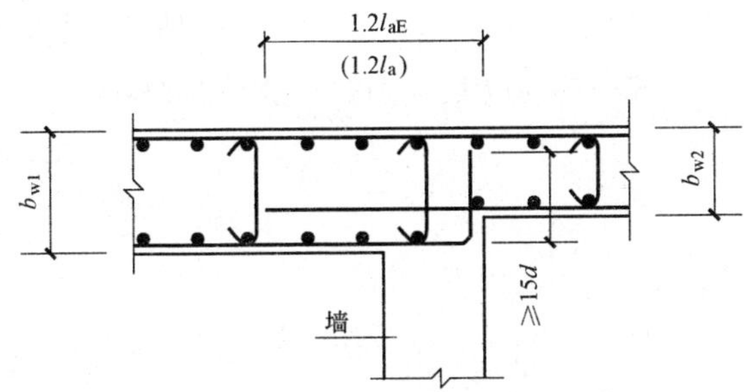

图 3-24　水平变截面墙水平钢筋构造
（$b_{w1}>b_{w2}$）

 49. 如何识读剪力墙身竖向钢筋构造?

（1）剪力墙身竖向分布钢筋连接构造如图 3-25 所示。

（2）剪力墙竖向配筋如图 3-26 所示。

（3）剪力墙竖向钢筋顶部构造如图 3-27 所示。

（4）剪力墙竖向分布钢筋锚入连梁构造如图 3-28 所示。

（5）剪力墙变截面处竖向分布钢筋构造如图 3-29 所示。

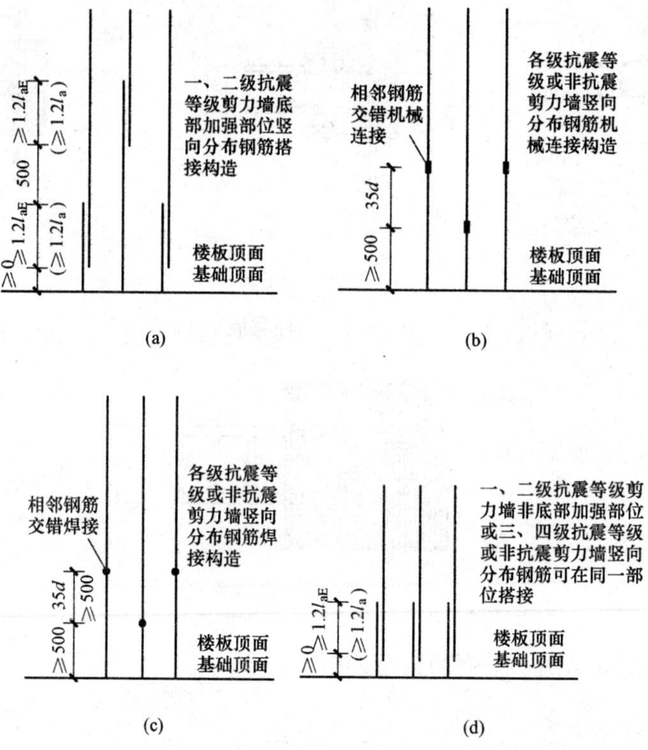

图 3-25 剪力墙身竖向分布钢筋连接构造

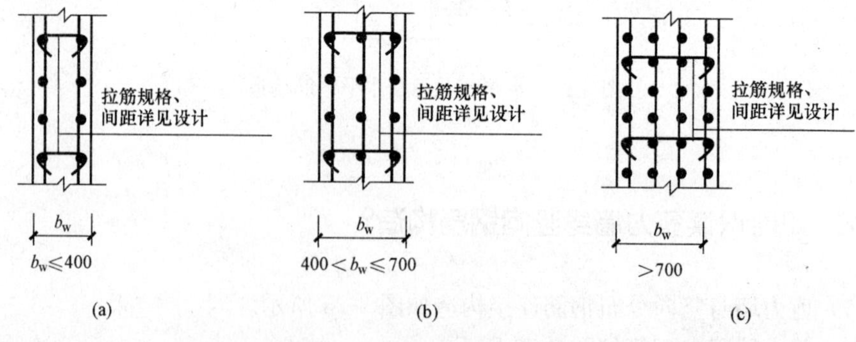

图 3-26 剪力墙身竖向配筋

(a) 剪力墙双排配筋；(b) 剪力墙三排配筋（水平、竖向钢筋均匀分布，拉筋需与各排分布筋绑扎）；(c) 剪力墙四排配筋（水平、竖向钢筋均匀分布，拉筋需与各排分布筋绑扎）

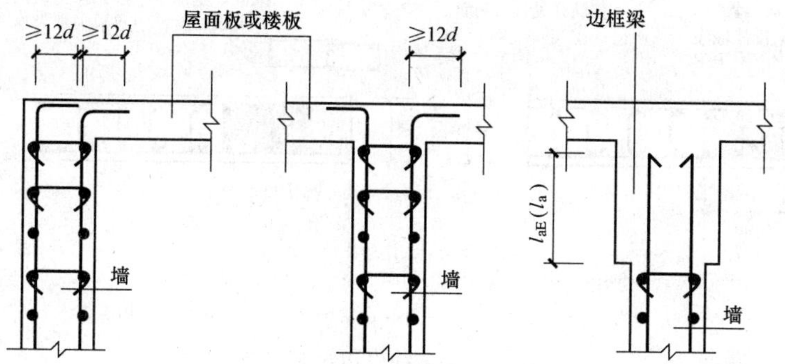

图 3-27　剪力墙竖向钢筋顶部构造

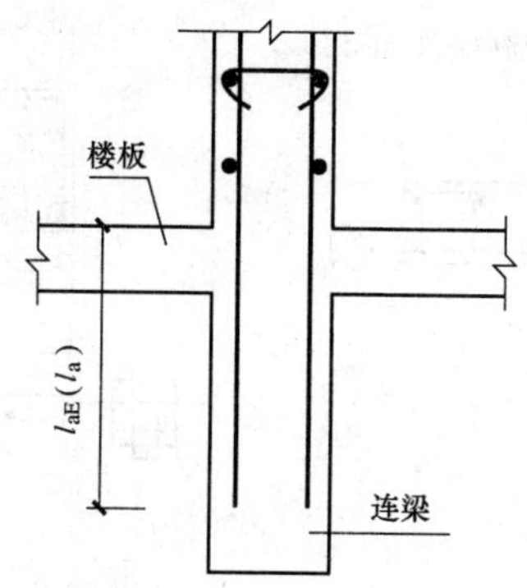

图 3-28　剪力墙竖向分布钢筋锚入连梁构造

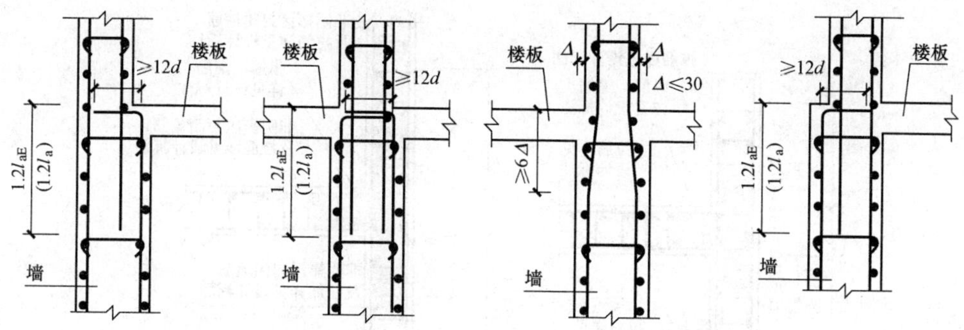

图 3-29　剪力墙变截面处竖向分布钢筋构造

 50. 如何识读约束边缘构件 YBZ 构造?

(1) 约束边缘暗柱如图 3-30 所示，约束边缘端柱如图 3-31 所示。

(2) 约束边缘翼墙如图 3-32 所示。

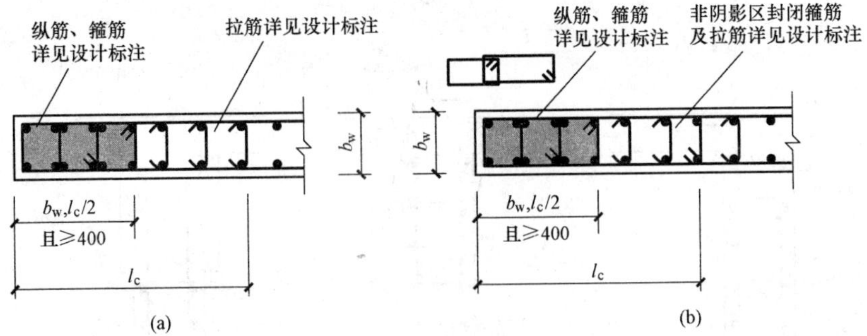

图 3-30　约束边缘暗柱

（a）非阴影区设置拉筋；（b）非阴影区外圈设置封闭箍筋

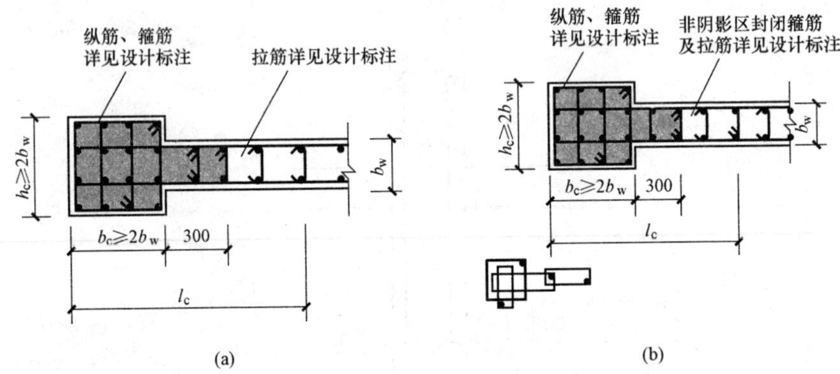

图 3-31　约束边缘端柱

（a）非阴影区设置拉筋；（b）非阴影区外圈设置封闭箍筋

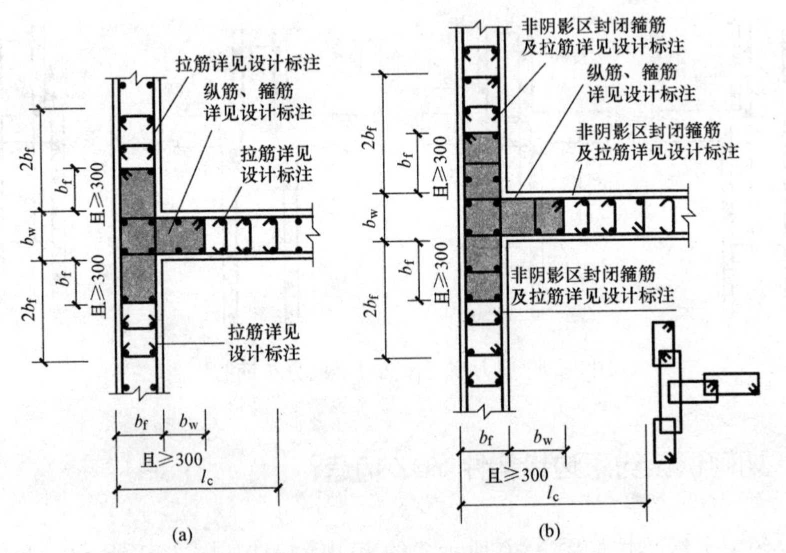

图 3-32　约束边缘翼墙

（a）非阴影区设置拉筋；（b）非阴影区外圈设置封闭箍筋

（3）约束边缘转角墙如图 3-33 所示。

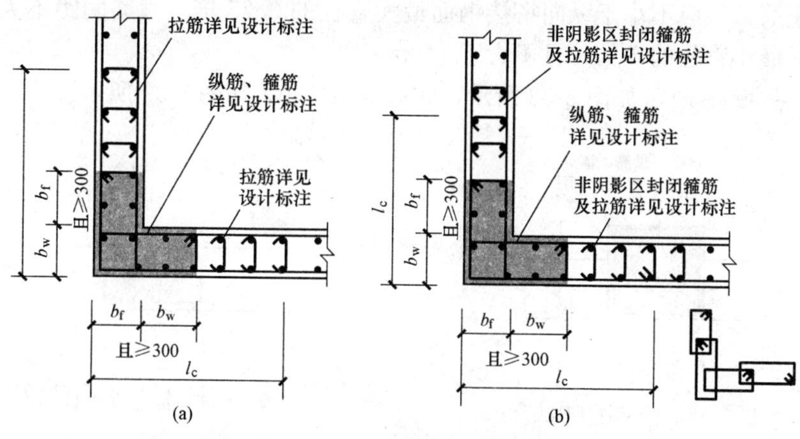

图 3-33　约束边缘转角墙

（a）非阴影区设置拉筋；（b）非阴影区外圈设置封闭箍筋

51. 如何识读构造边缘构件 GBZ、扶壁柱 FBZ、非边缘暗柱 AZ 构造?

（1）构造边缘暗柱如图 3-34 所示，构造边缘端柱如图 3-35 所示，构造边缘翼墙如图 3-36 所示，构造边缘转角墙如图 3-37 所示。

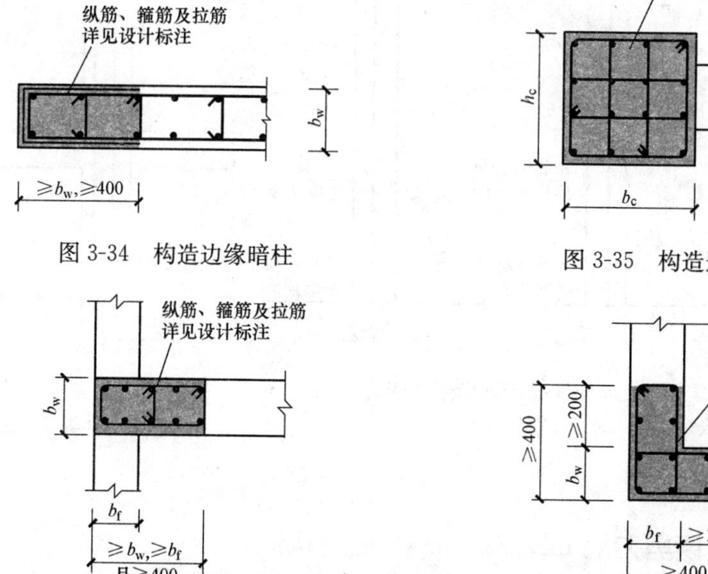

图 3-34　构造边缘暗柱

图 3-35　构造边缘端柱

图 3-36　构造边缘翼墙

图 3-37　构造边缘转角墙

搭接长度范围内，约束边缘构件阴影部分、构造边缘构件、扶壁柱及非边缘暗柱的箍筋直径应不小于纵向搭接钢筋最大直径的 0.25 倍。箍筋间距不大于纵向搭接钢筋最小直径的 5 倍，且不大于 100mm。

（2）扶壁柱 FBZ 如图 3-38 所示，非边缘暗柱 AZ 如图 3-39 所示。

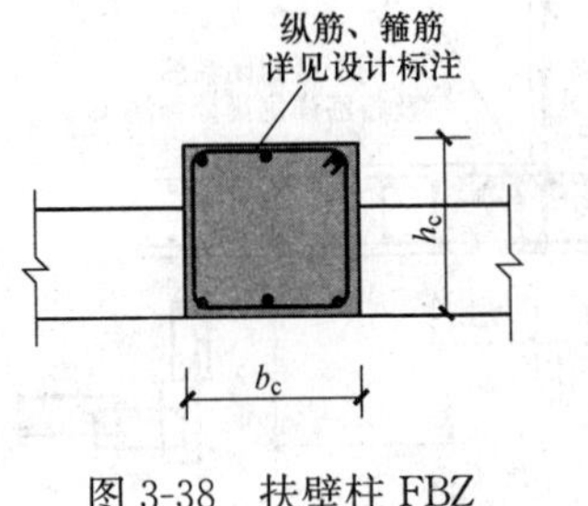

图 3-38　扶壁柱 FBZ

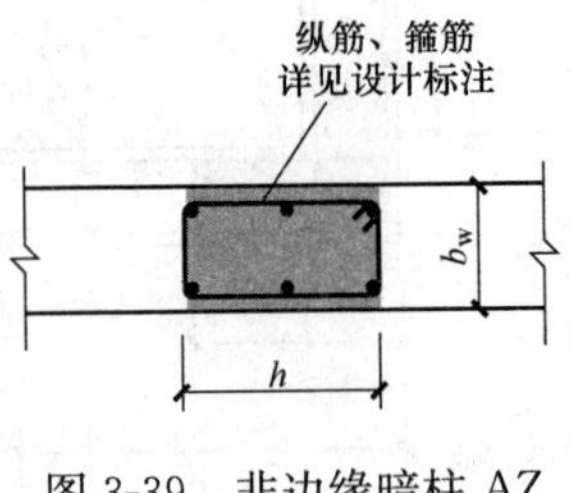

图 3-39　非边缘暗柱 AZ

52. 如何识读剪力墙边缘构件纵向钢筋连接构造和剪力墙上起约束边缘构件纵筋构造？

（1）剪力墙边缘构件纵向钢筋连接构造如图 3-40 所示，适用于约束边缘构件阴影部分和构造边缘构件的纵向钢筋。

（2）剪力墙上起约束边缘构件纵筋构造如图 3-41 所示。

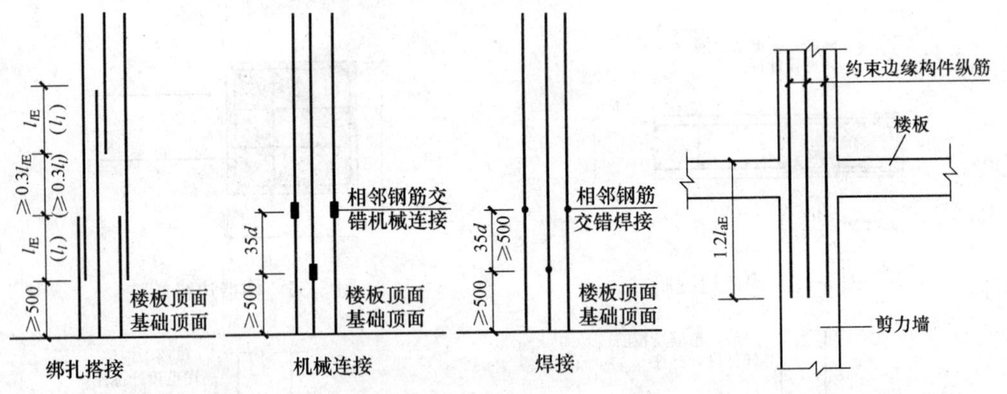

图 3-40　剪力墙边缘构件纵向钢筋连接构造

图 3-41　剪力墙上起约束边缘构件纵筋构造

53. 如何识读剪力墙 LL、AL、BKL 配筋构造？

（1）连梁 LL 配筋构造如图 3-42 所示。当端部洞口连梁的纵向钢筋在端支座的直锚长度≥l_{aE}（l_a）且≥600 时，可不必往上（下）弯折。洞口范围内的连梁箍筋详见具体工程设计。

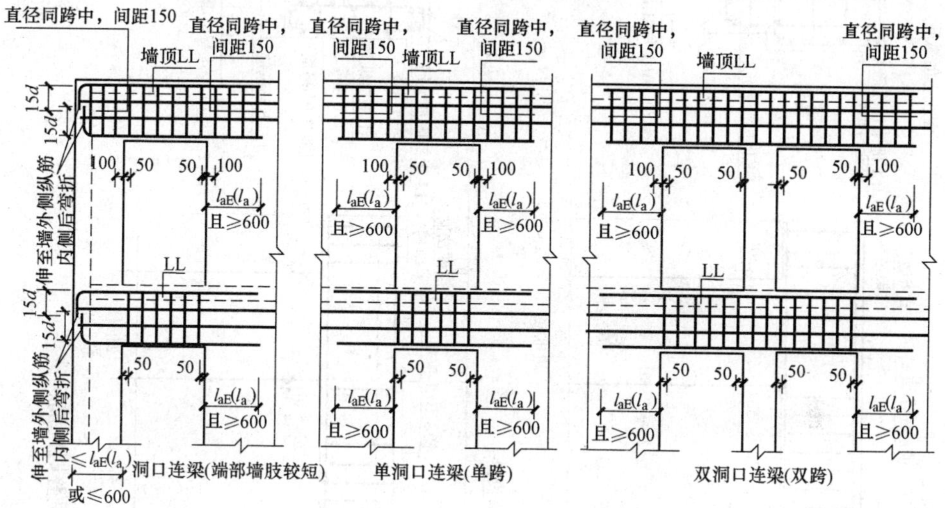

图 3-42　连梁 LL 配筋构造

（2）连梁、暗梁和边框梁侧面纵筋和拉筋构造如图 3-43 所示。侧面纵筋详见具体工程设计；拉筋直径：当梁宽≤350mm 时为 6mm，梁宽>350mm 时为 8mm，拉筋间距为 2 倍箍筋间距，竖向沿侧面水平筋隔一拉一。

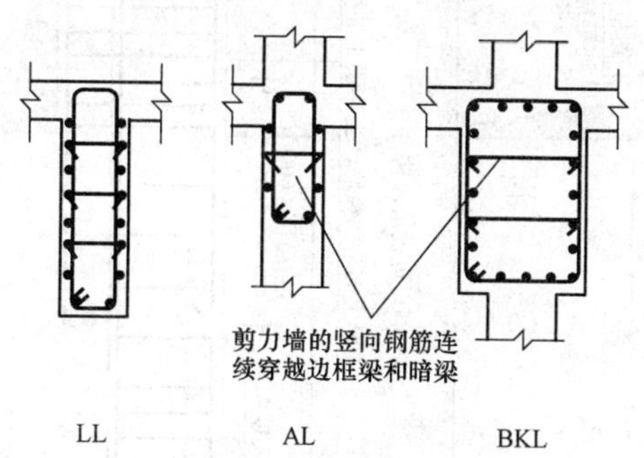

图 3-43　连梁、暗梁和边框梁侧面纵筋和拉筋构造

54. 剪力墙 BKL 或 AL 与 LL 重叠时配筋构造是怎样的?

剪力墙 BKL 或 AL 与 LL 重叠时配筋构造如图 3-44 所示。

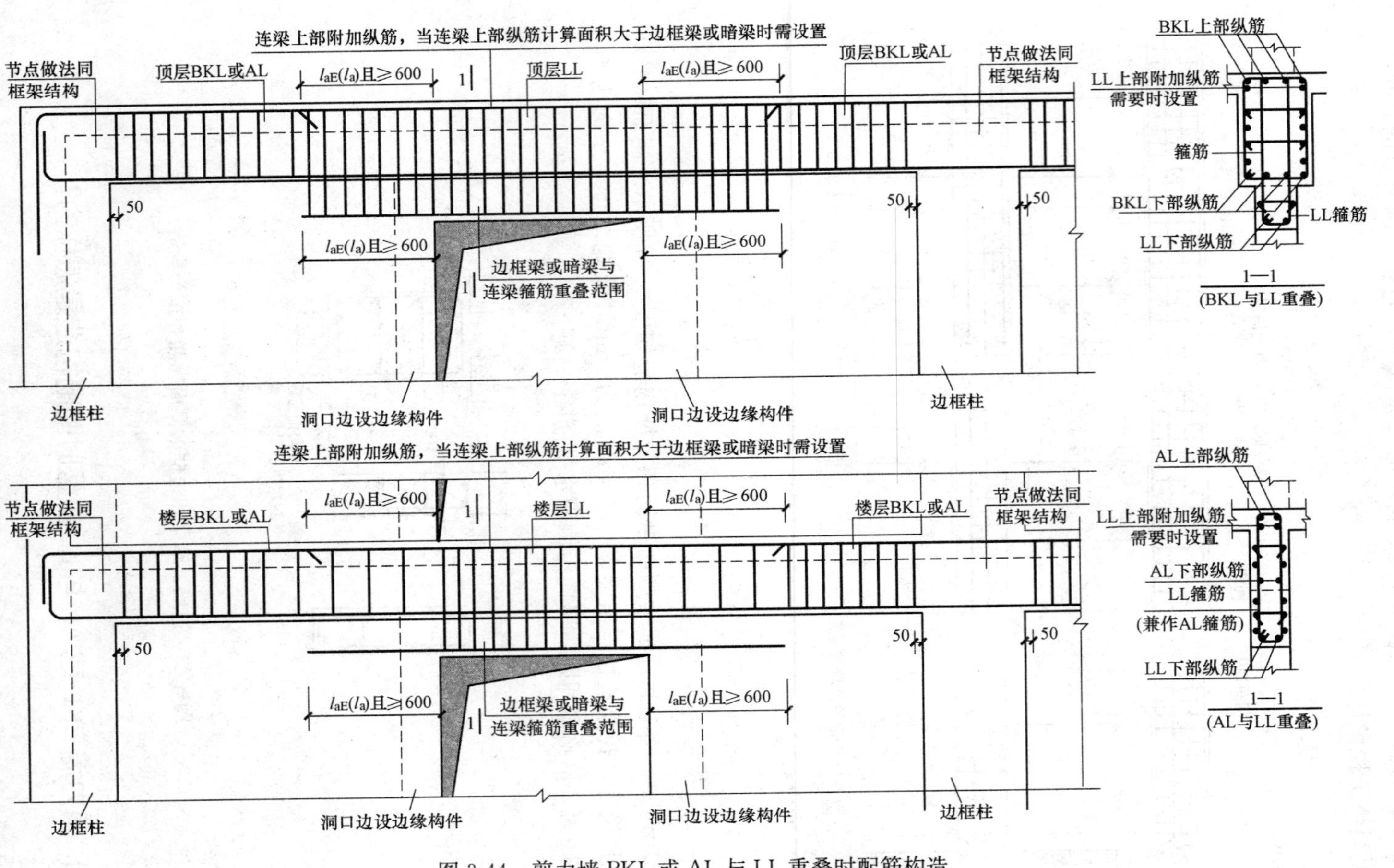

图 3-44　剪力墙 BKL 或 AL 与 LL 重叠时配筋构造

55. 如何识读连梁交叉斜筋配筋 LL（JX）、连梁集中对角斜筋配筋 LL（DX）、连梁对角暗撑配筋 LL（JC）构造?

（1）当洞口连梁截面宽度不小于 250mm 时，可采用交叉斜筋配筋；当连梁截面宽度不小于 400mm 时，可采用集中对角斜筋配筋或对角暗撑配筋。交叉斜筋配筋连梁、对角暗撑配筋连梁的水平钢筋及箍筋形成的钢筋网之间应采用拉筋拉结，拉筋直径不宜小于 6mm，间距不宜大于 400mm。

（2）连梁交叉斜筋配筋构造如图 3-45 所示。交叉斜筋配筋连梁的对角斜筋在梁端部位应设置拉筋，具体值见设计标注。

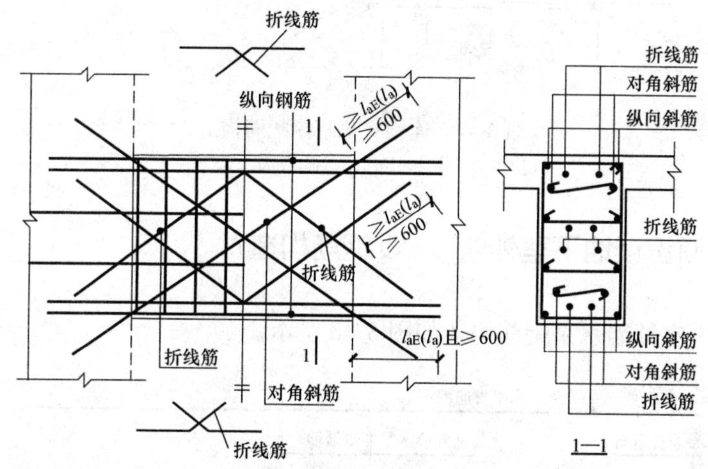

图 3-45　连梁交叉斜筋配筋构造

（3）连梁集中对角斜筋配筋构造如图 3-46 所示。集中对角斜筋配筋连梁应在梁截面内沿水平方向及竖直方向设置双向拉筋，拉筋应勾住外侧纵向钢筋，间距不应大于 200mm，直径不应小于 8mm。

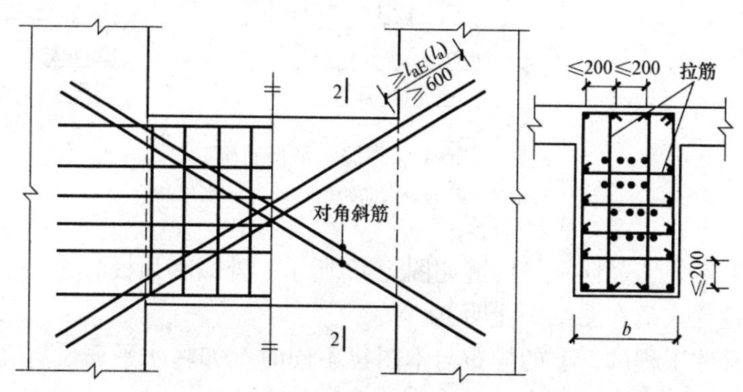

图 3-46　连梁集中对角斜筋配筋构造

(4) 连梁对角暗撑配筋构造如图 3-47 所示。对角暗撑配筋连梁中暗撑箍筋的外缘沿梁截面宽度方向不宜小于梁宽的 1/2，另一方向不宜小于梁宽的 1/5；对角暗撑约束箍筋肢距不应大于 350mm。

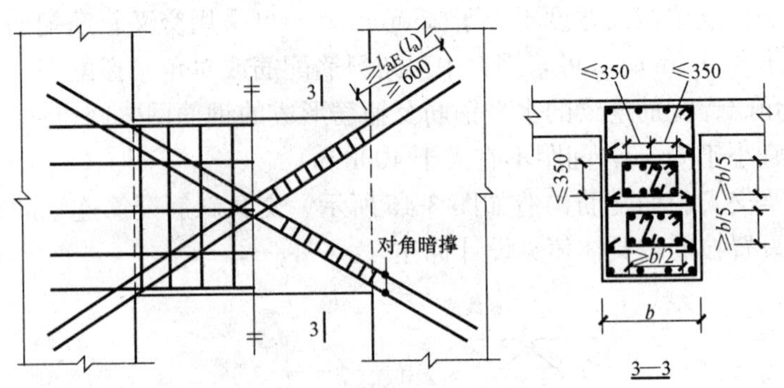

图 3-47　连梁对角暗撑配筋构造

（用于筒中筒结构时，l_{aE}均取为 $1.15l_a$）

 56. 如何识读地下室外墙 DWQ 钢筋构造?

(1) 地下室外墙水平钢筋构造如图 3-48 所示。

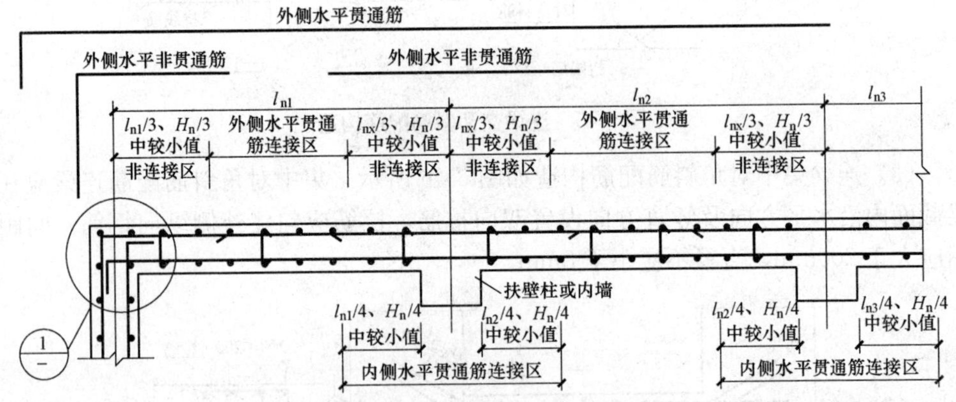

图 3-48　地下室外墙水平钢筋构造

l_{nx}—相邻水平跨的较大净跨值；H_n—本层层高

(2) 地下室外墙竖向钢筋构造如图 3-49 所示。外墙和顶板的连接节点做法②、③的选用由设计人员在图纸中注明。

(3) 当具体工程的钢筋的排布与本图集不同时（如将水平筋设置在外层），应按设计要求进行施工。

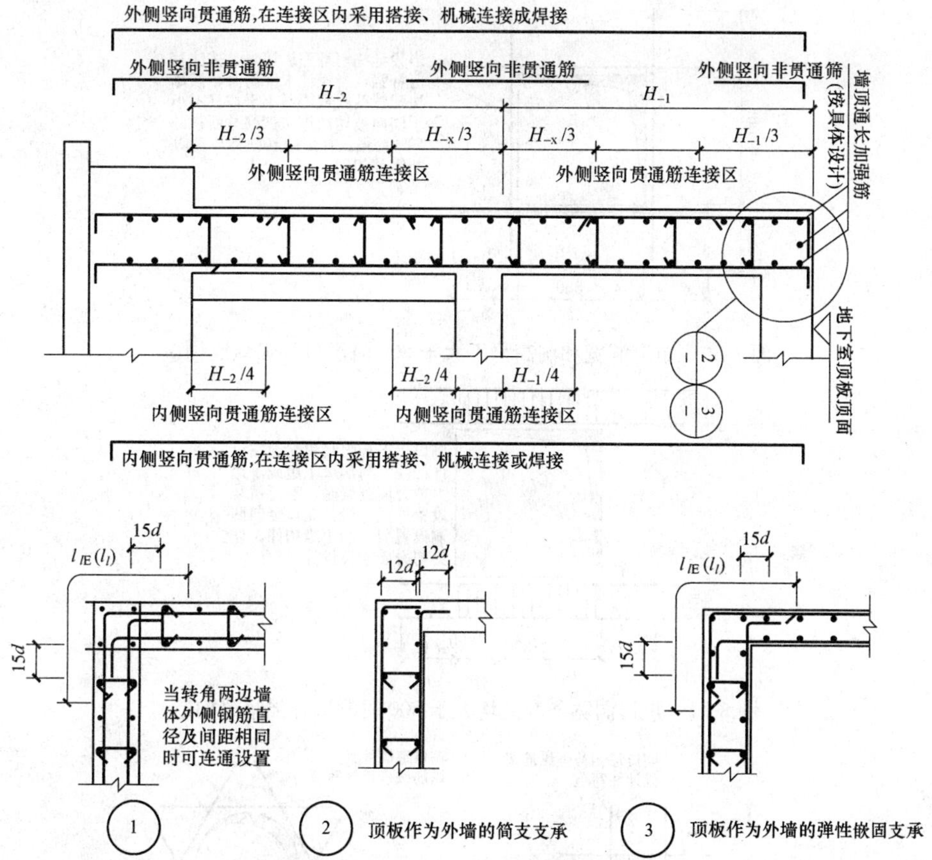

图 3-49 地下室外墙竖向钢筋构造

（H_{-x}为H_{-1}和H_{-2}的较大值）

（4）扶壁柱、内墙是否作为地下室外墙的平面外支承应由设计人员根据工程具体情况确定，并在设计文件中明确。

（5）是否设置水平非贯通筋由设计人员根据计算确定，非贯通筋的直径、间距及长度由设计人员在设计图纸中标注。

（6）当扶壁柱、内墙不作为地下室外墙的平面外支承时，水平贯通筋的连接区域不受限制。

57. 如何识读剪力墙洞口补强构造?

（1）矩形洞宽和洞高均不大于 800 时洞口补强纵筋构造如图 3-50 所示，矩形洞宽和洞高均大于 800 时洞口补强暗梁构造如图 3-51 所示。

（2）剪力墙圆形洞口补强纵筋构造如图 3-52 所示。

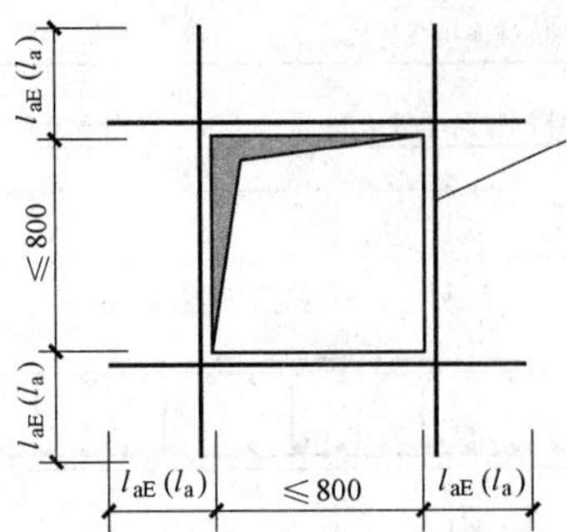

图 3-50　矩形洞宽和洞高均不大于 800 时洞口补强纵筋构造

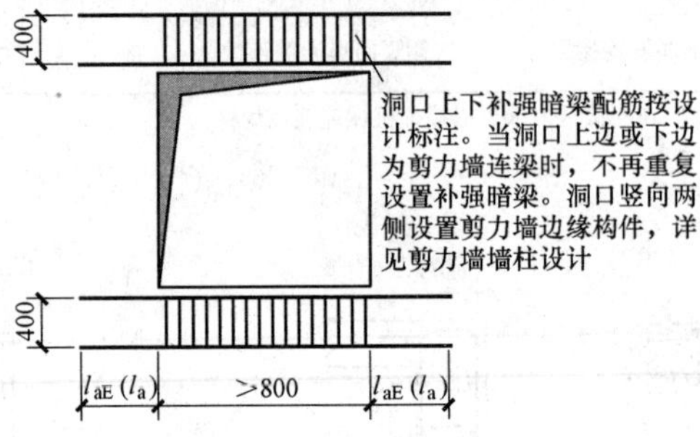

图 3-51　矩形洞宽和洞高均大于 800 时洞口补强暗梁构造

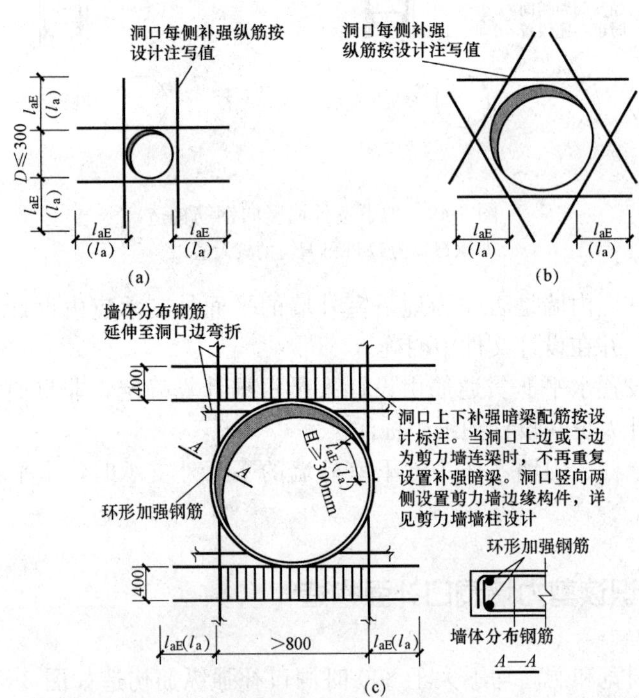

图 3-52　剪力墙圆形洞口补强纵筋构造

(a) 洞口直径不大于 300 时；(b) 洞口直径大于 300 且小于等于 800 时；(c) 洞口直径大于 800 时

（3）连梁中部圆形洞口补强钢筋构造如图 3-53 所示。

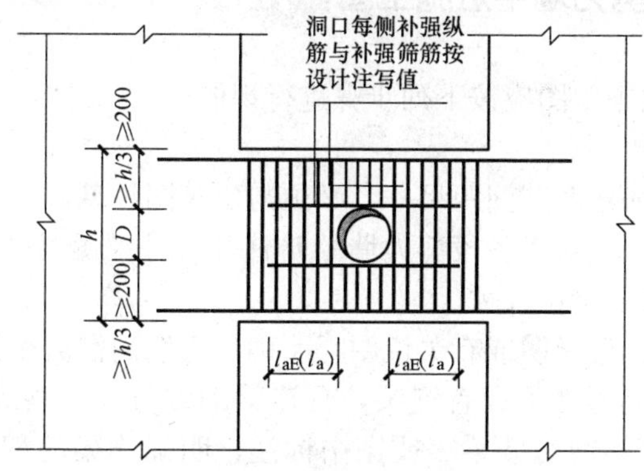

图 3-53　连梁中部圆形洞口补强钢筋构造

（圆形洞口预埋钢套管）

58. 剪力墙平法施工图的识图步骤是什么？

（1）查看图名、比例。

（2）首先校核轴线编号及其间距尺寸，要求必须与建筑图、基础图、基础平面保持一致。

（3）与建筑图配合，明确各段剪力墙的暗柱和端柱的编号、数量及位置，墙身的编号和长度，洞口的定位尺寸。

（4）阅读结构设计总说明或有关说明，明确剪力墙的混凝土轻度等级。

（5）所有洞口的上方必须设置连梁，且连梁的编号应与剪力墙洞口编号对应。根据连梁的编号，查阅剪力墙梁表或图中标注，明确连梁的截面尺寸、标高和配筋情况。早根据抗震等级、设计要求和标注构造详图确定纵向钢筋和股金的构造要求，如纵向钢筋深入墙面的锚固长度、箍筋的位置要求等。

（6）根据各段剪力墙端柱、暗柱和小墙肢的编号，查阅剪力墙柱表或图中截面标注等，明确端柱、暗柱和小墙肢的截面尺寸、标高和配筋情况。再根据抗震等级、设计要求和标准构造详图确定纵向钢筋的箍筋构造要求，如箍筋加密区的范围、纵向钢筋的连接方式。位置和搭接长度、弯折要求、柱头锚固要求。

（7）根据各段剪力墙身的编号，查阅剪力墙身表或图中标注，明确剪力墙身的厚度、标高和配筋的情况。再根据抗震等级、设计要求和标准构造详图确定水平分布筋、竖向分布筋和拉筋的构造要求、如水平钢筋的锚固和搭接长度、弯折要求、竖向钢筋的连接方式、位置和搭接长度、弯折的锚固要求。

需要特别说明的是，不同楼层的剪力墙混凝土等级由下向上会有变化，同一楼层，墙和梁板的混凝土强度等级可能也有所不同，应格外注意。

 59. 怎样识读剪力墙平法施工图？

（1）剪力墙平法施工图应按下列步骤进行识图：

1）查看图名、比例。

2）先校核轴线编号及其间距尺寸，必须与建筑图、基础平面图保持一致。

3）与建筑图配合，明确各段剪力墙的暗柱和端柱的编号、数量及位置，墙身的编号和长度，洞口的定位尺寸。

4）阅读结构设计总说明或有关说明，明确剪力墙的混凝土强度等级。

5）所有洞口的上方必须设置连梁，且连梁的编号应与剪力墙洞口编号对应。根据连梁的编号，查阅剪力墙梁表或图中标注，明确连梁的截面尺寸、标高和配筋情况。再根据抗震等级、设计要求和标注构造详图确定纵向钢筋和箍筋的构造要求。

6）根据各段剪力墙端柱、暗柱和小墙肢的编号，查阅剪力墙柱表或图中截面标注等，明确端柱、暗柱和小墙肢的截面尺寸、标高和配筋情况。再根据抗震等级、设计要求和标准构造详图确定纵向钢筋的箍筋构造要求。

7）根据各段剪力墙身的编号，查阅剪力墙身表或图中标注，明确剪力墙身的厚度、标高和配筋情况。再根据抗震等级、设计要求和标准构造详图确定水平分布筋、竖向分布筋和拉筋的构造要求等。

（2）识读实例。以图3-54和图3-55为例，简要介绍一下怎样识读剪力墙平法施工图。

某工程标准层的剪力墙平法施工图，如图3-54和图3-55所示。图3-54为标准层顶梁平法施工图，绘制比例为1∶100。

轴线编号及其间距尺寸与建筑图、框支柱平面布置图一致。阅读结构设计总说明或图纸说明知，剪力墙混凝土强度等级为C30。一、二层剪力墙及转换层以上两层剪力墙，抗震等级为三级，以上各层抗震等级为四级。

所有洞口的上方均设有连梁，图中共8种连梁，其中LL-1和LL-8各1根，LL-2和LL-5各2根，LL-3、LL-6和LL-7各3根，LL-4共6根，平面位置如图3-54所示。查阅连梁表可知，各个编号连梁的梁底标高、截面宽度和高度、连梁跨度、上部纵向钢筋、下部纵向钢筋及箍筋。从图3-54知，连梁的侧面构造钢筋即为剪力墙配置的水平分布筋，其在3、4层为直径12mm、间距250mm的Ⅱ级钢筋，在5～16层为直径10mm、间距250mm的Ⅰ级钢筋。

因转换层以上两层（3、4层）剪力墙，抗震等级为三级，以上各层抗震等级为四级，知3、4层（标高6.950～12.550m）纵向钢筋锚固长度为31d，5～16层（标高12.550～49.120m）纵向钢筋锚固长度为30d。顶层洞口连梁纵向钢筋伸入墙内的长度范围内，应设置间距为150mm的箍筋，箍筋直径与连梁跨内箍筋直径相同。

图中剪力墙身的编号只有一种，平面位置如图3-54所示，墙厚200mm。查阅

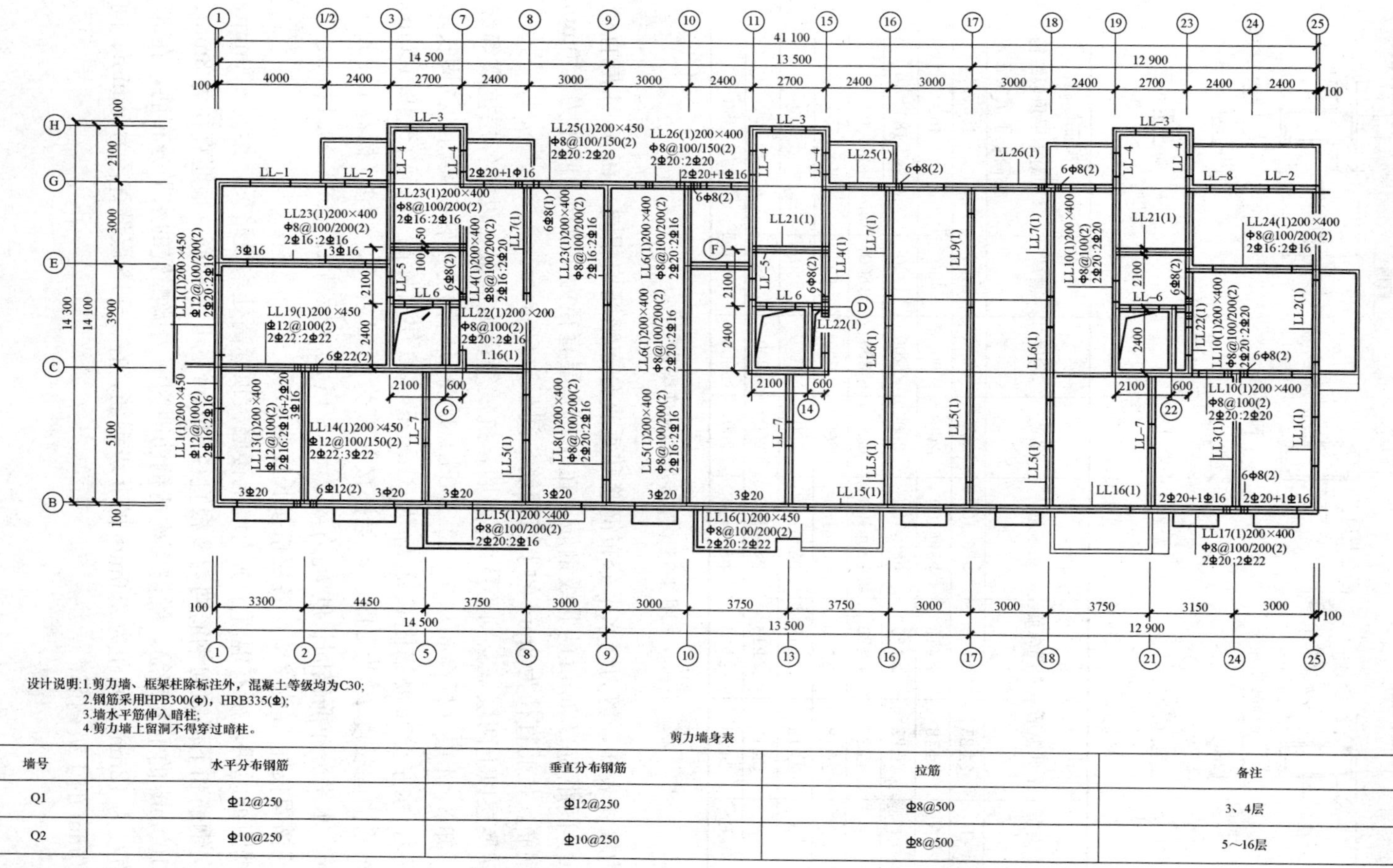

墙号	水平分布钢筋	垂直分布钢筋	拉筋	备注
Q1	⌀12@250	⌀12@250	⌀8@500	3、4层
Q2	⌀10@250	⌀10@250	⌀8@500	5～16层

图 3-54　标准层顶梁配筋平面图

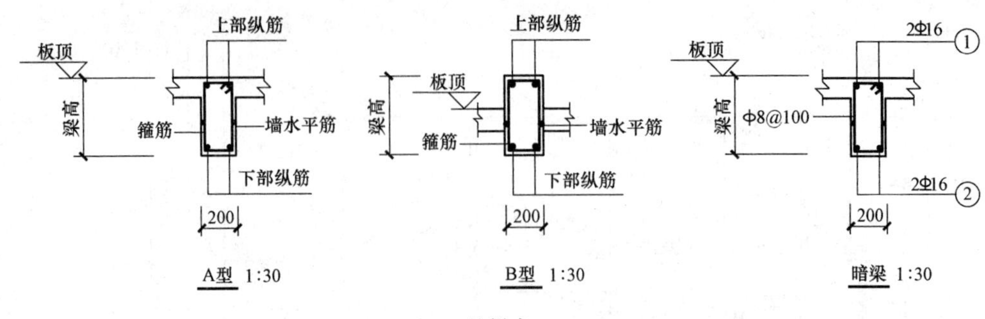

连梁表

梁号	类型	上部纵筋	下部纵筋	梁箍筋	梁宽	跨度	梁高	梁底标高（相对本层顶板结构标高，下沉为正）
LL-1	B	2Φ25	2Φ25	Φ8@100	200	1500	1400	450
LL-2	A	2Φ18	2Φ18	Φ8@100	200	900	450	450
LL-3	B	2Φ25	2Φ25	Φ8@100	200	1200	1300	1800
LL-4	B	4Φ20	4Φ20	Φ8@100	200	800	1800	0
LL-5	A	2Φ18	2Φ18	Φ8@100	200	900	750	750
LL-6	A	2Φ18	2Φ18	Φ8@100	200	1100	580	580
LL-7	A	2Φ18	2Φ18	Φ8@100	200	900	750	750
LL-8	B	2Φ25	2Φ25	Φ8@100	200	900	1800	1350

图 3-55　连接类型和连梁表

剪力墙身表知，剪力墙水平分布钢筋和垂直分布钢筋均相同，在3、4层直径为12mm、间距为250mm的Ⅱ级钢筋，在5～16层直径为10mm、间距为250mm的Ⅰ级钢筋。拉筋直径为8mm的Ⅰ级钢筋，间距为500mm。

因转换层以上两层（3、4层）剪力墙，抗震等级为三级，以上各层抗震等级为四级，知3、4层（标高6.950～12.550m）墙身竖向钢筋在转换梁内的锚固长度不小于l_{aE}，水平分布筋锚固长度l_{aE}为$31d$，5～16层（标高12.550～49.120m）水平分布筋锚固长度l_{aE}为$24d$，各层搭接长度为$1.4l_{aE}$；3、4层（标高6.950～12.550m）水平分布筋锚固长度l_{aE}为$31d$，5～16层（标高12.550～49.120m）水平分布筋锚固长度l_{aE}为$24d$，各层搭接长度为$1.6l_{aE}$。

根据图纸说明，所有混凝土剪力墙上楼层板顶标高处均设暗梁，梁高400mm，上部纵向钢筋和下部纵向钢筋同为2根直径16mm的Ⅱ级钢筋，箍筋直径为8mm、间距为100mm的Ⅰ级钢筋，梁侧面构造钢筋即为剪力墙配置的水平分布筋，在3、4层设直径为12mm、间距为250mm的Ⅱ级钢筋，在5～16层设直径为10mm、间距为250mm的Ⅰ级钢筋。

梁平法施工图识读

 60. 梁平法施工图对表达方式有什么要求?

（1）梁平法施工图系在梁平面布置图上采用平面注写方式或截面注写方式表达。

（2）梁平面布置图，应分别按梁的不同结构层（标准层），将全部梁和与其相关联的柱、墙、板一起采用适当比例绘制。

（3）在梁平法施工图中，尚应按《混凝土结构施工图平面整体表示方法制图规则和构造详图（现浇混凝土框架、剪力墙、梁、板）》11G101-1 图集第 1.0.8 条的规定注明各结构层的顶面标高及相应的结构层号。

（4）对于轴线未居中的梁，应标注其偏心定位尺寸（贴柱边的梁可不注）。

 61. 梁平法施工图平面注写方式的梁编号由什么组成?

梁平法施工图平面注写方式的梁编号由梁类型代号、序号、跨数及有无悬挑代号几项组成，并应符合表 4-1 的规定。

表 4-1　　梁编号

梁类型	代　号	序　号	跨数及是否带有悬挑
楼层框架梁	KL	××	(××)、(××A) 或 (××B)
屋面框架梁	WKL	××	(××)、(××A) 或 (××B)
框支梁	KZL	××	(××)、(××A) 或 (××B)
非框架梁	L	××	(××)、(××A) 或 (××B)
悬挑梁	XL	××	
井字梁	JZL	××	(××)、(××A) 或 (××B)

注　(××A) 为一端有悬挑，(××B) 为两端有悬挑，悬挑不计入跨数。

62. 梁平法施工图注写方式有哪几种方法?

平面注写方式，系在梁平面布置图上，分别在不同编号的梁中各选一根梁，在其上注写截面尺寸和配筋具体数值的方式来表达梁平法施工图，如图 4-1 所示。

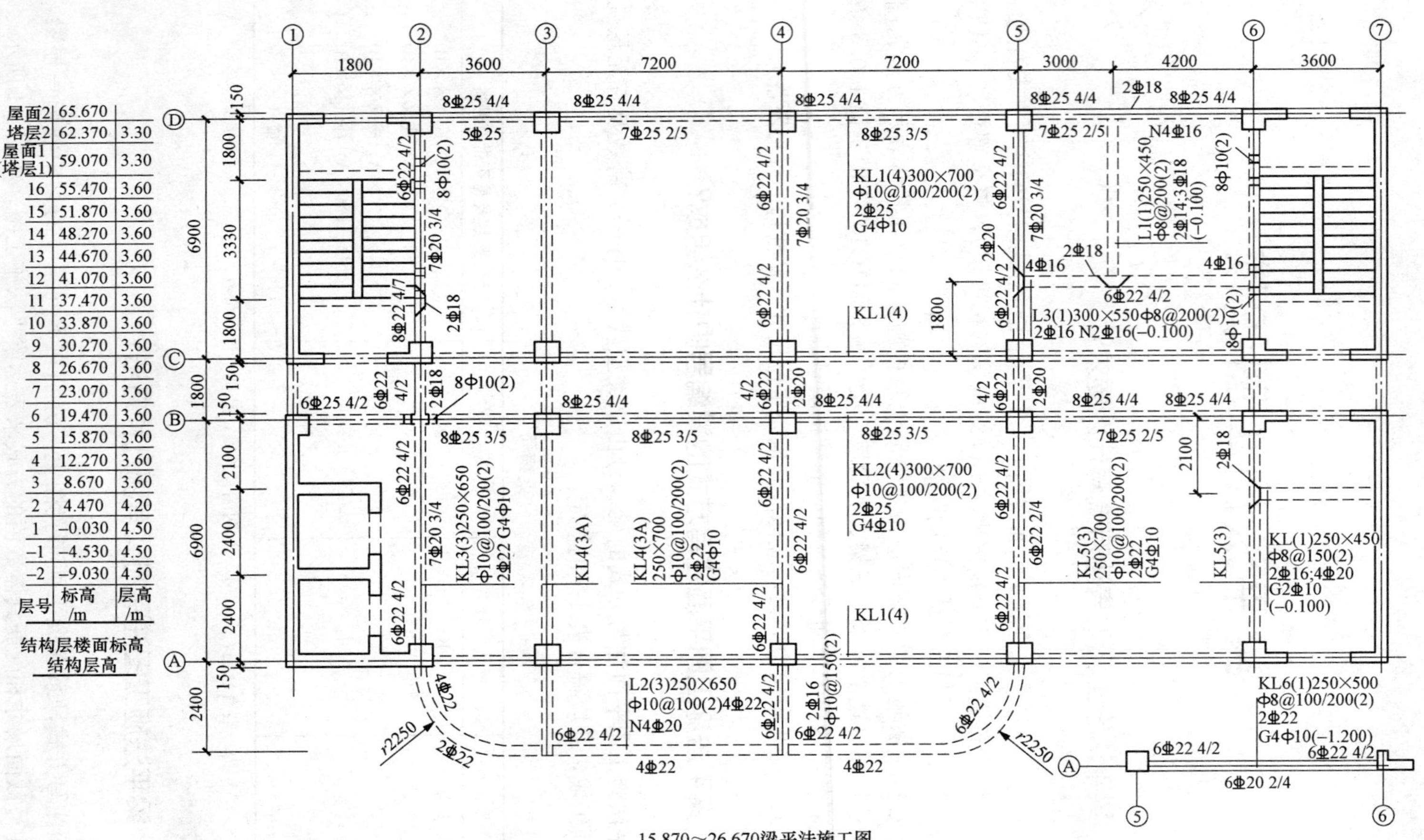

层号	标高/m	层高/m
屋面2	65.670	
塔层2	62.370	3.30
屋面1(塔层1)	59.070	3.30
16	55.470	3.60
15	51.870	3.60
14	48.270	3.60
13	44.670	3.60
12	41.070	3.60
11	37.470	3.60
10	33.870	3.60
9	30.270	3.60
8	26.670	3.60
7	23.070	3.60
6	19.470	3.60
5	15.870	3.60
4	12.270	3.60
3	8.670	3.60
2	4.470	4.20
1	−0.030	4.50
−1	−4.530	4.50
−2	−9.030	4.50

结构层楼面标高
结构层高

15.870～26.670梁平法施工图

图 4-1 梁平法施工图平面注写方式示例

平面注写包括集中标注与原位标注，如图 4-2 所示，集中标注表达梁的通用数值，原位标注表达梁的特殊数值。当集中标注中的某项数值不适用于梁的某部位时，则将该项数值原位标注，施工时，原位标注取值优先。

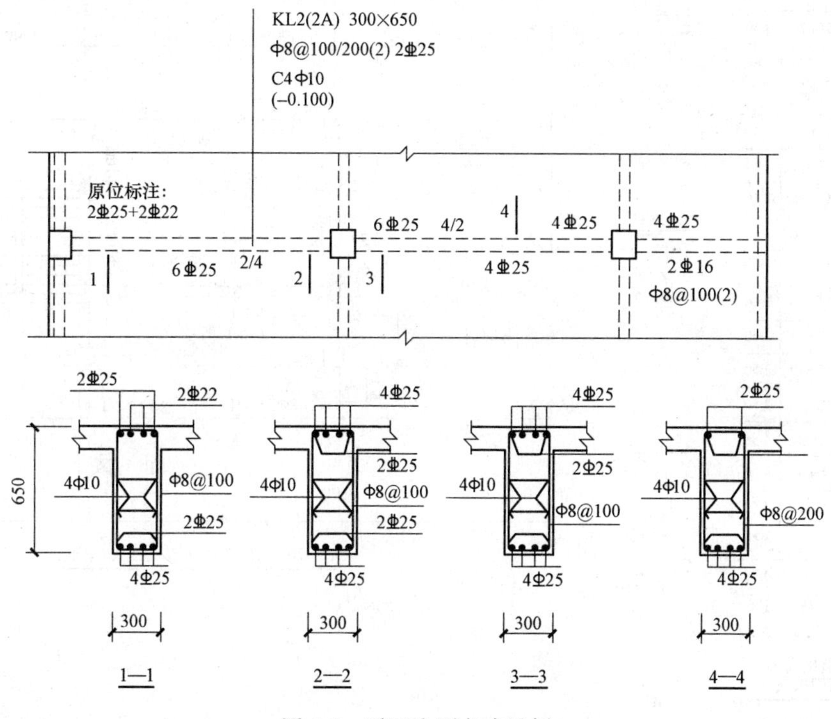

图 4-2　平面注写方式示例

注：本图四个梁截面系采用传统表示方法绘制，用于对比按平面注写方式表达的同样内容。实际采用平面注写方式表达时，不需绘制梁截面配筋图和图 4-2 中的相应截面号。

63. 梁平法施工图的截面注写方式有何要求?

（1）截面注写方式，系在分标准层绘制的梁平面布置图上，分别在不同编号的梁中各选择一根梁用剖面号引出配筋图，并在其上注写截面尺寸和配筋具体数值的方式来表达梁平法施工图，如图 4-3 所示。

（2）对所有梁按表 4-1 的规定进行编号，从相同编号的梁中选择一根梁，先将“单边截面号”画在该梁上，再将截面配筋详图画在本图或其他图上。当某梁的顶面标高与结构层的楼面标高不同时，尚应继其梁编号后注写梁顶面标高高差（注写规定与平面注写方式相同）。

（3）在截面配筋详图上注写截面尺寸 $b\times h$、上部筋、下部筋、侧面构造筋或受扭筋以及箍筋的具体数值时，其表达形式与平面注写方式相同。

屋面2	65.670	
塔层2	62.370	3.30
屋面1（塔层1）	59.070	3.30
16	55.470	3.60
15	51.870	3.60
14	48.270	3.60
13	44.670	3.60
12	41.070	3.60
11	37.470	3.60
10	33.870	3.60
9	30.270	3.60
8	26.670	3.60
7	23.070	3.60
6	19.470	3.60
5	15.870	3.60
4	12.270	3.60
3	8.068	3.60
2	4.470	4.20
1	-0.030	4.50
-1	-4.530	4.50
-2	-9.030	4.50
层号	标高/m	层高/m

结构层楼面标高
结构层高

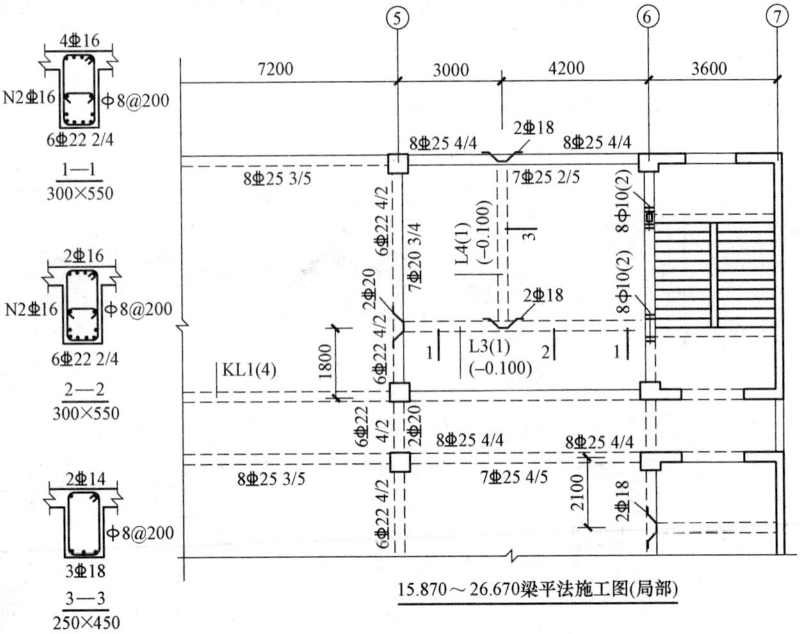

1—1 300×550

2—2 300×550

3—3 250×450

15.870～26.670梁平法施工图(局部)

图 4-3　梁平法施工图截面注写方式示例

(4) 截面注写方式既可以单独使用，也可与平面注写方式结合使用。在梁平法施工图的平面图中，当局部区域的梁布置过密时，除了采用截面注写方式表达外，也可将过密区用虚线框出，适当放大比例后再用平面注写方式表示的措施来表达。当表达异形截面梁的尺寸与配筋时，用截面注写方式相对比较方便。

64. 对梁支座上部纵筋的长度有哪些规定?

(1) 为方便施工，凡框架梁的所有支座和非框架梁（不包括井字梁）的中间支座上部纵筋的伸出长度 a_0 值在标准构造详图中统一取值为：第一排非通长筋及与跨中直径不同的通长筋从柱（梁）边起伸出至 $l_n/3$ 位置；第二排非通长筋伸出至 $l_n/4$ 位置。l_n 的取值规定为：对于端支座，l_n 为本跨的净跨值；对于中间支座，l_n 为支座两边较大一跨的净跨值。

(2) 悬挑梁（包括其他类型梁的悬挑部分）上部第一排纵筋伸出至梁端头并下弯，第二排伸出至 $3l/4$ 位置，l 为自柱（梁）边算起的悬挑净长。当具体工程需要将悬挑梁中的部分上部钢筋从悬挑梁根部开始斜向弯下时，应由设计者另加注明。

（3）设计者在执行上述（1）、（2）条关于梁支座端上部纵筋伸出长度的统一取值规定时，特别是在大小跨相邻和端跨外为长悬臂的情况下，还应注意按《混凝土结构设计规范》（GB 50010—2010）的相关规定进行校核，若不满足时应根据规范规定进行变更。

65. 对不伸入支座的梁下部纵筋长度有哪些规定?

（1）当梁（不包括框支梁）下部纵筋不全部伸入支座时，不伸入支座的梁下部纵筋截断点距支座边的距离，在标准构造详图中统一取为 $0.1l_{ni}$（l_{ni}为本跨梁的净跨值）。

（2）当按上述（1）的规定确定不伸入支座的梁下部纵筋的数量时，应符合《混凝土结构设计规范》（GB 50010—2010）的有关规定。

66. 各种梁在施工图中应注明哪些事项?

（1）非框架梁、井字梁的上部纵向钢筋在端支座的锚固要求，《混凝土结构施工图平面整体表示方法制图规则和构造详图（现浇混凝土框架、剪力墙、梁、板）》(11G101-1）图集标准构造详图中规定：当设计按铰接时，平直段伸至端支座对边后弯折，且平直段长度≥$0.35l_{ab}$，弯折段长度 $15d$（d 为纵向钢筋直径）；当充分利用钢筋的抗拉强度时，直段伸至端支座对边后弯折，且平直段长度≥$0.6l_{ab}$，弯折段长度 $15d$。设计者应在平法施工图中注明采用何种构造，当多数采用同种构造时可在图注中统一写明，并将少数不同之处在图中注明。

（2）非抗震设计时，框架梁下部纵向钢筋在中间支座的锚固长度，《混凝土结构施工图平面整体表示方法制图规则和构造详图（现浇混凝土框架、剪力墙、梁、板）》（11G101-1）图集的构造详图中按计算中充分利用钢筋的抗拉强度考虑。当计算中不利用该钢筋的强度时，其伸入支座的锚固长度对于带肋钢筋为 $12d$，对于光面钢筋为 $15d$（d 为纵向钢筋直径），此时设计者应注明。

（3）非框架梁的下部纵向钢筋在中间支座和端支座的锚固长度，在本图集的构造详图中规定对于带肋钢筋为 $12d$；对于光面钢筋为 $15d$（d 为纵向钢筋直径）。当计算中需要充分利用下部纵向钢筋的抗压强度或抗拉强度，或具体工程有特殊要求时，其锚固长度应由设计者按照《混凝土结构设计规范》（GB 50010—2010）的相关规定进行变更。

（4）当非框架梁配有受扭纵向钢筋时，梁纵筋锚入支座的长度为 l_a，在端支座直锚长度不足时可伸至端支座对边后弯折，且平直段长度≥$0.6l_{ab}$，弯折段长度

15d。设计者应在图中注明。

（5）当梁纵筋兼做温度应力钢筋时，其锚入支座的长度由设计确定。

（6）当两楼层之间设有层间梁时（如结构夹层位置处的梁），应将设置该部分梁的区域画出另行绘制梁结构布置图，然后在其上表达梁平法施工图。

（7）《混凝土结构施工图平面整体表示方法制图规则和构造详图（现浇混凝土框架、剪力墙、梁、板）》（11G101-1）图集 KZL 用于托墙框支梁，当托柱转换梁采用 KZL 编号并使用《混凝土结构施工图平面整体表示方法制图规则和构造详图（现浇混凝土框架、剪力墙、梁、板）》（11G101-1）图集构造时，设计者应根据实际情况进行判定，并提供相应的构造变更。

67. 框架梁上部钢筋在端支座如何锚固?

（1）加锚头（锚板）锚固。水平长度不满足 $0.4l_{abE}$（$0.4l_{ab}$）时，不能用加长直钩达到总长度满足 l_{abE}（l_{ab}）的做法，在实际工程中，由于框架梁的纵向钢筋直径较粗，框架柱的截面宽度较小，会出现水平段长度不满足要求的情况，这种情况不得采用通过增加垂直段的长度来补偿使总长度满足锚固要求的做法。

端支座加锚头（锚板）锚固，如图 4-4 所示。柱截面尺寸不足时，可以采用减小主筋的直径，或采用钢筋端部加锚头（锚板，按预埋铁件考虑）的锚固方式；钢筋宜伸至柱外侧钢筋内侧，含机械锚头在内的水平投影长度应$\geqslant 0.4l_{aE}$（$0.4l_a$），过柱中心线水平尺寸不小于 5d。

（2）直锚。端支座直锚，如图 4-5 所示。直锚的长度应不小于 l_{aE}（l_a）要求，且应伸过柱中心线 5d，取 $0.5h_c+5d$ 和 l_{aE} 较大值。直锚的长度不足时，梁上部钢筋可采用 90°弯折锚固，水平段应伸至柱外侧钢筋内侧并向节点内弯折，含弯弧在内的水平投影长度$\geqslant 0.4l_{abE}$（$0.4l_{ab}$）且包括弯弧在内的投影长度不应小于 15d 的竖向直线段。

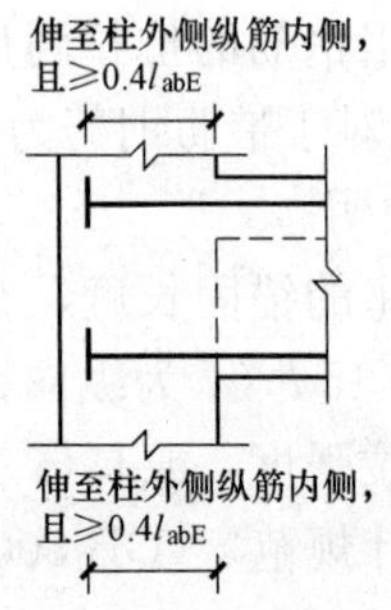

图 4-4　端支座加锚头（锚板）锚固

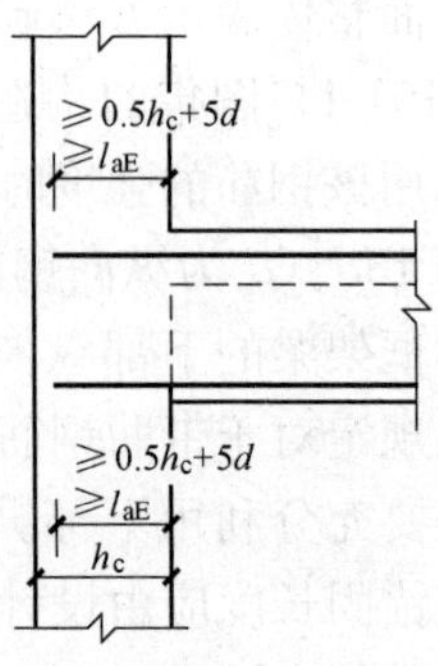

图 4-5　端支座直锚

68. 中间层中间节点梁下部筋在节点外如何搭接？

中间层中间节点梁下部筋在节点外搭接，如图 4-6 所示。梁下部钢筋不能在柱内锚固时，可在节点外搭接。相邻跨钢筋直径不同时，搭接位置位于较小直径一跨。

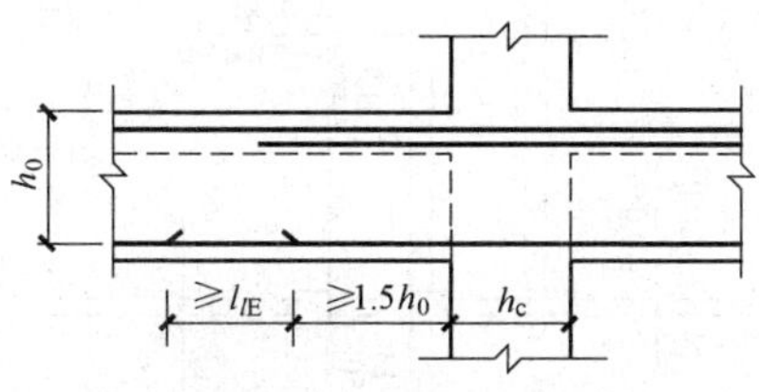

图 4-6　中间层中间节点梁下部筋在节点外搭接

69. 有梁楼盖板平法施工图的表达方式有哪些要求？

有梁楼盖板平法施工图，系在楼面板和屋面板布置图上，采用平面注写的表达方式，如图 4-7 所示。

板平面注写主要包括板块集中标注和板支座原位标注。为方便设计表达和施工识图，规定结构平面的坐标方向为：

（1）当两向轴网正交布置时，图面从左至右为 X 向，从下至上为 Y 向；

（2）当轴网转折时，局部坐标方向顺轴网转折角度做相应转折；

（3）当轴网向心布置时，切向为 X 向，径向为 Y 向。

此外，对于平面布置比较复杂的区域，如轴网转折交界区域、向心布置的核心区域等，其平面坐标方向应由设计者另行规定并在图上明确表示。

70. 有梁楼盖板块集中标注有哪些内容？

（1）板块集中标注的内容为：板块编号、板厚、贯通纵筋、以及当板面标高不同时的标高高差。

对于普通楼面，两向均以一跨为一板块；对于密肋楼盖，两向主梁（框架梁）均以一跨为一板块（非主梁密肋不计）。所有板块应逐一编号，相同编号的板块可择其一做集中标注，其他仅注写置于圆圈内的板编号，以及当板面标高不同时的标高高差。

1）板块编号：按表 4-2 的规定。

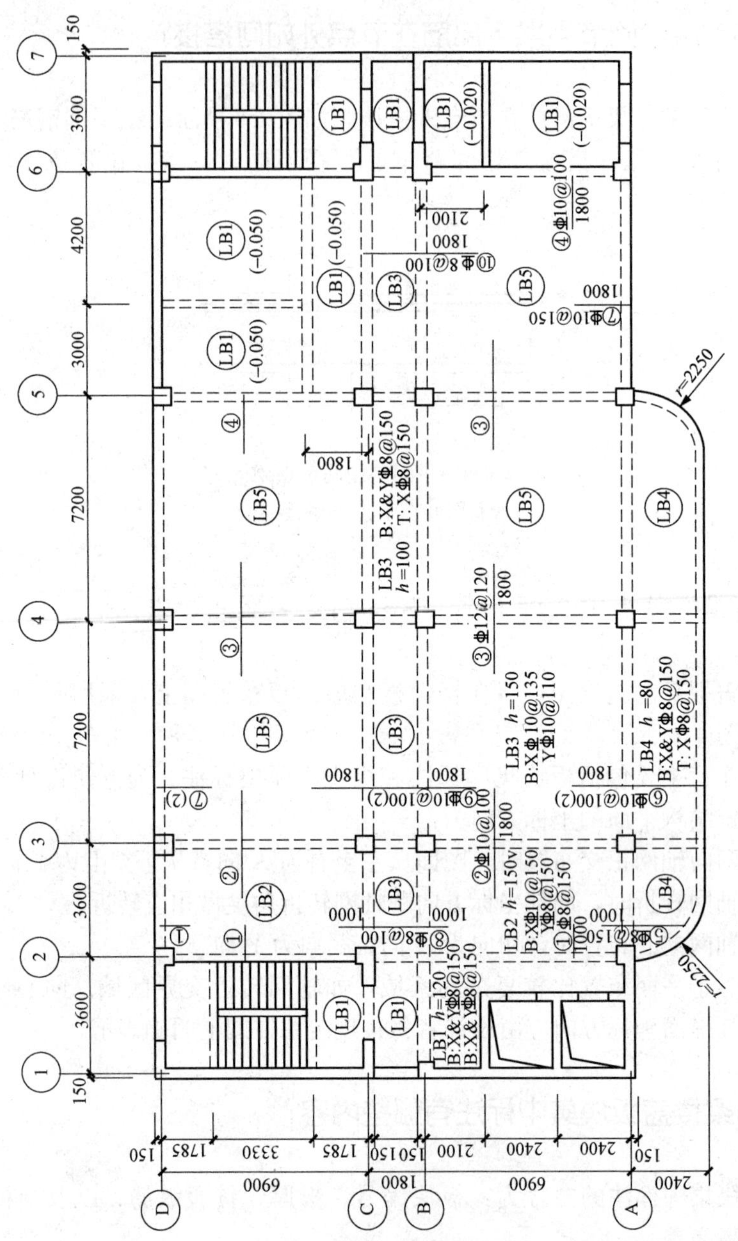

15.870~26.670板平法施工图

（未注明分布筋为Φ8@250）

图4-7 有梁楼盖平法施工图示例

层号	标高/m	层高/m
屋面2	65.670	
塔层2	62.370	3.30
屋面1(塔层1)	59.070	3.30
16	55.470	3.60
15	51.870	3.60
14	48.270	3.60
13	44.670	3.60
12	41.070	3.60
11	37.470	3.60
10	33.870	3.60
9	30.270	3.60
8	26.670	3.60
7	23.070	3.60
6	19.470	3.60
5	15.870	3.60
4	12.270	3.60
3	8.670	3.60
2	4.470	4.20
1	−0.030	4.50
−1	−4.530	4.50
−2	−9.030	4.50

结构层楼面标高

结构层高

表 4-2　　　　　　　　　　板　块　编　号

板类型	代　号	序　号
楼面板	LB	××
屋面板	WB	××
悬挑板	XB	××

2）板厚：注写为 h=×××（为垂直于板面的厚度）；当悬挑板的端部改变截面厚度时，用斜线分隔根部与端部的高度值，注写为 h=×××/×××；当设计已在图注中统一注明板厚时，此项可不注。

3）贯通纵筋：按板块的下部和上部分别注写（当板块上部不设贯通纵筋时则不注），并以 B 代表下部，以 T 代表上部，B&T 代表下部与上部；X 向贯通纵筋以 X 打头，Y 向贯通纵筋以 Y 打头，两向贯通纵筋配置相同时则以 X&Y 打头。

当为单向板时，分布筋可不必注写，而在图中统一注明。

当在某些板内（例如在悬挑板 XB 的下部）配置有构造钢筋时，则 X 向以 X_c，Y 向以 Y_c 打头注写。

当 Y 向采用放射配筋时（切向为 X 向，径向为 Y 向），设计者应注明配筋间距的定位尺寸。

当贯通筋采用两种规格钢筋“隔一布一”方式时，表达为Φxx/yy@xxx，表示直径为 xx 的钢筋和直径为 yy 的钢筋二者之间间距为 xxx，直径 xx 的钢筋的间距为 xxx 的 2 倍，直径 yy 的钢筋的间距为 xxx 的 2 倍。

板面标高高差，系指相对于结构层楼面标高的高差，应将其注写在括号内，且有高差则注，无高差不注。

【例 1】 有一楼面板块注写为：LB5　h=110

B：XΦ12@120；YΦ10@110

表示 5 号楼面板，板厚 110mm，板下部配置的贯通纵筋 X 向为Φ12@120，Y 向为Φ10@110；板上部未配置贯通纵筋。

【例 2】 有一楼面板块注写为：LB5　h=110

B：XΦ10/12@100；YΦ10@110

表示 5 号楼面板，板厚 110mm，板下部配置的贯通纵筋 X 向为Φ10、Φ12 隔一布一，Φ10 与Φ12 之间距为 100mm；Y 向为Φ10@110；板上部未配置贯通纵筋。

【例 3】 有一悬挑板注写为：XB2　h=150/100

B：Xc&YcΦ8@200

表示 2 号悬挑板，板根部厚 150mm，端部厚 100mm，板下部配置构造钢筋双向均为Φ8@200（上部受力钢筋见板支座原位标注）。

（2）同一编号板块的类型、板厚和贯通纵筋均应相同，但板面标高、跨度、平面形状以及板支座上部非贯通纵筋可以不同，如同一编号板块的平面形状可为矩形、多边形及其他形状等。施工预算时，应根据其实际平面形状，分别计算各块板的混凝土与钢材用量。

（3）注意事项。单向或双向连续板的中间支座上部同向贯通纵筋，不应在支座位置连接或分别锚固。当相邻两跨的板上部贯通纵筋配置相同，且跨中部位有足够空间连接时，可在两跨任意一跨的跨中连接部位连接；当相邻两跨的上部贯通纵筋配置不同时，应将配置较大者越过其标注的跨数终点或起点伸至相邻跨的跨中连接区域连接。

设计应注意板中间支座两侧上部贯通纵筋的协调配置，施工及预算应按具体设计和相应标准构造要求实施。等跨与不等跨板上部贯通纵筋的连接有特殊要求时，其连接部位及方式应由设计者注明。

 71. 有梁楼盖不等跨板上部贯通纵筋如何连接？

有梁楼盖不等跨板上部贯通纵筋连接构造，如图4-8所示。

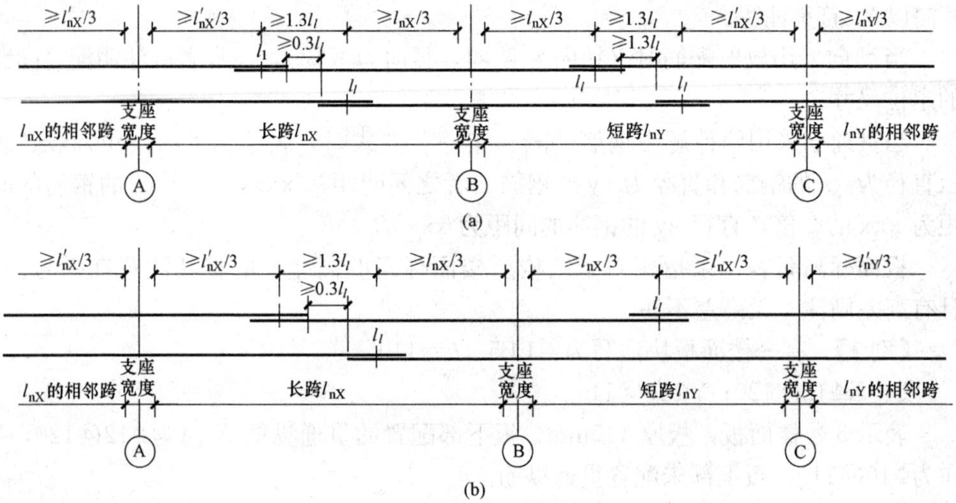

(a)

(b)

(c)

图4-8　有梁楼盖不等跨板上部贯通纵筋连接构造（当钢筋足够长时能通则通）

(a) 不等跨板上部贯通纵筋连接构造（一）；(b) 不等跨板上部贯通纵筋连接构造（二）；

(c) 不等跨板上部贯通纵筋连接构造（三）

l'_{nX}—轴线Ⓐ左右两跨的较大净跨度值；l'_{nY}—轴线Ⓒ左右两跨的较大净跨度值

（1）在中间支座应贯通，不应在支座处连接和分别锚固，设计上应避免在中间支座两面配筋不一样，如遇两边楼板存在高差，可以采用分别锚固，相当于边支座。当支座一侧设置了上部贯通纵筋，在支座另一侧设置了上部非贯通纵筋时，如果支座两侧设置的纵筋直径、间距相同，应将二者连通，避免各自在支座上部分别锚固；板支座上部非贯通筋自支座中线向跨内的伸出长度，注写在线段的下方，两侧长度外伸一样时，只需标注一边表示另一边同长度，两侧不一样长时需两边都标注长度。

（2）上部钢筋通长配置时，可在相邻两跨任意跨中部位搭接连接，包括构造钢筋和分布钢筋。

（3）当相邻两跨上部钢筋配置不同时，应将较大配筋伸至相邻跨中部区域连接（设计应避免）。

（4）相邻不等跨上部钢筋的连接。相邻跨度相差不大时（≤20%）应按较大跨计算截断长度，在较小跨内搭接连接；相邻跨度相差较大时，较大配筋宜在短跨内拉通设置，也可在短跨内搭接连接；当对连接有特殊要求时，应在设计文件中注明连接方式和部位等。

72. 有梁楼盖楼面板 LB 和屋面板 WB 钢筋构造是怎样的?

有梁楼盖楼面板 LB 和屋面板 WB 钢筋构造，如图 4-9 所示。

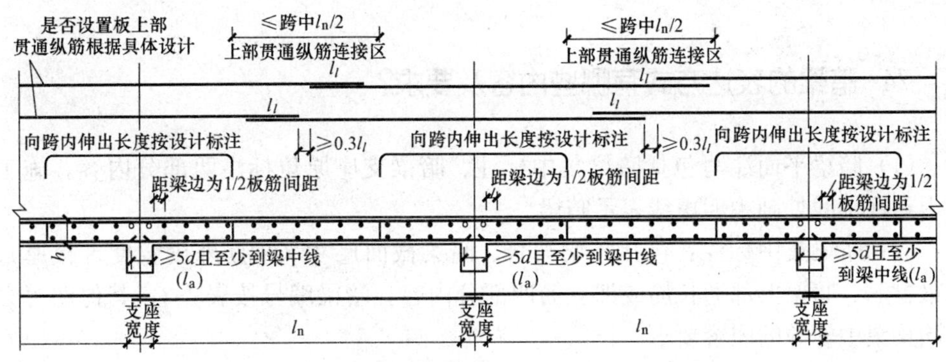

图 4-9　有梁楼盖楼面板 LB 和屋面板 WB 钢筋构造

（括号内的锚固长度 l_a 用于梁板式转换层的板）

（1）上部纵筋。上部非贯通纵筋向跨内伸出长度详见设计标注。与支座垂直的贯通纵筋贯通跨越中间支座，上部贯通纵筋连接区在跨中 1/2 跨度范围之内；相邻等跨或不等跨的上部贯通纵筋配置不同时，应将配置较大者越过其标注的跨数终点或起点延伸至相邻跨的跨中连接区域连接。与支座同向的贯通纵筋的第一根钢筋在距梁角筋为 1/2 板筋间距处开始设置。

（2）下部纵筋。与支座垂直的贯通纵筋伸入支座 $5d$ 且至少到梁中线。与支座同向的贯通纵筋第一根钢筋在距梁角筋 1/2 板筋间距处开始设置。

73. 有梁楼盖的其他注意事项有哪些？

（1）板上部纵向钢筋在端支座（梁或圈梁）的锚固要求，《混凝土结构施工图平面整体表示方法制图规则和构造详图（现浇混凝土框架、剪力墙、梁、板）》（11G101-1）图集标准构造详图中规定：当设计按铰接时，平直段伸至端支座时边后弯折，且平直段长度≥$0.35l_{ab}$，弯折段长度 $15d$（d 为纵向钢筋直径）；当充分利用钢筋的抗拉强度时，直段伸至端支座对边后弯折，且平直段长度≥$0.6l_{ab}$，弯折段长度 $15d$。设计者应在平法施工图中注明采用何种构造，当多数采用同种构造时可在图注中写明，并将少数不同之处在图中注明。

（2）板纵向钢筋的连接可采用绑扎搭接、机械连接或焊接，其连接位置详见《混凝土结构施工图平面整体表示方法制图规则和构造详图（现浇混凝土框架、剪力墙、梁、板）》（11G101-1）图集中相应的标准构造详图。当板纵向钢筋采用非接触方式的绑扎搭接连接时，其搭接部位的钢筋净距不宜小于 30mm，且钢筋中心距不应大于 $0.2l_l$ 及 150mm 的较小者。

注：非接触搭接使混凝土能够与搭接范围内所有钢筋的全表面充分粘接，可以提高搭接钢筋之间通过混凝土传力的可靠度。

74. 暗梁的表达方式有哪些内容及要求？

（1）暗梁平面注写包括暗梁集中标注、暗梁支座原位标注两部分内容。施工图中在柱轴线处画中粗虚线表示暗梁。

（2）暗梁集中标注：包括暗梁编号、暗梁截面尺寸（箍筋外皮宽度×板厚）、暗梁箍筋、暗梁上部通长筋或架立筋四部分内容。暗梁编号按表 4-3，其他注写方式同梁集中标注的内容要求。

表 4-3　暗梁编号

构件类型	代　号	序　号	跨数及有无悬挑
暗梁	AL	××	(××)、(××A) 或 (××B)

注　1. 跨数按柱网轴线计算（两相邻柱轴线之间为一跨）。
2.（××A）为一端有悬挑，（××B）为两端有悬挑，悬挑不计入跨数。

（3）暗梁支座原位标注：包括梁支座上部纵筋、梁下部纵筋。当在暗梁上集中标注的内容不适用于某跨或某悬挑端时，则将其不同数值标注在该跨或该悬挑端，施工时按原位注写取值。

（4）当设置暗梁时，柱上板带及跨中板带标注方式与无梁楼盖中板带集中标注、板带支座原位标注一致。柱上板带标注的配筋仅设置在暗梁之外的柱上板带范围内。

（5）暗梁中纵向钢筋连接、锚固及支座上部纵筋的伸出长度等要求同轴线处柱上板带中纵向钢筋。

75. 无梁楼盖的其他注意事项有哪些？

（1）无梁楼盖跨中板带上部纵向钢筋在端支座的锚固要求。当设计按铰接时，平直段伸至端支座对边后弯折，且平直段长度≥$0.35l_{ab}$，弯折段长度 $15d$（d 为纵向钢筋直径）；当充分利用钢筋的抗拉强度时，直段伸至端支座对边后弯折，且平直段长度≥$0.6l_{ab}$，弯折段长度 $15d$。设计者应在平法施工图中注明采用何种构造，当多数采用同种构造时可在图注中写明，并将少数不同之处在图中注明。

（2）板纵向钢筋的连接可采用绑扎搭接、机械连接或焊接。当板纵向钢筋采用非接触方式的绑扎搭接连接时，其搭接部位的钢筋净距不宜小于 30mm，且钢筋中心距不应大于 $0.2l_l$ 及 150mm 的较小者。

注：非接触搭接使混凝土能够与搭接范围内所有钢筋的全表面充分粘接，可以提高搭接钢筋之间通过混凝土传力的可靠度。

76. 无梁楼盖柱上板带 ZSB 与跨中板带 KZB 纵向钢筋构造是怎样的？

无梁楼盖柱上板带 ZSB 与跨中板带 KZB 纵向钢筋构造，如图 4-10 所示。

（1）当相邻等跨或不等跨的上部贯通纵筋配置不同时，应将配置较大者越过其标注的跨数终点或起点伸出至相邻跨的跨中连接区域连接。

（2）板贯通纵筋在连接区域内也可采用机械连接或焊接连接。

（3）板带上部贯通纵筋的连接区在跨中区域；上部非贯通纵筋向跨内延伸长度按设计标注；非贯通纵筋的端点就是上部贯通纵筋连接区的起点。

（4）板位于同一层面的两向交叉纵筋何向在下何向在上，应按具体设计说明。

（5）图 4-10 的构造同样适用于无柱帽的无梁楼盖。

（6）抗震设计时，无梁楼盖柱上板带内贯通纵筋搭接长度应为 l_{lE}。无柱帽柱上板带的下部贯通纵筋，宜在距柱面 2 倍板厚以外连接，采用搭接时钢筋端部宜设置垂直于板面的弯钩。

（7）板带上部贯通纵筋连接区在跨中区域；下部贯通纵筋连接区的位置就在

正交方向柱上板带的下方，如图 4-10（b）所示。

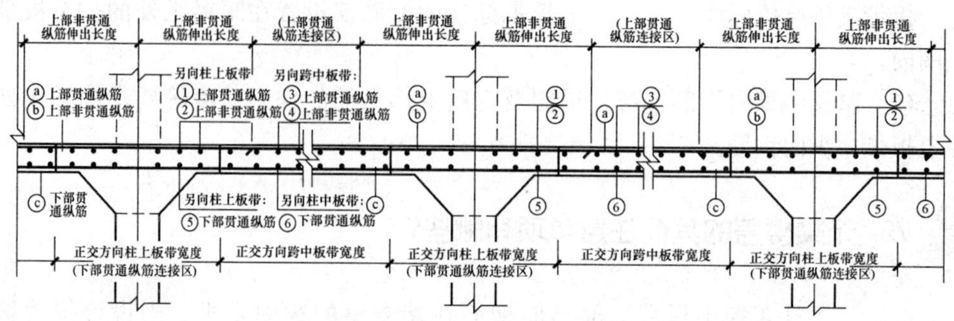

(a)

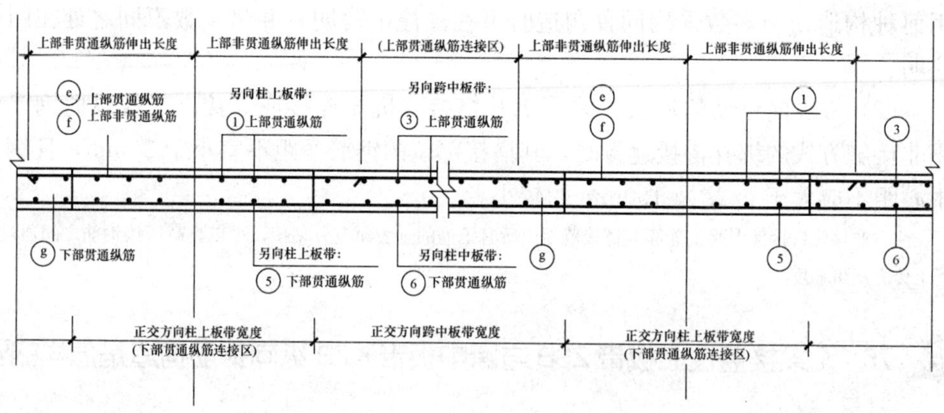

(b)

图 4-10　无梁楼盖柱上板带 ZSB 与跨中板带 KZB 纵向钢筋构造

（板带上部非贯通纵筋向跨内伸出长度按设计标注）

（a）柱上板带 ZSB 纵向钢筋构造；（b）跨中板带 KZB 纵向钢筋构造

77. 无梁楼盖平法施工图的表示方法有哪几种?

无梁楼盖平法施工图，系在楼面板和屋面板布置图上，采用平面注写的表达方式，如图 4-11 所示。

板平面注写主要有板带集中标注、板带支座原位标注两部分内容。

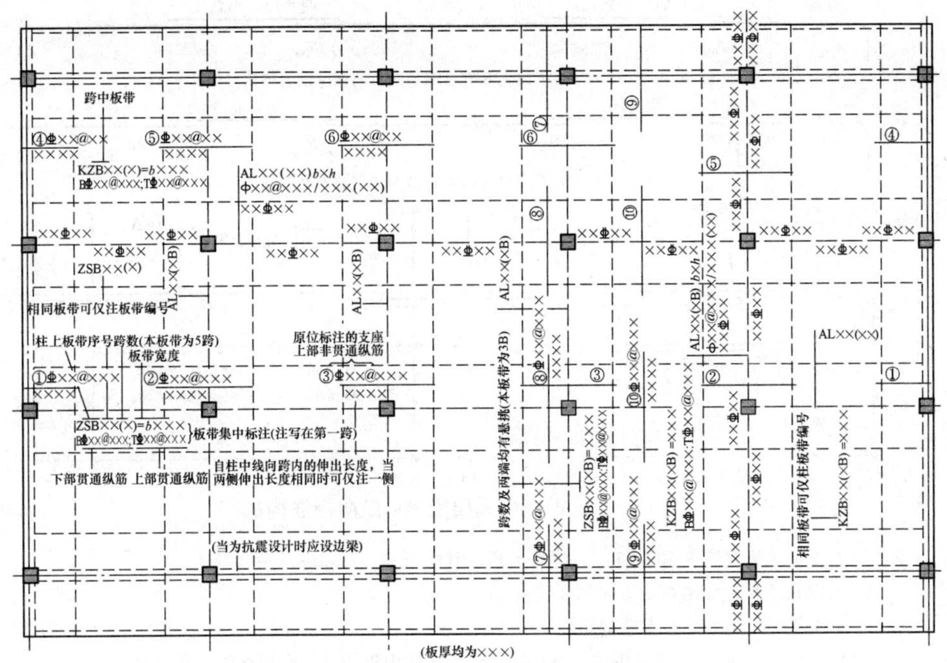

图 4-11　无梁楼盖平法施工图示例

78. 识图梁构件平法施工图分为几个步骤?

（1）查看图名、比例。

（2）校核轴线编号及其间距尺寸，要求必须与建筑图、剪力墙施工图、柱施工图保持一致。

（3）与建筑图配合，明确梁的编号、数量和布置。

（4）阅读结构设计总说明或有关说明，明确梁的混凝土强度等级及其他要求。

（5）根据梁的编号，查阅图中平面标注或截面标注，明确梁的截面尺寸、配筋和标高。再根据抗震等级、设计要求和标准构造详图确定纵向钢筋、箍筋和吊筋的构造要求（例如，纵向钢筋的锚固长度、切断位置、弯折要求、连接方式和搭接长度，箍筋加密区的范围，附加箍筋、吊筋的构造等）。

（6）其他有关的要求。

需要强调的是，应注意主、次梁交汇处钢筋的高低位置要求。

79. 如何识读抗震楼层框架梁 KL 纵向钢筋构造?

（1）抗震楼层框架梁 KL 纵向钢筋构造如图 4-12 所示。

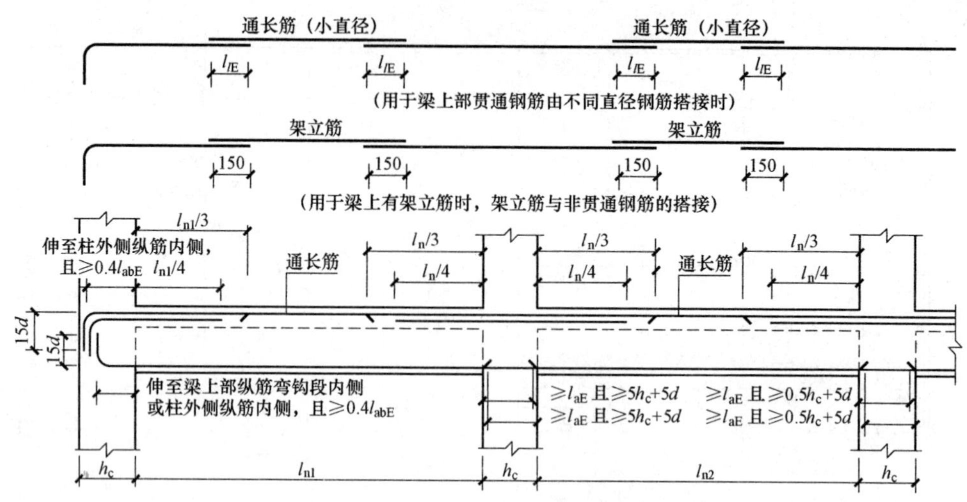

图 4-12　抗震楼层框架梁 KL 纵向钢筋构造

注：1. 跨度值 l_n 为左跨 l_{ni} 和右跨 l_{ni+1} 之较大值，其中 $i=1$，2，3…

2. 图中 h_c 为柱截面沿框架方向的高度。

3. 梁上部通长钢筋与非贯通钢筋直径相同时，连接位置宜位于跨中 $l_{ni}/3$ 范围内；梁下部钢筋连接位置宜位于支座 $l_{ni}/3$ 范围内；且在同一连接区段内钢筋接头面积百分率不宜大于 50%。

4. 一级框架梁宜采用机械连接，二、三、四级可采用绑扎搭接或焊接连接。

（2）端支座加锚头（锚板）锚固如图 4-13 所示，端支座直锚如图 4-14 所示。

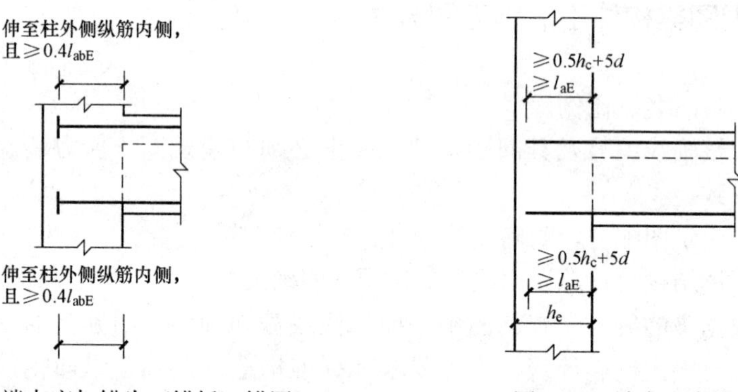

图 4-13　端支座加锚头（锚板）锚固　　　　图 4-14　端支座直锚

（3）中间层中间节点梁下部筋在节点外搭接如图 4-15 所示，梁下部钢筋不能在柱

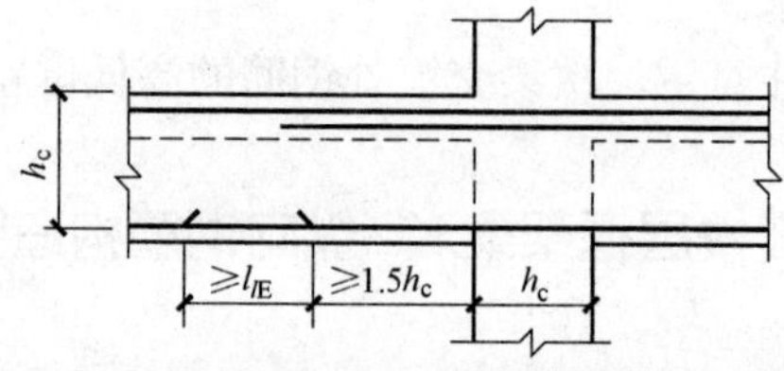

图 4-15　中间层中间节点梁下部筋在节点外搭接

内锚固时，可在节点外搭接。相邻跨钢筋直径不同时，搭接位置位于较小直径一跨。

 80. 如何识读抗震屋面框架梁 WKL 纵向钢筋构造？

(1) 抗震屋面框架梁 WKL 纵向钢筋构造如图 4-16 所示。

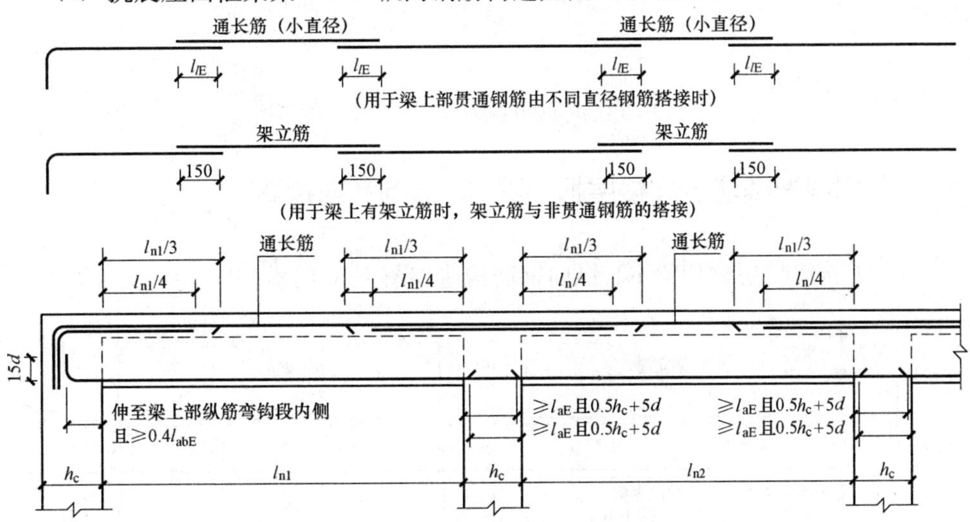

图 4-16　抗震屋面框架梁 WKL 纵向钢筋构造

注：1. 跨度值 l_n为左跨 l_{ni}和右跨 l_{ni+1}之较大值，其中 $i=1$，2，3，…

2. 图中 h_c为柱截面沿框架方向的高度。

3. 梁上部通长钢筋与非贯通钢筋直径相同时，连接位置宜位于跨中 $l_{ni}/3$ 范围内；梁下部钢筋连接位置宜位于支座 $l_{ni}/3$ 范围内；且在同一连接区段内钢筋接头面积百分率不宜大于 50%。

4. 一级框架梁宜采用机械连接，二、三、四级可采用绑扎搭接或焊接连接。

(2) 顶层端节点梁下部钢筋端头加锚头（锚板）锚固如图 4-17 所示，顶层端支座梁下部钢筋直锚如图 4-18 所示。

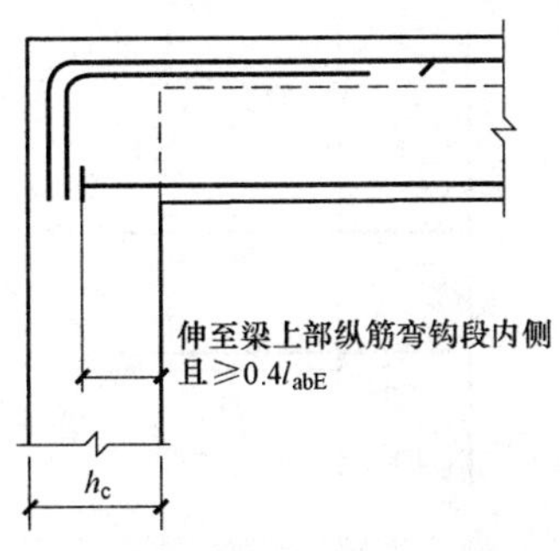

图 4-17　顶层端节点梁下部钢筋端头加锚头（锚板）锚固

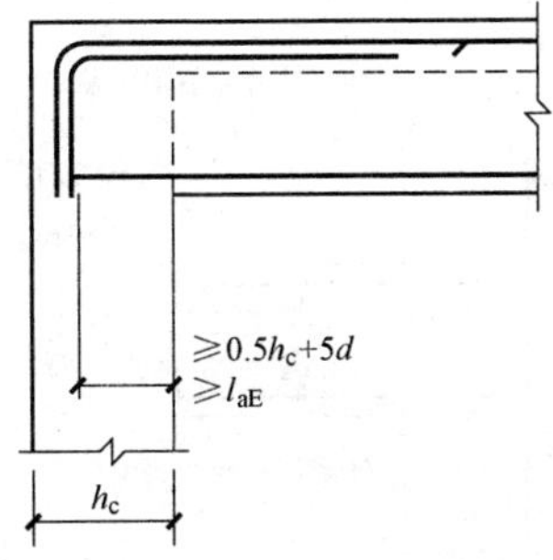

图 4-18　顶层端支座梁下部钢筋直锚

(3) 顶层中间节点梁下部筋在节点外搭接如图 4-19 所示，梁下部钢筋不能在柱内锚固时，可在节点外搭接。相邻跨钢筋直径不同时，搭接位置位于较小直径一跨。

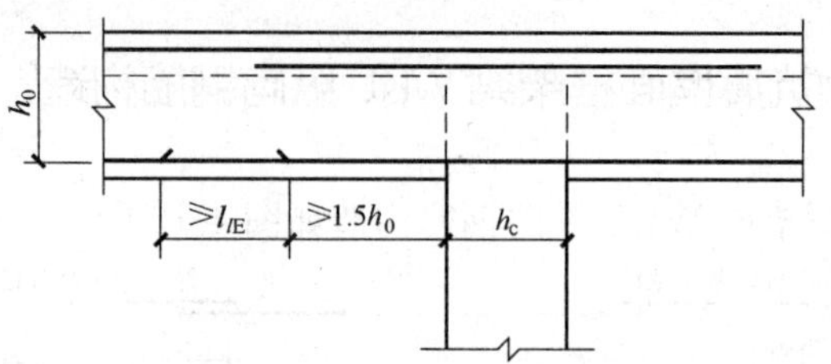

图4-19　顶层中间节点梁下部筋在节点外搭接

81. 如何识读非抗震楼层框架梁KL纵向钢筋构造？

（1）非抗震楼层框架梁KL纵向钢筋构造如图4-20所示。

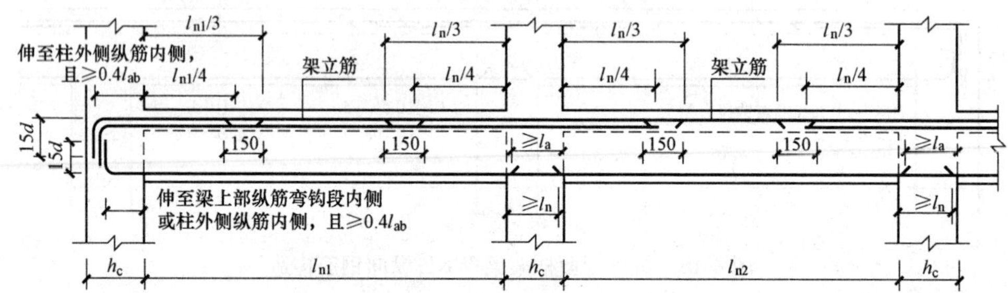

图4-20　非抗震楼层框架梁KL纵向钢筋构造

注：1. 跨度值 l_n 为左跨 l_{ni} 和右跨 l_{ni+1} 之较大值，其中 $i=1, 2, 3, \cdots$

2. 图中 h_c 为柱截面沿框架方向的高度。
3. 梁上部通长钢筋与非贯通钢筋直径相同时，连接位置宜位于跨中 $l_{ni}/3$ 范围内；梁下部钢筋连接位置宜位于支座 $l_{ni}/3$ 范围内；且在同一连接区段内钢筋接头面积百分率不宜大于50%。
4. 当具体工程对框架梁下部纵筋在中间支座或边支座的锚固长度要求不同时，应由设计者指定。

（2）端支座加锚头（锚板）锚固如图4-21所示，端支座直锚如图4-22所示。

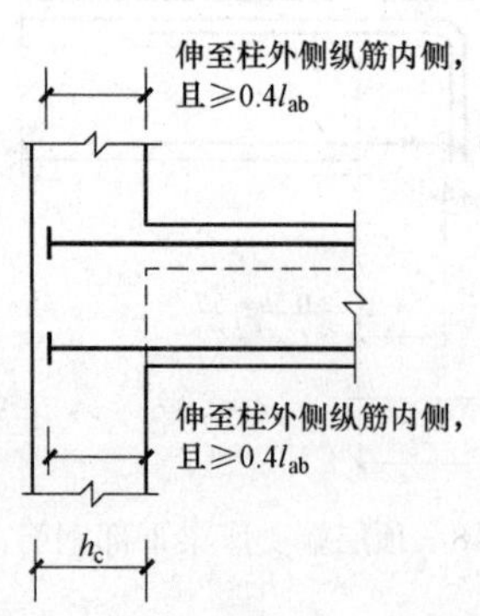

图4-21　端支座加锚头（锚板）锚固

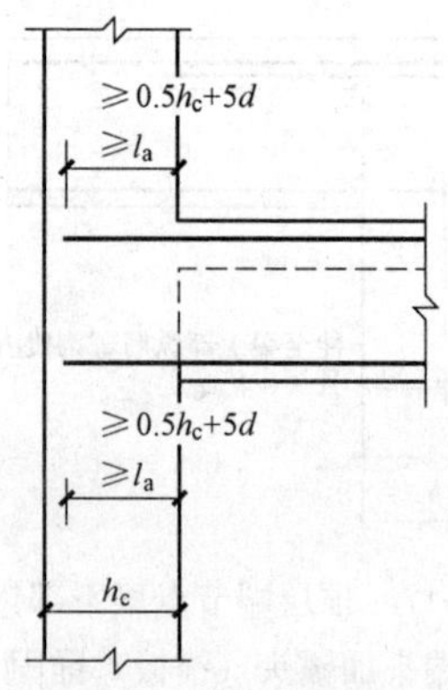

图4-22　端支座直锚

（3）中间层中间节点梁下部筋在节点外搭接如图 4-23 所示。梁下部钢筋不能在柱内锚固时，可在节点外搭接。相邻跨钢筋直径不同时，搭接位置位于较小直径一跨。

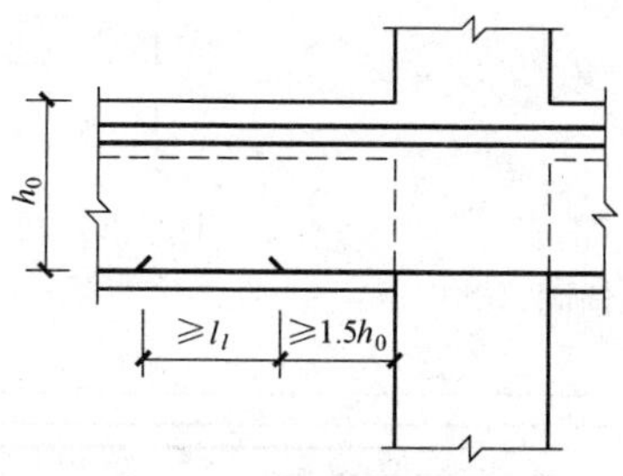

图 4-23 中间层中间节点梁下部筋在节点外搭接

82. 如何识读非抗震屋面框架梁 WKL 纵向钢筋构造？

（1）非抗震屋面框架梁 WKL 纵向钢筋构造如图 4-24 所示。

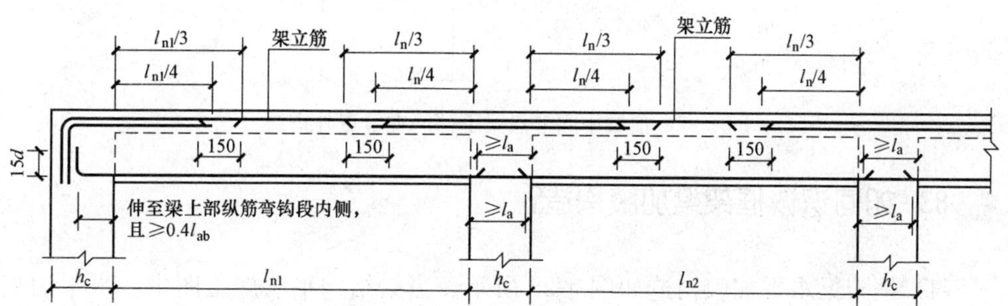

图 4-24 非抗震屋面框架梁 WKL 纵向钢筋构造

注：1. 跨度值 l_n为左跨 l_{ni}和右跨 l_{ni+1}之较大值，其中 $i=1，2，3，\cdots$

2. 图中 h_c为柱截面沿框架方向的高度。

3. 梁上部通长钢筋与非贯通钢筋直径相同时，连接位置宜位于跨中 $l_{ni}/3$ 范围内；梁下部钢筋连接位置宜位于支座 $l_{ni}/3$ 范围内；且在同一连接区段内钢筋接头面积百分率不宜大于 50%。

4. 当具体工程对框架梁下部纵筋在中间支座或边支座的锚固长度要求不同时，应由设计者指定。

（2）顶层端节点梁下部钢筋端头加锚头（锚板）锚固如图 4-25 所示，顶层端支座梁下部钢筋直锚如图 4-26 所示。

（3）顶层中间节点梁下部筋在节点外搭接如图 4-27 所示。梁下部钢筋不能在柱内锚固时，可在节点外搭接。相邻跨钢筋直径不同时，搭接位置位于较小直径一跨。

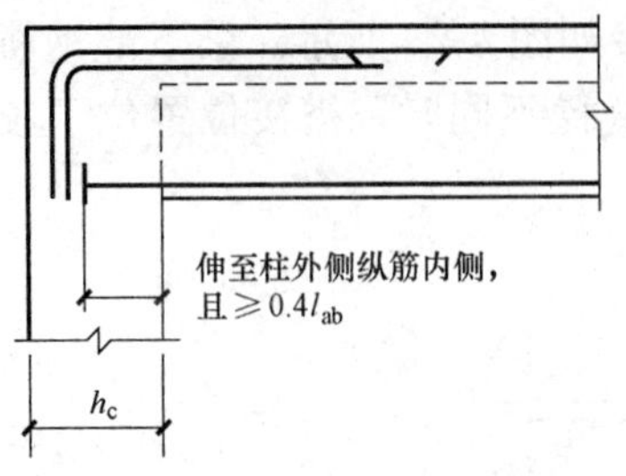

图 4-25　顶层端节点梁下部钢筋端头加锚头（锚板）锚固

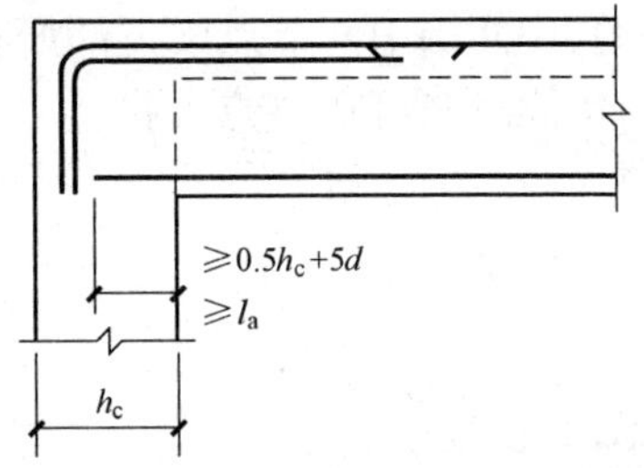

图 4-26　顶层端支座梁下部钢筋直锚

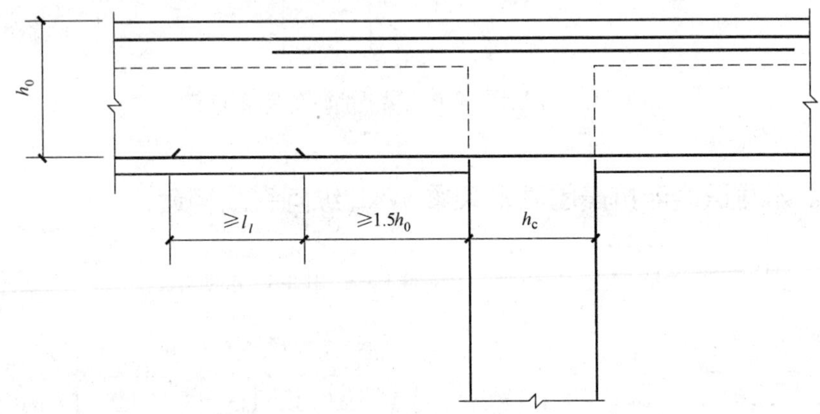

图 4-27　顶层中间节点梁下部筋在节点外搭接

83. 如何识读框架梁加腋构造?

(1) 框架梁水平加腋构造如图 4-28 所示。当梁结构平法施工图中，水平加腋部位的配筋设计未给出时，其梁腋上下部斜纵筋（仅设置第一排）直径分别同梁内上下纵筋，水平间距不宜大于 200；水平加腋部位侧面纵向构造筋的设置及构造要求同梁内侧面纵向构造筋。

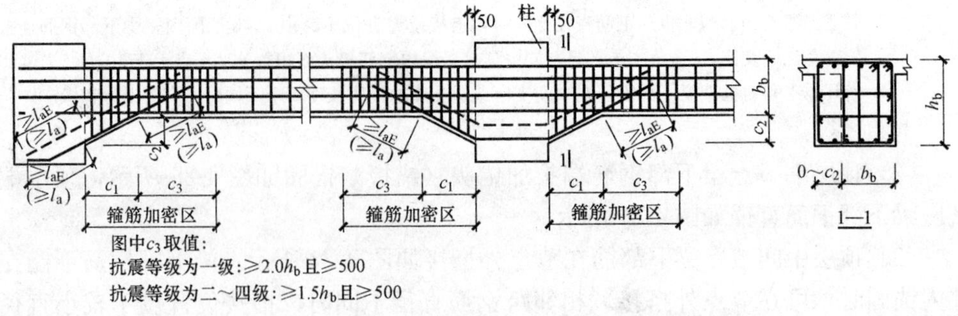

图 4-28　框架梁水平加腋构造

注：加腋部位箍筋规格及肢距与梁端部的箍筋相同。

（2）框架梁竖向加腋构造如图 4-29 所示。

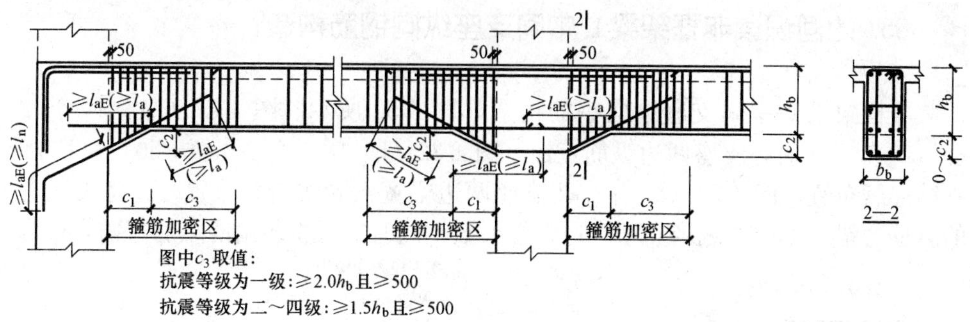

图 4-29　框架梁竖向加腋构造

注：本图中框架梁竖向加腋构造适用于加腋部分参与框架梁计算，配筋由设计标注；其他情况设计应另行给出做法。

84. WKL、KL 中间支座纵向钢筋构造是怎样的？

（1）WKL 中间支座纵向钢筋构造如图 4-30 所示。

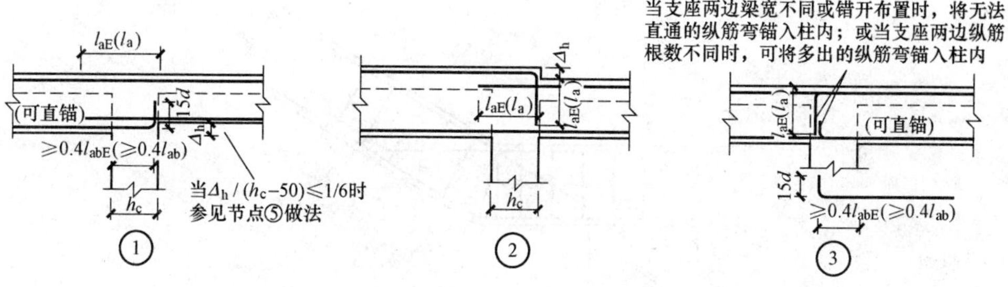

图 4-30　WKL 中间支座纵向钢筋构造

（2）KL 中间支座纵向钢筋构造如图 4-31 所示。

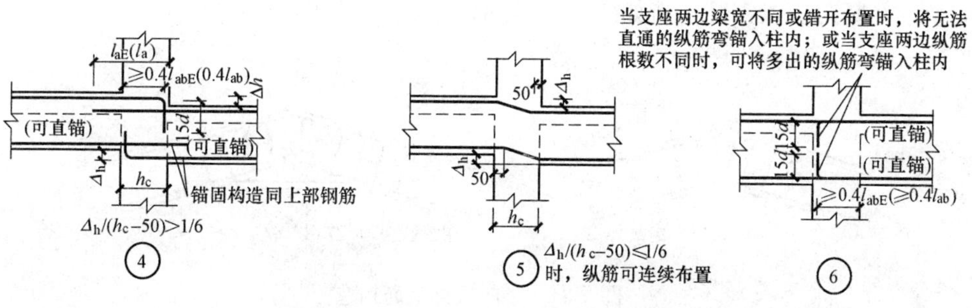

图 4-31　KL 中间支座纵向钢筋构造

85. 如何识读非框架梁 L 中间支座纵向钢筋构造?

非框架梁 L 中间支座纵向钢筋构造如图 4-32 所示。图 4-32（a）中，当 $\Delta_h/(b-50)>1/6$ 时，支座两边纵筋互锚。图 4-32（b）中，当 $\Delta_h/(b-50)\leqslant 1/6$ 时，纵筋连续布置。图 4-32（c）中，当支座两边梁宽不同或错开布置时，将无法直通的纵筋弯锚入梁内。或当支座两边纵筋根数不同时，可将多出的纵筋弯锚入梁内。

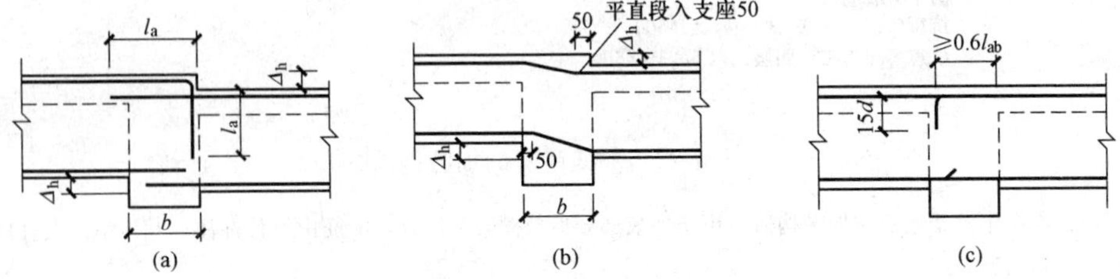

图 4-32 非框架梁 L 中间支座纵向钢筋构造

86. 水平折梁、竖向折梁钢筋构造是怎样的?

（1）水平折梁钢筋构造如图 4-33 所示。

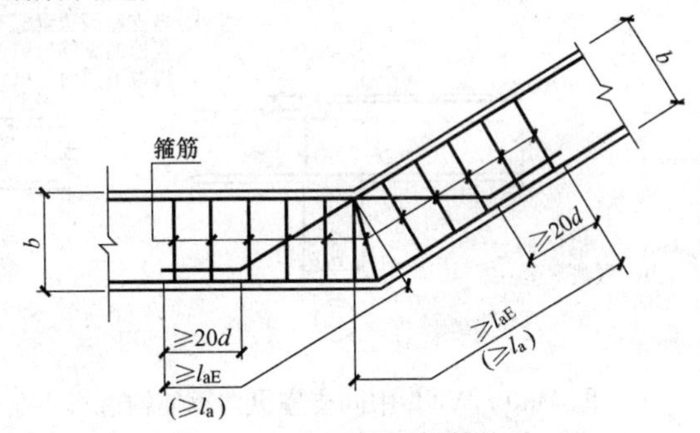

图 4-33 水平折梁钢筋构造

注：箍筋具体值由设计指定。

（2）竖向折梁钢筋构造如图 4-34 所示。

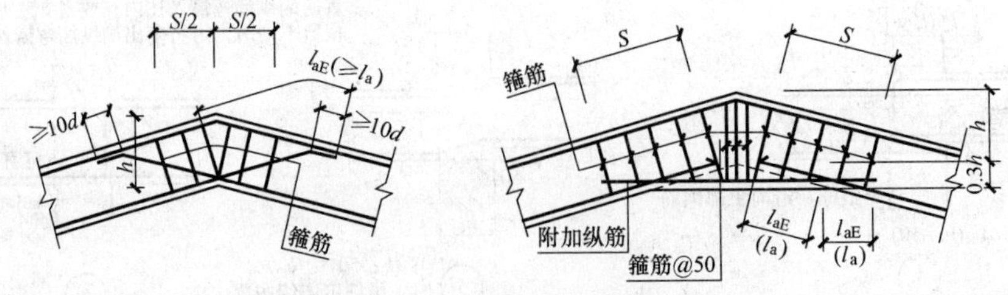

图 4-34 竖向折梁钢筋构造

注：图 3-84 中 S 的范围、附加纵筋和箍筋具体值由设计指定。

87. 如何识读纯悬挑梁 XL 及各类梁的悬挑端配筋构造？

（1）纯悬挑梁 XL 如图 4-35 所示。不考虑地震作用时，当纯悬挑梁的纵向钢筋直锚长度$>l_a$且$\geqslant 0.5h_c+5d$时，可不必往下弯折。

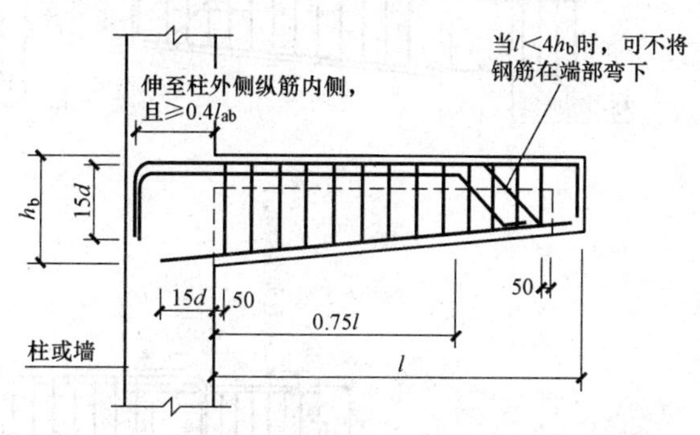

图 4-35　纯悬挑梁 XL

（2）当悬挑梁考虑竖向地震作用时（由设计明确），悬挑梁中钢筋锚固长度l_a、l_{ab}应改为l_{aE}、l_{abE}，悬挑梁下部钢筋伸入支座长度也应采用l_{aE}。

（3）各类梁的悬挑端配筋构造如图 4-36 所示。图 4-36（a）可用于中间层或屋面；图 4-36（b）、（d）中的$\Delta_h/(h_c-50)>1/6$，仅用于中间层；图 4-36（c）、（e）中，当$\Delta_h/(h_c-50)\leqslant 1/6$时，上部纵筋连续布置，用于中间层，当支座为梁时也可用于屋面；图 4-36（f）、（g）中，$\Delta_h\leqslant h_b/3$，用于屋面，当支座为梁时也可用于中间层；

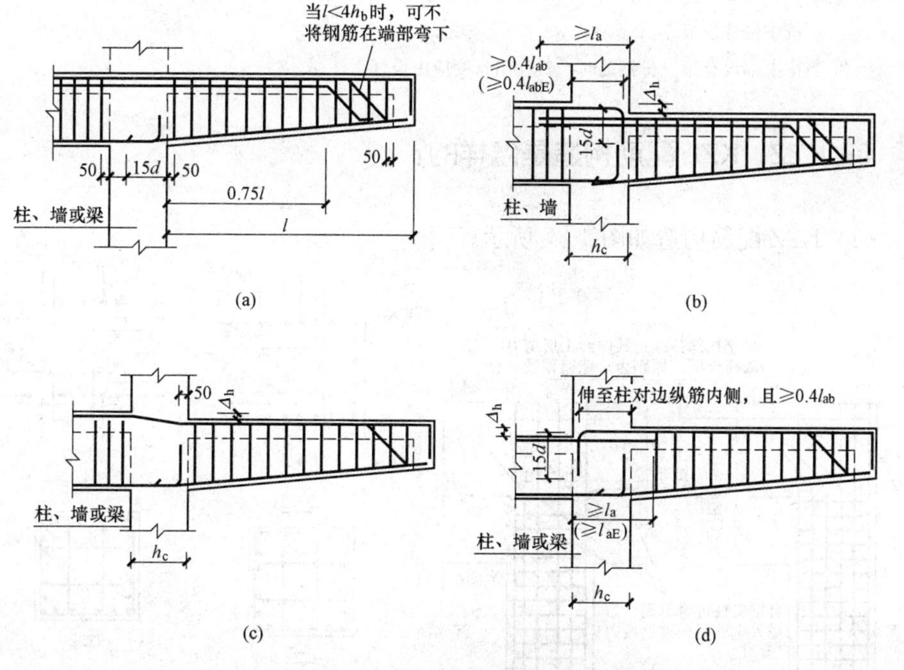

图 4-36　各类梁的悬挑端配筋构造

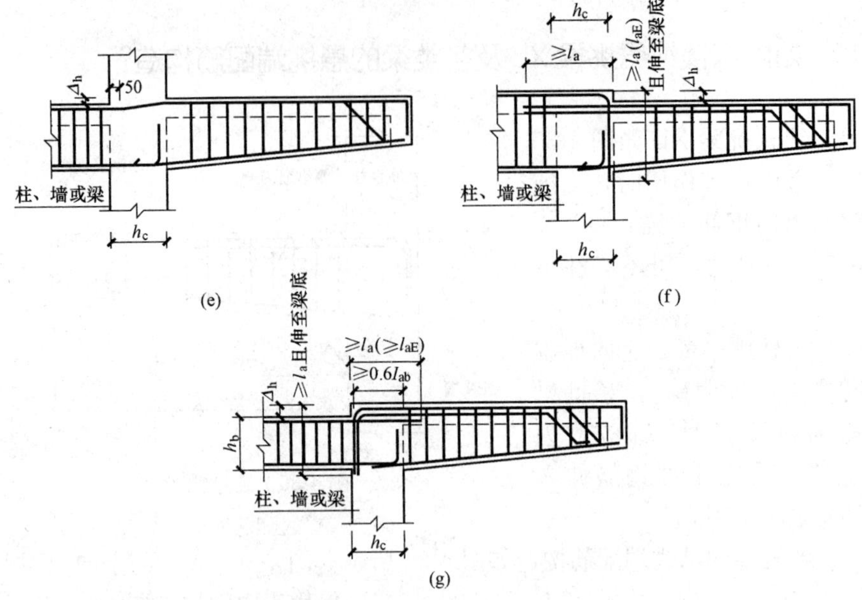

图 4-36　各类梁的悬挑端配筋构造

注：1. 不考虑地震作用时，当图 4-36（d）中悬挑端的纵向钢筋直锚长度＞l_a且$\geqslant 0.5h_c+5d$时，可不必往下弯折。

2. 图 4-36（a）、(f)、(g）中，当屋面框架梁与悬挑端根部的底平时，框架柱中纵向钢筋锚固要求可按中柱柱顶节点。

3. 当梁上部设有第三排钢筋时，其伸出长度应由设计者注明。

88. KZZ、KZL 配筋构造是怎样的？

（1）KZZ 配筋构造如图 4-37 所示。

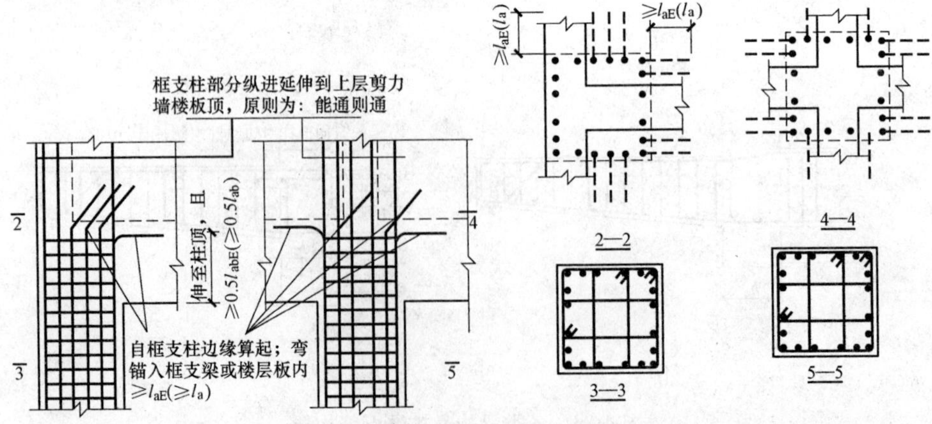

图 4-37　KZZ 配筋构造

注：1. 跨度值 l_n为左跨 l_{ni}和右跨 l_{ni+1}之较大值，其中 $i=1, 2, 3\cdots$

2. 图中 h_b为梁截面的高度，h_c为框支柱截面沿框支框架方向的高度。

3. 梁纵向钢筋宜采用机械连接接头，同一截面内接头钢筋截面面积不应超过全部纵筋截面面积的50%，接头位置应避开上部墙体开洞部位、梁上托柱部位及受力较大部位。

4. 梁侧面纵筋直锚时应≥$0.5h_c+5d$。

5. 对框支梁上部的墙体开洞部位，梁的箍筋应加密配置，加密区范围可取墙边两侧各 1.5 倍转换梁高度。

（2）KZL 配筋构造如图 4-38 所示。

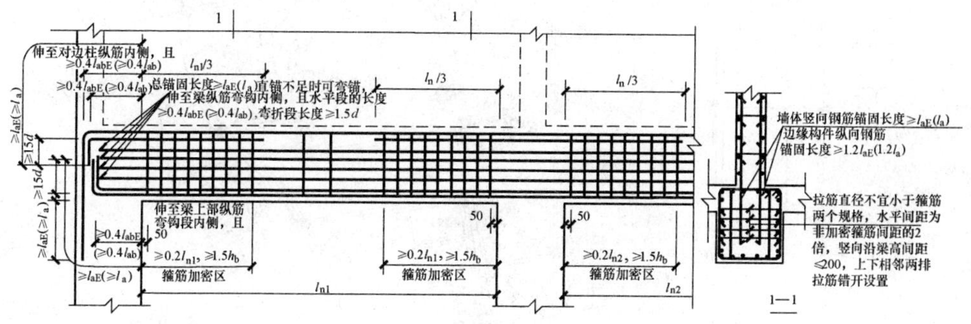

图 4-38　KZL 配筋构造

注：1. 跨度值 l_n为左跨 l_{ni}和右跨 l_{ni+1}之较大值，其中 $i=1, 2, 3\cdots$

2. 图中 h_b为梁截面的高度，h_c为框支柱截面沿框支框架方向的高度。

3. 梁纵向钢筋宜采用机械连接接头，同一截面内接头钢筋截面面积不应超过全部纵筋截面面积的50%，接头位置应避开上部墙体开洞部位、梁上托柱部位及受力较大部位。

4. 梁侧面纵筋直锚时应≥$0.5h_c+5d$。

5. 对框支梁上部的墙体开洞部位，梁的箍筋应加密配置，加密区范围可取墙边两侧各 1.5 倍转换梁高度。

 89. 如何识读梁构件平法实例图?

【例】 某梁的平法施工图如图 4-39 所示。

从图 4-39 中的梁平法施工图中，可看出框架梁（KL）编号从 KL1 至 KL20，非框架梁（L）编号从 L1 至 L10。

现以 KL8、KL16、L4、L5 为例说明梁的平法施工图的识读。

对于 KL8 而言，从上图中容易得知，KL8（5）是位于①轴的框架梁，5 跨，断面尺寸 300mm×900mm（个别跨与集中标注不同者，以原位标注为准，如 300mm×500mm、300mm×600mm）；2Φ22 为梁上部通长钢筋，箍筋Φ8@100/150（2）为双肢箍，梁端加密区间距为 100mm，非加密区间距 150mm；G6Φ14 表示梁两侧面各设置 3Φ14 构造钢筋（腰筋）。支座负弯矩钢筋：A 轴支座处为两排，上排 4Φ22（其中 2Φ22 为通长钢筋），下排 2Φ22；B 轴支座处为两排，上排 4Φ22

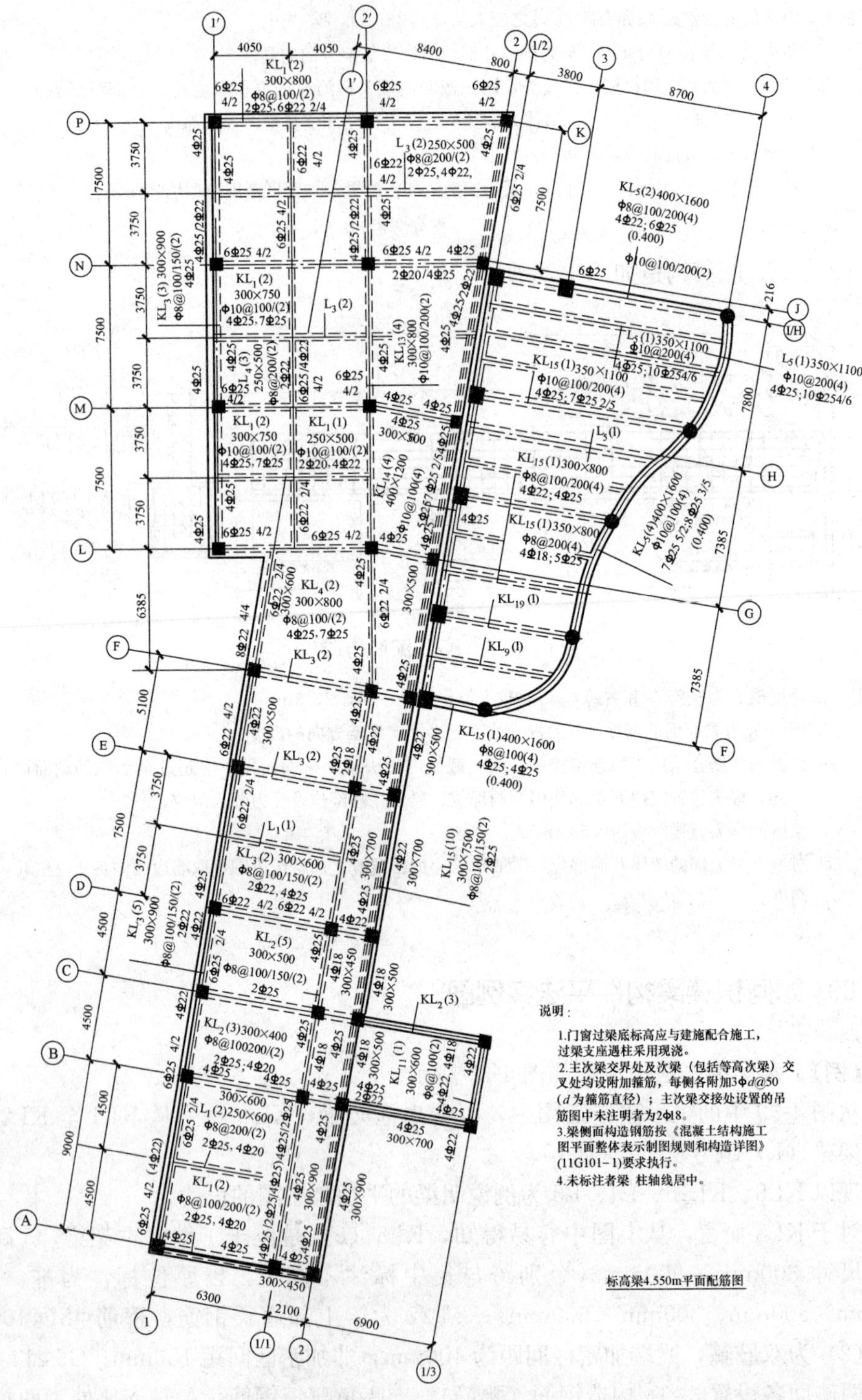
说明：
1.门窗过梁底标高应与建施配合施工，过梁支座遇柱采用现浇。
2.主次梁交界处及次梁（包括等高次梁）交叉处均设附加箍筋，每侧各附加3Φd@50（d为箍筋直径）；主次梁交接处设置的吊筋图中未注明者为2Φ18。
3.梁侧面构造钢筋按《混凝土结构施工图平面整体表示制图规则和构造详图》(11G101-1)要求执行。
4.未标注者梁 柱轴线居中。
标高梁4.550m平面配筋图

图 4-39 梁平法施工图

(其中 2Φ22 为通长钢筋)，下排 2Φ25。该梁的第一、二跨两跨上方都原位注写了“(4Φ22)”，表示这两跨的梁上部通长钢筋与集中标注的不同，不是 2Φ22，而是 4Φ22；梁断面下部纵向钢筋每跨各不相同，分别原位注写，如双排的 6Φ25 2/4、单排的 4Φ22 等。由标准构造详图，可以计算出梁中纵筋的锚固长度，如第一支座上部负弯矩钢筋在边柱内的锚固长度 $l_{aE}=31d=31\times22=682$ (mm)；支座处上部钢筋的截断位置（上排取净跨的 1/3、下排取净跨的 1/4)；梁端箍筋加密区长度为 1.5 倍梁高。该梁的前三跨在有次梁的位置都设置了吊筋 2Φ18 和附加箍筋 3Φd@50（图中未画出但已说明)，从距次梁边 50mm 处开始设置。

KL16 (4) 是位于④轴的框架梁，该梁为弧梁，4 跨，截面尺寸 400mm×1600mm；7Φ25 为梁上部通长钢筋，箍筋Φ10@100 (4) 为四肢箍且沿梁全长加密，间距为 100mm；N10Φ16 表示梁两侧面各设置 5Φ16 受扭钢筋（与构造腰筋区别是二者的锚固不同)；支座负弯矩钢筋：未见原位标注，表明都按照通长钢筋设置，即 7Φ25 5/2，分为两排，上排 5Φ25，下排 2Φ25；梁断面下部纵向钢筋各跨相同，统一集中注写，8Φ25 3/5，分为两排，上排 3Φ25，下排 5Φ25。由标准构造详图，可以计算出梁中纵筋的锚固长度，如第一支座上部负弯矩钢筋在边柱内的锚固长度 $l_{aE}=31d=31\times22=682$ (mm)；支座处上部钢筋的截断位置；梁端箍筋加密区长度为 1.5 倍梁高。此梁在有次梁的位置都设置了吊筋 2Φ18 和附加箍筋 3Φd@50（图中未画出但已说明)，从距次梁边 50mm 处开始设置；集中标注下方的“(0.400)”表示此梁的顶标高较楼面标高要高出 400mm。

L4 (3) 是位于①′～②′轴间的非框架梁，3 跨，断面尺寸 250mm×500mm；2Φ22 为梁上部通长钢筋，箍筋Φ8@200 (2) 为双肢箍且沿梁全长间距为 200mm。支座负弯矩钢筋：6Φ22 4/2，分为两排，上排 4Φ22，下排 2Φ22；梁断面下部纵向钢筋各跨不相同，分别原位注写 6Φ22 2/4 和 4Φ22。由标准构造详图，可以计算出梁中纵筋的锚固长度（次梁不考虑抗震，因此按非抗震锚固长度取用)，如梁底筋在主梁中的锚固长度 $l_a=15d=15\times22=330$ (mm)；支座处上部钢筋的截断位置在距支座三分之一净跨处。

L5 (1) 是位于 H～1/H 轴间的非框架梁，1 跨，断面尺寸 350mm×1100mm；4Φ25 为梁上部通长钢筋，箍筋Φ10@200 (4) 为四肢箍且沿梁全长间距为 200mm；支座负弯矩钢筋：同梁上部通长筋，一排 4Φ25；梁断面下部纵向钢筋为 10Φ25 4/6，分为两排，上排 4Φ25，下排 6Φ25。由标准构造详图，可以计算出梁中纵筋的锚固长度（次梁不考虑抗震，因此按非抗震锚固长度取用)，如梁底筋在主梁中的锚固长度 $l_a=15d=15\times22=330$ (mm)；支座处上部钢筋的截断位置在距支座三分之一净跨处。

板平法施工图识读

90. 楼板相关构造类型与表示方法有何要求?

(1) 楼板相关构造的平法施工图设计，系在板平法施工图上采用直接引注方式表达。

(2) 楼板相关构造类型与编号按表 5-1 的规定。

表 5-1　楼板相关构造类型与编号

构造类型	代号	序号	说　明
纵筋加强带	JQD	××	以单向加强纵筋取代原位置配筋
后浇带	HJD	××	有不同的留筋方式
柱帽	ZMx	××	适用于无梁楼盖
局部升降板	SJB	××	板厚及配筋与所在板相同；构造升降高度≤300
板加腋	JY	××	腋高与腋宽可选注
板开洞	BD	××	最大边长或直径<1m；加强筋长度有全跨贯通和自洞边锚固两种
板翻边	FB	××	翻边高度≤300
角部加强筋	Crs	××	以上部双向非贯通加强钢筋取代原位置的非贯通配筋
悬挑板阳角放射筋	Ces	××	板悬挑阳角上部放射筋
抗冲切箍筋	Rh	××	通常用于无柱帽无梁楼盖的柱顶
抗冲切弯起筋	Rb	××	通常用于无柱帽无梁楼盖的柱顶

91. 板支座原位标注的内容有哪些?

(1) 板支座原位标注的内容为：板支座上部非贯通纵筋和悬挑板上部受力钢筋。

板支座原位标注的钢筋，应在配置相同跨的第一跨表达（当在梁悬挑部位单独配置时则在原位表达）。在配置相同跨的第一跨（或梁悬挑部位），垂直于板支座（梁或墙）绘制一段适宜长度的中粗实线（当该筋通长设置在悬挑板或短跨板上部时，实线段应画至对边或贯通短跨)，以该线段代表支座上部非贯通纵筋，并在线段上方注写钢筋编号（如①、②等)、配筋值、横向连续布置的跨数（注写在括号内，且当为一跨时可不注)，以及是否横向布置到梁的悬挑端。

【例 1】（××）为横向布置的跨数，（××A）为横向布置的跨数及一端的悬挑梁部位，（××B）为横向布置的跨数及两端的悬挑梁部位。

板支座上部非贯通筋自支座中线向跨内的伸出长度，注写在线段的下方位置。

当中间支座上部非贯通纵筋向支座两侧对称伸出时，可仅在支座一侧线段下方标注伸出长度，另一侧不注，如图 5-1 所示。

当向支座两侧非对称伸出时，应分别在支座两侧线段下方注写伸出长度，如图 5-2 所示。

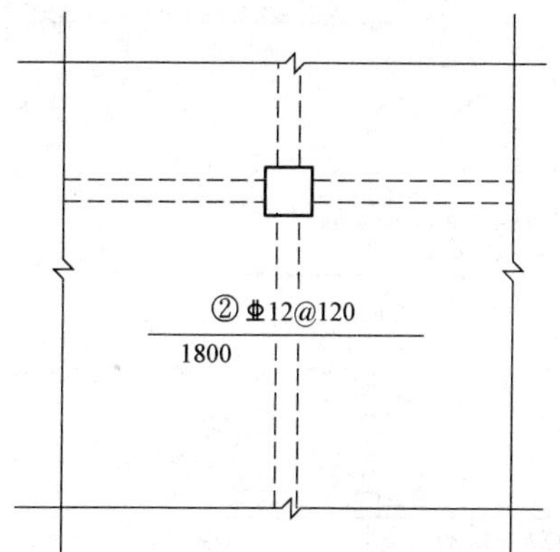

图 5-1　板支座上部非贯通筋对称伸出

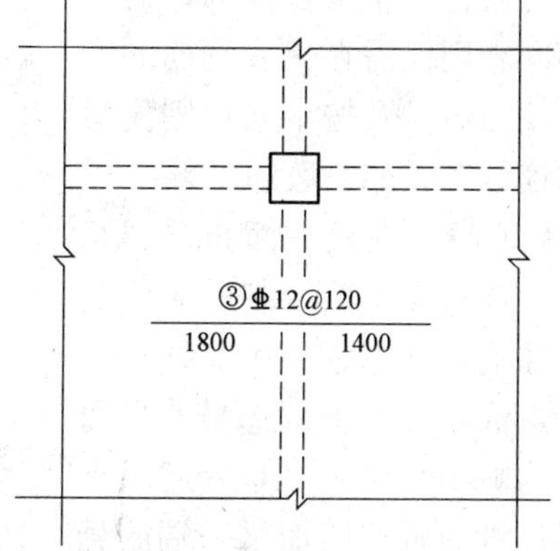

图 5-2　板支座上部非贯通筋非对称伸出

对线段画至对边贯通全跨或贯通全悬挑长度的上部通长纵筋，贯通全跨或伸出至全悬挑一侧的长度值不注，只注明非贯通筋另一侧的伸出长度值，如图 5-3 所示。

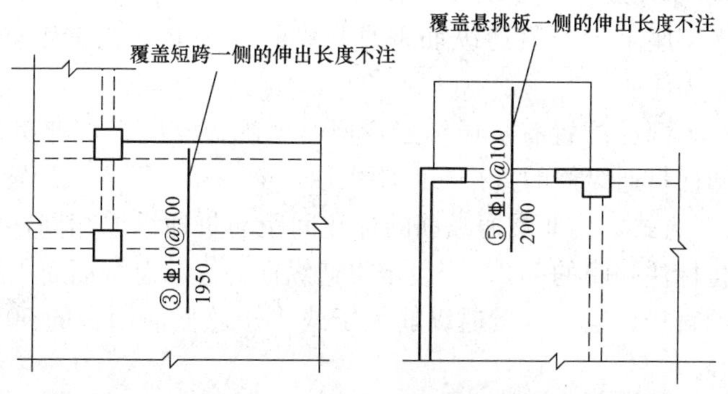

图 5-3　板支座非贯通筋贯通全跨或伸出至悬挑端

当板支座为弧形，支座上部非贯通纵筋呈放射状分布时，设计者应注明配筋

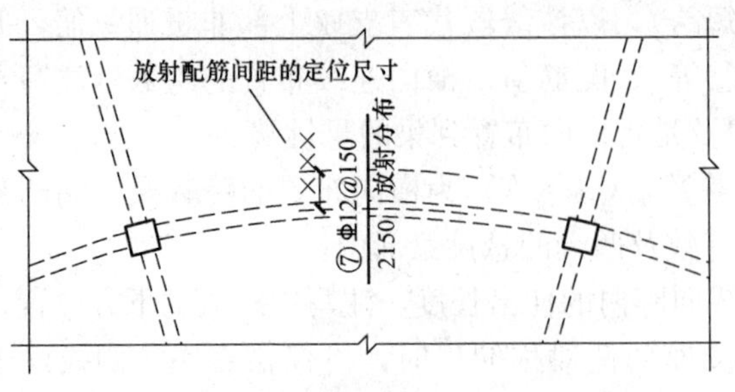

图 5-4　弧形支座处放射配筋

间距的度量位置并加注“放射分布”四字，必要时应补绘平面配筋图，如图 5-4 所示。

关于悬挑板的注写方式，如图 5-5 所示。当悬挑板端部厚度不小于 150mm 时，设计者应指定板端部封边构造方式，当采用 U 形钢筋封边时，尚应指定 U 形钢筋的规格、直径。

在板平面布置图中，不同部位的板支座上部非贯通纵筋及悬挑板上部受力钢筋，可仅在一个部位注写，对其他相同者则仅需在代表钢筋的线段上注写编号及按本条规则注写横向连续布置的跨数即可。

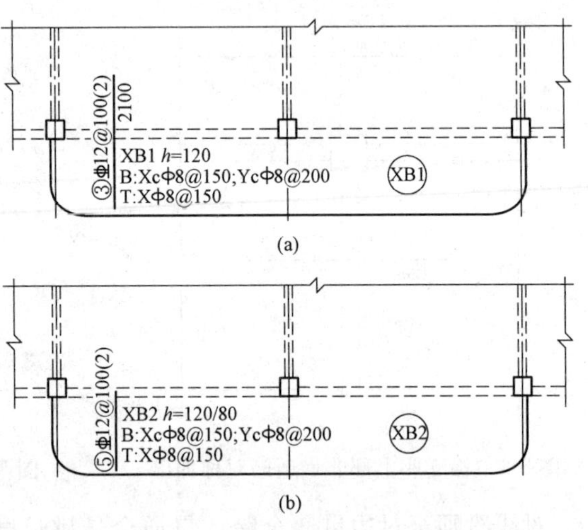

图 5-5　悬挑板支座非贯通筋

【例 2】　在板平面布置图某部位，横跨支承梁绘制的对称线段上注有⑦⌀12@100（5A）和1500，表示支座上部⑦号非贯通纵筋为⌀12@100，从该跨起沿支承梁连续布置 5 跨加梁一端的悬挑端，该筋自支座中线向两侧跨内的伸出长度均为 1500mm，在同一板平面布置图的另一部位横跨梁支座绘制的对称线段上注有⑦（2）者，系表示该筋同⑦号纵筋，沿支承梁连续布置 2 跨，且无梁悬挑端布置。

此外，与板支座上部非贯通纵筋垂直且绑扎在一起的构造钢筋或分布钢筋，应由设计者在图中注明。

（2）当板的上部已配置有贯通纵筋，但需增配板支座上部非贯通纵筋时，应结合已配置的同向贯通纵筋的直径与间距采取“隔一布一”方式配置。

“隔一布一”方式，为非贯通纵筋的标注间距与贯通纵筋相同，两者组合后的实际间距为各自标注间距的 1/2。当设定贯通纵筋为纵筋总截面面积的 50%时，两种钢筋应取相同直径；当设定贯通纵筋大于或小于总截面面积的 50%时，两种钢筋则取不同直径。

【例 3】　板上部已配置贯通纵筋⌀12@250，该跨同向配置的上部支座非贯通纵筋为⑤⌀12@250，表示在该支座上部设置的纵筋实际为⌀12@125，其中 1/2 为贯通纵筋，1/2 为⑤号非贯通纵筋（伸出长度值略）。

【例 4】 板上部已配置贯通纵筋⌀10@250，该跨配置的上部同向支座非贯通纵筋为③⌀12@250，表示该跨实际设置的上部纵筋为⌀10 和⌀12 间隔布置，二者之间间距为 125mm。

板支座原位标注在施工中应注意：当支座一侧设置了上部贯通纵筋（在板集中标注中以 T 打头），而在支座另一侧仅设置了上部非贯通纵筋时，如果支座两侧设置的纵筋直径、间距相同，应将二者连通，避免各自在支座上部分别锚固。

92. 板带集中标注的具体内容有哪些？

（1）集中标注应在板带贯通纵筋配置相同跨的第一跨（X 向为左端跨，Y 向为下端跨）注写。相同编号的板带可择其一做集中标注，其他仅注写板带编号（注在圆圈内）。

板带集中标注的具体内容为：板带编号，板带厚及板带宽和贯通纵筋。

1）板带编号：按表 5-2 的规定。

表 5-2　　板　带　编　号

板带类型	代　号	序　号	跨数及有无悬挑
柱上板带	ZSB	××	(××)、(××A) 或 (××B)
跨中板带	KZB	××	(××)、(××A) 或 (××B)

注　1. 跨数按柱网轴线计算（两相邻柱轴线之间为一跨）。
　　2.（××A）为一端有悬挑，（××B）为两端有悬挑，悬挑不计入跨数。

2）板带厚及板带宽：板带厚注写为 h=×××，板带宽注写为 b=×××。当无梁楼盖整体厚度和板带宽度已在图中注明时，此项可不注。

3）贯通纵筋：按板带下部和板带上部分别注写，并以 B 代表下部，T 代表上部，B&T 代表下部和上部。当采用放射配筋时，设计者应注明配筋间距的度量位置，必要时补绘配筋平面图。

【例】 设有一板带注写为：ZSB2（5A）　h=300　b=3000

B=⌀16@100；T⌀18@200

表示 2 号柱上板带，有 5 跨且一端有悬挑；板带厚 300mm，宽 3000mm；板带配置贯通纵筋下部为⌀16@100，上部为⌀18@200。

设计与施工应注意：相邻等跨板带上部贯通纵筋应在跨中 1/3 净跨长范围内连接；当同向连续板带的上部贯通纵筋配置不同时，应将配置较大者越过其标注的跨数终点或起点伸至相邻跨的跨中连接区域连接。设计应注意板带中间支座两侧上部贯通纵筋的协调配置，施工及预算应按具体设计和相应标准构造要求实施。等跨与不等跨板上部贯通纵筋的连接构造要求见相关标准构造详图；当具体工程对板带上部纵向钢筋的连接有特殊要求时，其连接部位及方式应由设计者注明。

（2）当局部区域的板面标高与整体不同时，应在无梁楼盖的板平法施工图上注明板面标高高差及分布范围。

 93. 板带支座原位标注有哪些要求?

板带支座原位标注的具体内容为：板带支座上部非贯通纵筋。以一段与板带同向的中粗实线段代表板带支座上部非贯通纵筋；对柱上板带，实线段贯穿柱上区域绘制；对跨中板带，实线段横贯柱网轴线绘制。在线段上注写钢筋编号（如①、②等)、配筋值及在线段的下方注写自支座中线向两侧跨内的伸出长度。

当板带支座非贯通纵筋自支座中线向两侧对称伸出时，其伸出长度可仅在一侧标注；当配置在有悬挑端的边柱上时，该筋伸出到悬挑尽端，设计不注。当支座上部非贯通纵筋呈放射分布时，设计者应注明配筋间距的定位位置。

不同部位的板带支座上部非贯通纵筋相同者，可仅在一个部位注写，其余则在代表非贯通纵筋的线段上注写编号。

【例 1】 设有平面布置图的某部位，在横跨板带支座绘制的对称线段上注有⑦ ⌀18@250，在线段一侧的下方注有 1500，系表示支座上部⑦号非贯通纵筋为⌀18@250，自支座中线向两侧跨内的伸出长度均为 1500mm。

（2）当板带上部已经配有贯通纵筋，但需增加配置板带支座上部非贯通纵筋时，应结合已配同向贯通纵筋的直径与间距，采取“隔一布一”的方式配置。

【例 2】 设有一板带上部已配置贯通纵筋⌀18@240，板带支座上部非贯通纵筋为⌀18@240，则板带在该位置实际配置的上部纵筋为⌀18@120，其中 1/2 为贯通纵筋，1/2 为⑤号非贯通纵筋（伸出长度略）。

 94. 板在端部支座如何锚固?

板在端部支座的锚固构造，如图 5-6 所示。

（1）端部支座为梁［图 5-6（a)］。

1）板上部贯通纵筋伸至梁外侧角筋的内侧弯钩，弯折长度为 $15d$。

2）板下部贯通纵筋在端部制作的直锚长度≥$5d$ 且至少到梁中线；梁板式转换层的板，下部贯通纵筋在端部支座的直锚长度为 l_a。

（2）端部支座为剪力墙［图 5-6（b)］。上部贯通纵筋伸至墙身外侧水平分布筋的内侧弯钩，弯折长度为 $15d$。

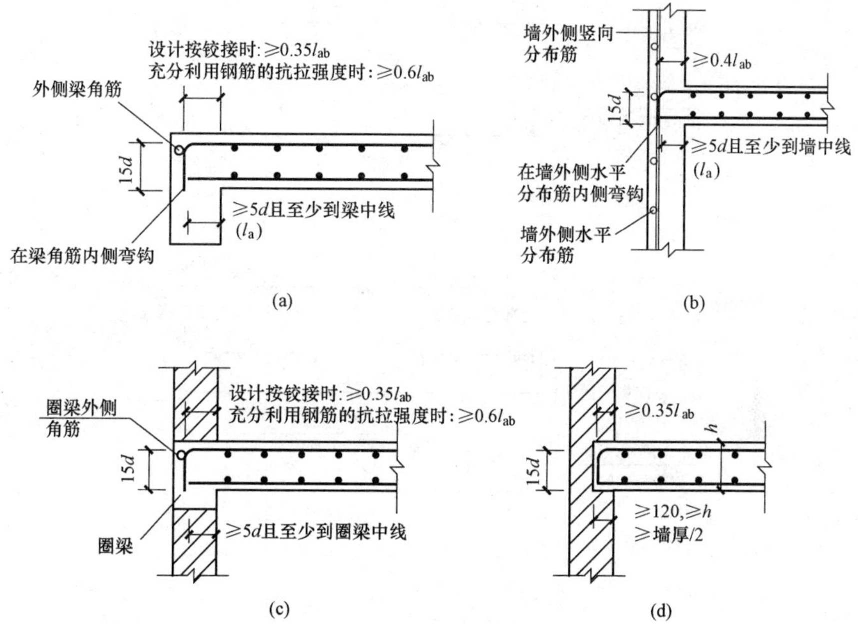

图 5-6　板在端部支座的锚固构造

（括号内的锚固长度 l_a用于梁板式转换层的板）

（a）端部支座为梁；（b）端部支座为剪力墙（当用于屋面处，板上部钢筋锚固要求与图示不同时由设计明确）；

（c）端部支座为砌体墙的圈梁；（d）端部支座为砌体墙

（3）端部支座为砌体墙的圈梁［图 5-6（c）］。板上部贯通纵筋伸至圈梁外侧角筋的内侧弯钩，弯折长度为 $15d$。板下部贯通纵筋在开标支座的直锚长度≥$5d$ 且至少到梁中线。

（4）端部支座为砌体墙［图 5-6（d）］。板在端部支座的支承长度≥120mm，≥h（楼板的厚度）且≥1/2 墙厚。板上部贯通纵筋伸至板端部（扣减一个保护层），然后弯折 $15d$。板下部贯通纵筋伸至板端部（扣减一个保护层）。

 95. 单（双）向板如何配筋？

单（双）向板配筋示意，如图 5-7 所示。

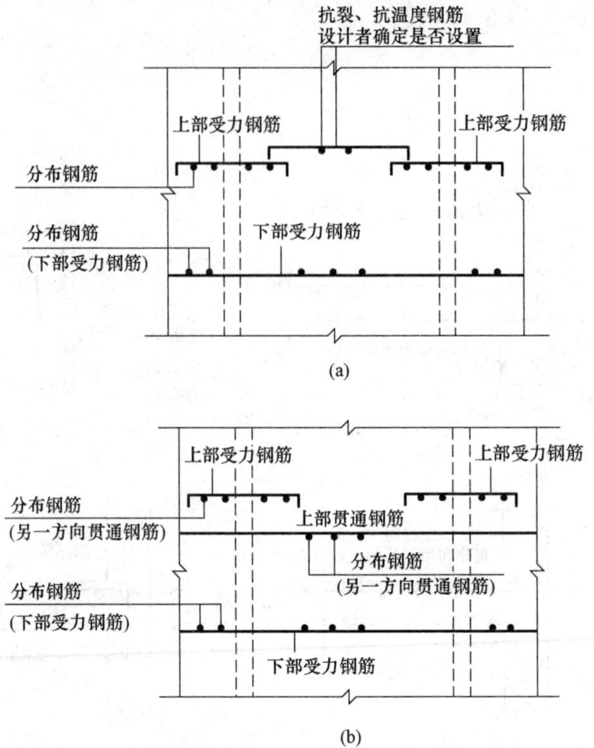

图 5-7　单（双）向板配筋示意

（a）分离式配筋；（b）部分贯通式配筋

96. 怎样界定单、双向板?

（1）四边有支承的板，板的长边与短边之比小于等于 2 时为双向板。

（2）板的长边与短边之比大于 2 而小于 3 时，短边按图纸要求配置受力钢筋，长边宜按双向板配置构造钢筋（宜按双向板的要求配置钢筋）。

（3）板的长边与短边之比大于或等于 3 时，为单向板，按短边配置受力钢筋，长边为分布钢筋。

（4）两对边支承的板为单向板。

（5）双向板两个方向的钢筋都是根据计算需要而配置的受力钢筋，短方向的受力比长方向大。

97. 板开洞 BD 与洞边加强钢筋构造（洞边无集中荷载）是怎样的?

板开洞 BD 与洞边加强钢筋构造（洞边无集中荷载），如图 5-8 所示。

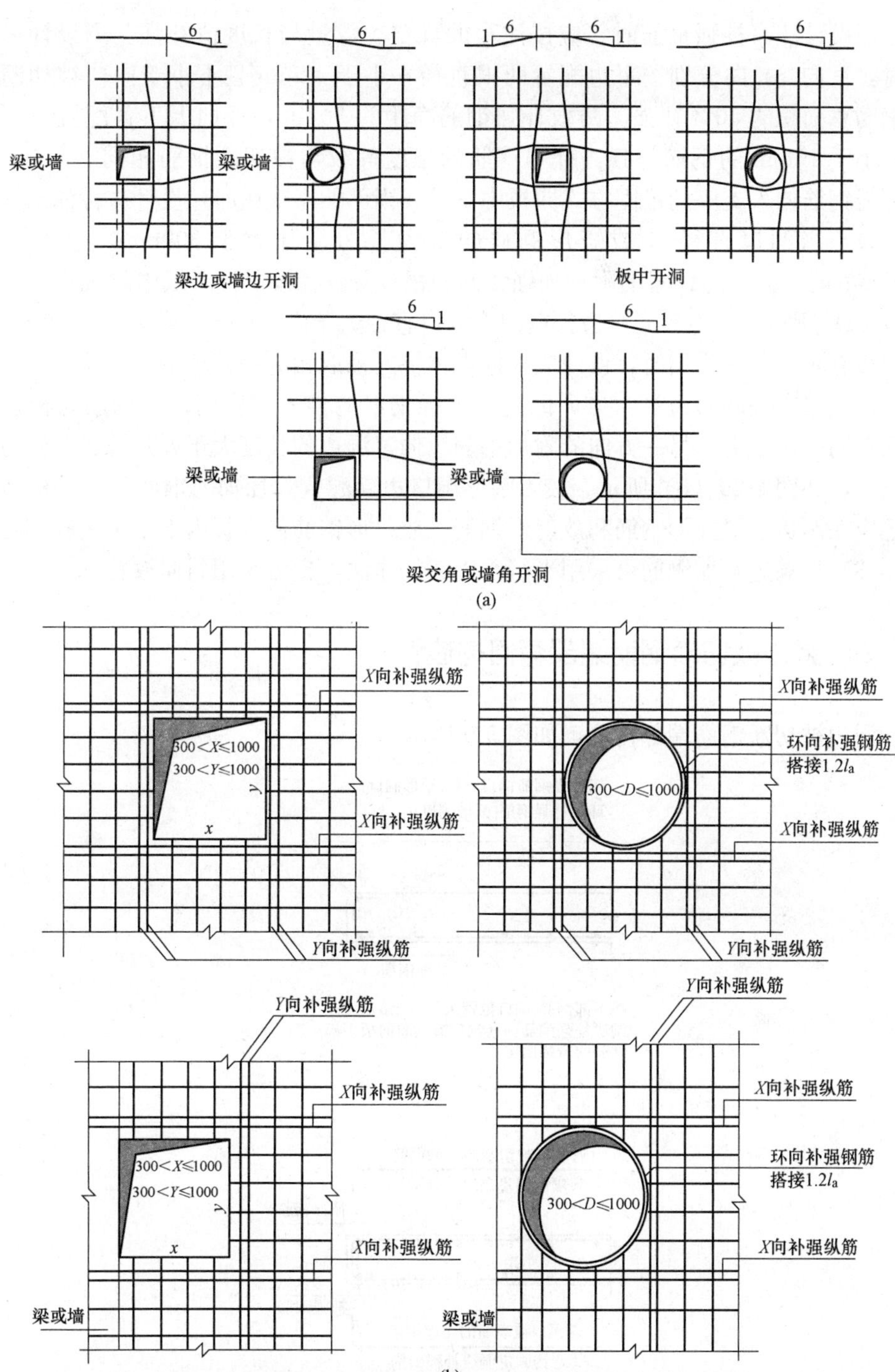

图 5-8　板开洞 BD 与洞边加强钢筋构造（洞边无集中荷载）

（a）矩形洞边长和圆形洞直径不大于 300mm 时钢筋构造；

（b）矩形洞边长和圆形洞直径大于 300mm 但不大于 1000mm 时钢筋构造

当设计注写补强钢筋时，应按注写的规格、数量与长度值补强。当设计未注写时，X 向、Y 向分别按每边配置两根直径不小于 12mm 且不小于同向被切断纵向钢筋总面积的 50%补强。两根补强钢筋净距为 30mm，环向上下各配置一根直径不小于 10mm 的钢筋补强。补强钢筋的强度等级与被切断钢筋相同。X 向、Y 向补强钢筋伸入支座的锚固方式同板中钢筋，当不伸入支座时，设计应标注。

（1）当洞口直径 D 或矩形洞口的最大长边尺寸大于 300mm，但不大于 1000mm 时，洞口边设置的附加加强钢筋的根数及直径按设计图纸中的规定，如图 6-20（a）所示。当矩形洞口边长或圆形洞口直径大于 1000mm，或不大于 1000mm 但洞边有集中荷载作用时，设计应根据具体情况采取相应的处理措施。

（2）单向板洞口边受力方向的附加加强钢筋应伸入支座内，该钢筋与板受力钢筋在同一层面上。另一方向的附加钢筋应伸过洞边的长度大于 l_a 并放置在受力钢筋之上，如图 6-20（b）所示。较大圆形洞口边除配置附加加强钢筋外，按构造要求还应在洞边设置环形钢筋和放射形钢筋，放射形钢筋伸入板内不小于 200mm。

（3）板洞边附加钢筋可采用平行受力钢筋作法，也可采用斜向放置。

 98. 洞边被切断钢筋端部有何构造?

洞边被切断钢筋端部构造，如图 5-9 所示。

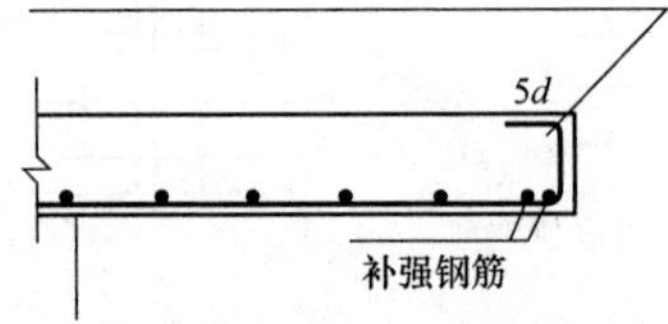

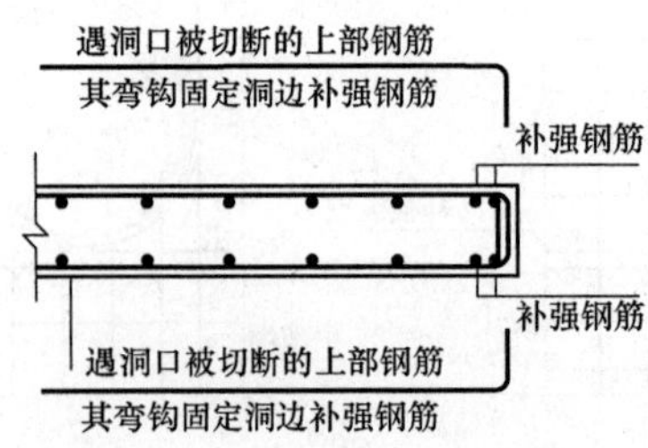

图 5-9 洞边被切断钢筋端部构造

被切断的上下层钢筋应在端部弯折封闭，当上部无配筋时，下部钢筋应上弯至板顶面后，水平弯折 $5d$。

 99. 悬挑板阳角放射筋 Ces 构造是怎样的？

悬挑板阳角放射筋 Ces 构造，如图 5-10 所示。

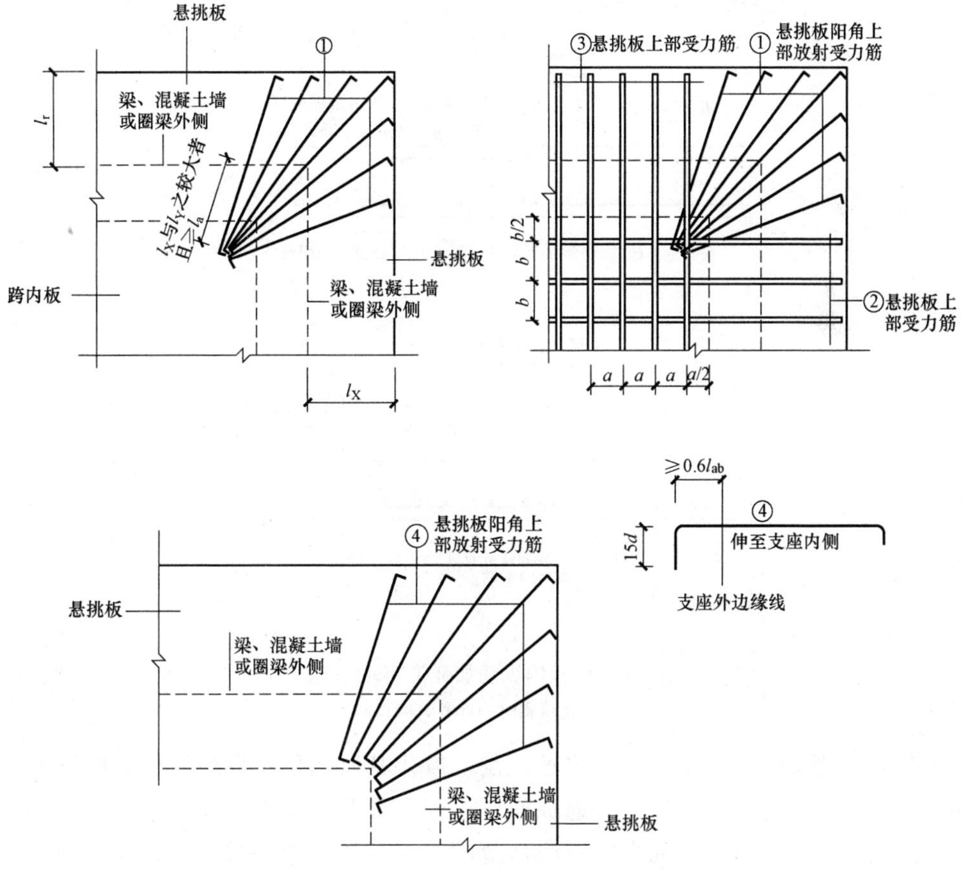

图 5-10　悬挑板阳角放射筋 Ces 构造（本图未表示构造筋或分布筋）

注：1. 悬挑板内，①～③筋应位于同一层面。

2. 在支座和跨内，①号筋应向下斜弯到②号与③号筋下面与两筋交叉并向跨内平伸。

阳角附加钢筋配置有两种形式：平行板角和放射状。

（1）平行板角。平行板角方式时，平行于板角对角线配置上部加强钢筋，在转角板的垂直于板角对角线配置下部加强钢筋，配置宽度取悬挑长度，其加强钢筋的间距应与板支座受力钢筋相同，平行板角方式，施工难度大。

（2）放射状。放射配置方式时，伸入支座内的锚固长度，不能小于 300mm，要满足锚固长度（l_a＞悬挑长度）的要求，间距从悬挑部位的中心线 $l/2$ 处控制，一般不小于200mm，如图5-10所示。图5-10的放射筋④号筋伸至支座内侧，距支座外边线弯折 $0.6l_{ab}+15d$（用于跨内无板）。

100. 板内纵筋加强带JQD构造是怎样的?

板内纵筋加强带JQD构造，如图5-11所示。

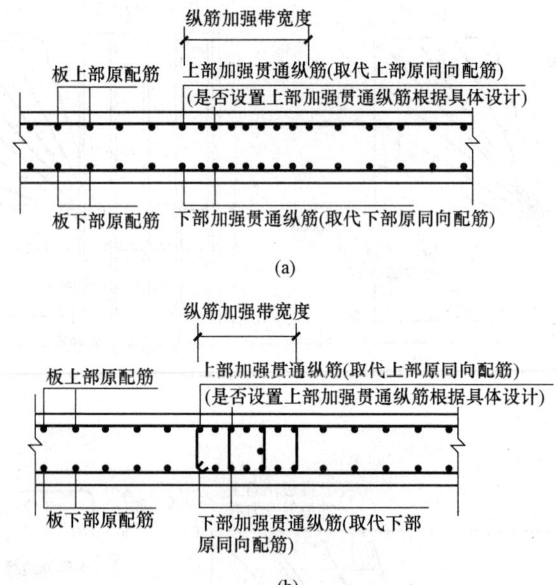

图5-11　板内纵筋加强带JQD构造

(a) 无暗梁时；(b) 有暗梁时

(1) 纵筋加强带设单向加强贯通纵筋，取代其所在位置板中原配置的同向贯通纵筋。根据受力需要，加强贯通纵筋可在板下部配置，也可在板下部和上部均设置。无暗梁时，纵筋加强带配置应从范围边界起布置第一根钢筋，非加强带配筋则从范围边界一个板筋间距起布。

(2) 当板下部和上部均设置加强贯通纵筋，而板带上部横向无配筋时，加强带上部横向配筋应由设计者注明。当将纵筋加强带设置为暗梁型式时应注写箍筋，纵筋加强带范围是指暗梁箍筋外皮尺寸，非加强带配筋则从范围边界一个板筋间距起布，而不是箍筋按加强带宽度扣除保护层。

101. 板翻边FB构造是怎样的?

板翻边FB构造，如图5-12所示。

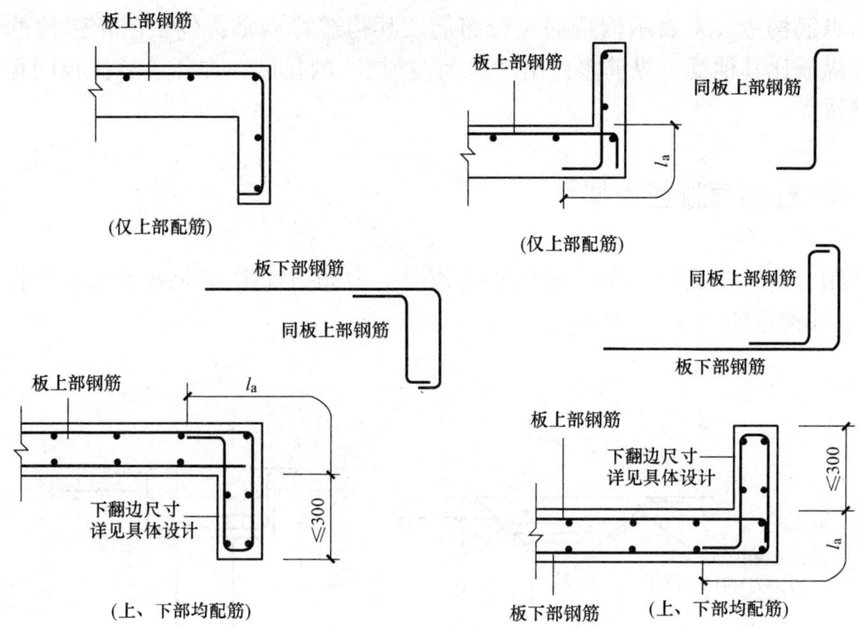

图 5-12　板翻边 FB 构造

(1) 上翻边。

1) 当悬挑板为上、下部均配筋时，悬挑板下部纵筋上翻与上翻边筋的上沿相接；当悬挑板仅上部配筋时，上翻边筋直接插入悬挑板的端部。

2) 悬挑板的上翻边，均使用上翻边筋。

(2) 下翻边。

1) 悬挑板的下翻边，是利用悬挑板上部纵筋下弯作为下翻边的钢筋。

2) 当悬挑板仅上部配筋时，下翻边仅用悬挑板上部纵筋下弯；当悬挑板为上、下部均配筋时，除利用悬挑板上部纵筋下弯外，还需使用下翻边筋。

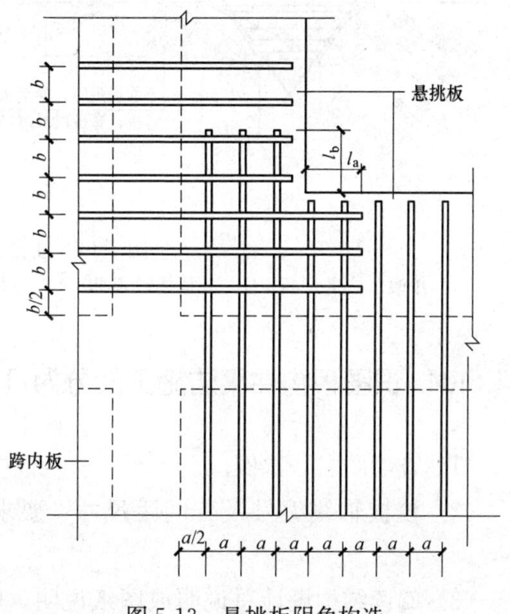

图 5-13　悬挑板阴角构造

 102. 悬挑板阴角有何构造？

悬挑板阴角构造，如图 5-13 所示。

图 5-13 中仅画出了悬挑板阴角

的受力纵筋构造，未表示构造筋及分布筋，其构造特点是：位于阴角部位的悬挑板受力纵筋比其他受力纵筋多伸出“l_a＋保护层”的长度，加强了悬挑板阴角部位的钢筋锚固。

103. 柱帽有哪些类型?

柱帽有单倾角柱帽ZMa、托板柱帽ZMb、变倾角柱帽ZMc和倾角联托板柱帽ZMab，其构造如图5-14所示。

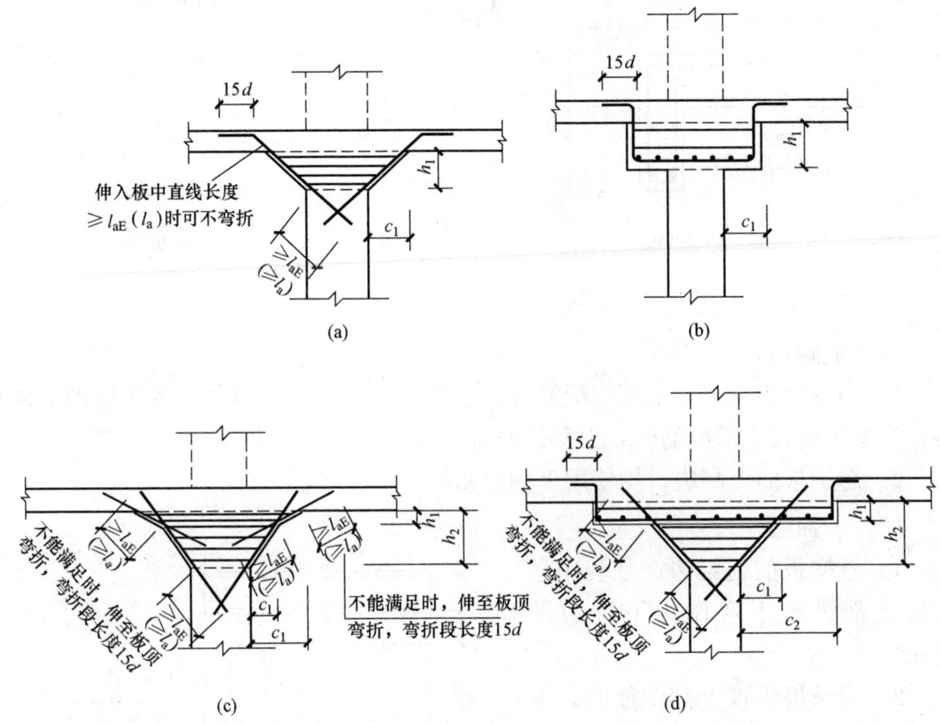

图5-14　柱帽的构造

(a) 单倾角柱帽ZMa；(b) 托板柱帽ZMb；(c) 变倾角柱帽ZMc；(d) 倾角联托板柱帽ZMab

104. 识图板构件平法施工图分为几个步骤?

(1) 查看图名、比例。

(2) 校核轴线编号及其间距尺寸，要求必须与建筑图、梁平法施工图保持一致。

(3) 阅读结构设计总说明或图纸说明，明确现浇板的混凝土强度等级及其他要求。

（4）明确现浇板的厚度和标高。

（5）明确现浇板的配筋情况，并参阅说明，了解未标注的分布钢筋情况等。

识读现浇板施工图时，应注意现浇板钢筋的弯钩方向，以便确定钢筋是在板的底部还是顶部。

需要特别强调的是，应分清板中纵横方向钢筋的位置关系。对于四边整浇的混凝土矩形板，由于力沿短边方向传递的多，下部钢筋一般是短边方向钢筋在下，长边方向钢筋在上，而下部钢筋正好相反。

 105. 抗冲切箍筋 R_h、抗冲切弯起筋 R_b 有何构造?

抗冲切箍筋 R_h、抗冲切弯起筋 R_b 的构造，如图 5-15 所示。

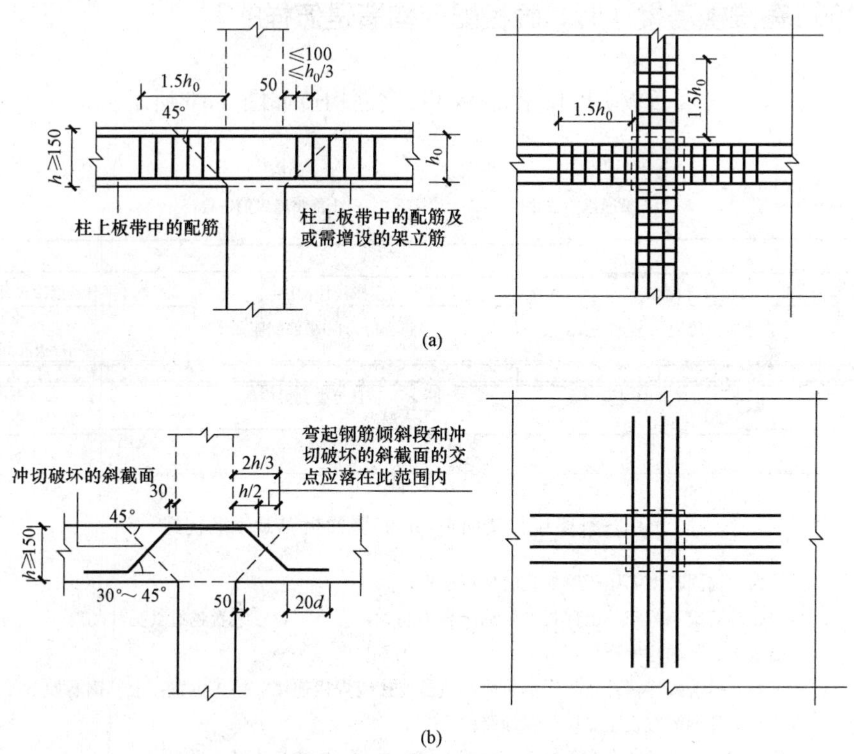

图 5-15　抗冲切箍筋 R_h、抗冲切弯起筋 R_b 的构造

（a）抗冲切箍筋 R_h 构造；（b）抗冲切弯起筋 R_b 构造

h—板厚；h_0—板有效高度

（1）采用抗冲切箍筋 R_h 构造、抗冲切弯起钢筋 R_b 构造时，板厚≥150mm。

(2) 采用抗冲切箍筋 R_h 构造［图 5-15 (a)］时，除按设计要求在冲切破坏锥体范围内配置所需要的箍筋外，还应从局部或集中荷载的边缘向外延伸 $1.5h_0$ 范围内，箍筋间距不大于 100mm 且不大于 $h_0/3$，箍筋直径不应小于 6mm，宜为封闭式，并应箍住架立钢筋。

(3) 采用抗冲切弯起钢筋 R_b 构造［图 5-15 (b)］时，弯起钢筋可由一排或二排组成。

1) 第一排弯起钢筋的倾斜段与冲切破坏斜截面的交点，选择在距局部荷载或集中荷载作用面积周边以外 $h/2$～$2h/3$ 范围内；

2) 当采用双排弯起钢筋时，第二排钢筋应在 $1/2$～$5h/6$ 范围内，弯起钢筋直径不应小于 12mm，且每一方向不应小于 3 根。

由于切斜截面的范围扩大，又考虑板厚度的影响，故将弯起钢筋倾斜段的倾角为 30°～45°。

 106. 有梁楼盖楼（屋）面板配筋构造是怎样的?

(1) 有梁楼盖楼面板 LB 和屋面板 WB 钢筋构造如图 5-16 所示。

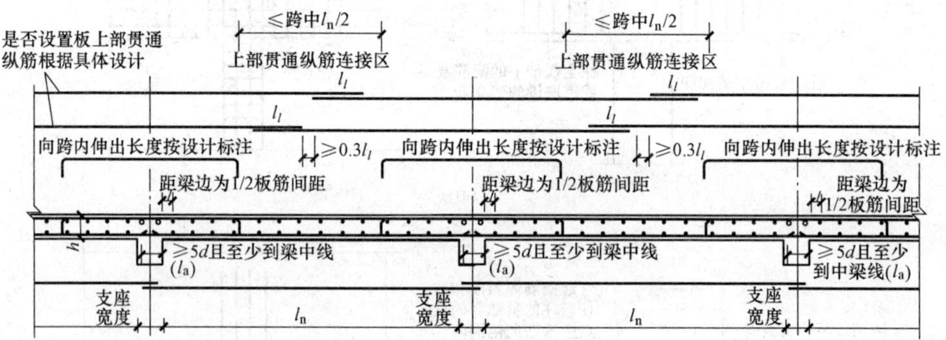

图 5-16　有梁楼盖楼面板 LB 和屋面板 WB 钢筋构造

注：1. 括号内的锚固长度 l_a 用于梁板式转换层的板。

2. 当相邻等跨或不等跨的上部贯通纵筋配置不同时，应将配置较大者越过其标注的跨数终点或起点伸出至相邻跨的跨中连接区域连接。

3. 除本图所示搭接连接外，板纵筋可采用机械连接或焊接连接。接头位置：上部钢筋如本图所示连接区，下部钢筋宜在距支座 1/4 净跨内。

4. 板位于同一层面的两向交叉纵筋何向在下何向在上，应按具体设计说明。

5. 图中板的中间支座均按梁绘制，当支座为混凝土剪力墙、砌体墙或圈梁时，其构造相同。

6. 纵筋在端支座应伸至支座（梁、圈梁或剪力墙）外侧纵筋内侧后弯折，当直段长度＞l_a 时可不弯折。

(2) 板在端部支座的锚固构造如图 5-17 所示。

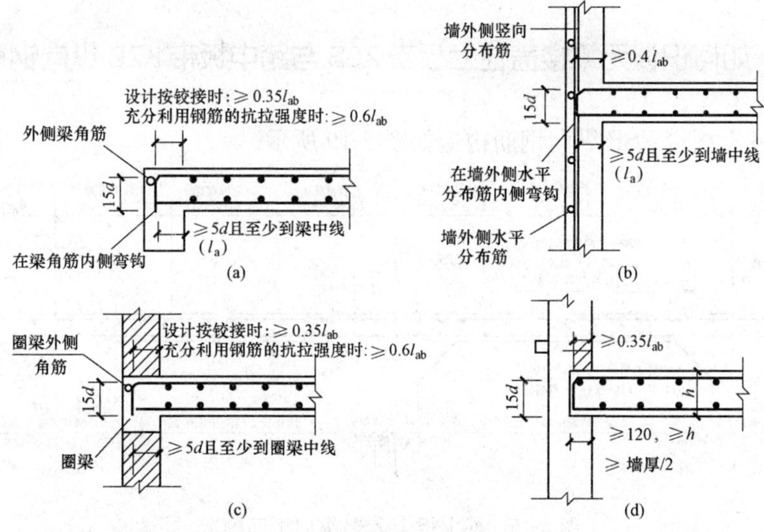

图 5-17　板在端部支座的锚固构造

(a) 端部支座为梁；(b) 端部支座为剪力墙（当用于屋面处，板上部钢筋锚固要求与图示不同时由设计明确）；(c) 端部支座为砌体墙的圈梁；(d) 端部支座为砌体墙

注：括号内的锚固长度 l_a用于梁板式转换层的板，图中“设计按铰接时”、“充分利用钢筋的抗拉强度时”由设计指定。

 107. 有梁楼盖不等跨板上部贯通纵筋连接构造是怎样的？

不等跨板上部贯通纵筋连接构造如图 5-18 所示。

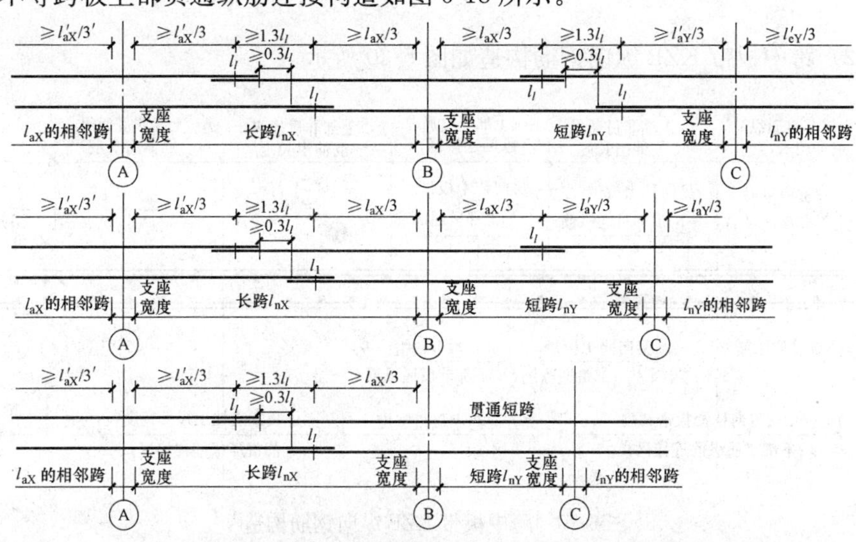

图 5-18　不等跨板上部贯通纵筋连接构造

（当钢筋足够长时能通则通）

注：l'_{nX}是轴线 A 左右两跨的较大净跨度值；l'_{nY}是轴线 C 左右两跨的较大净跨度值。

108. 如何识读无梁楼盖柱上板带 ZSB 与跨中板带 KZB 纵向钢筋构造?

(1) 柱上板带 ZSB 纵向钢筋构造如图 5-19 所示。

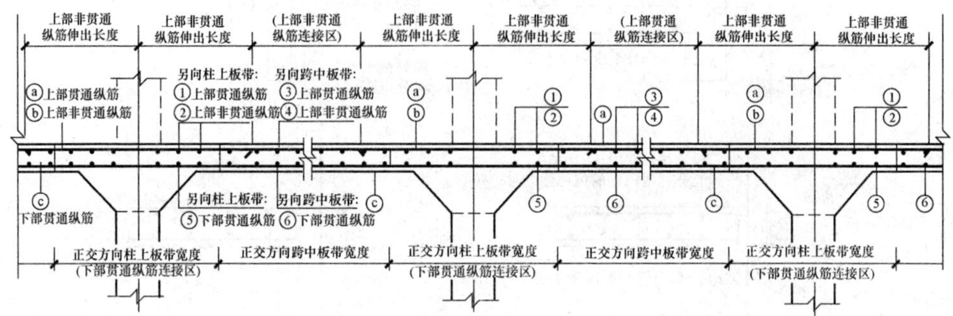

图 5-19 柱上板带 ZSB 纵向钢筋构造

注：1. 板带上部非贯通纵筋向跨内伸出长度按设计标注。

2. 当相邻等跨或不等跨的上部贯通纵筋配置不同时，应将配置较大者越过其标注的跨数终点或起点伸出至相邻跨的跨中连接区域连接。

3. 板贯通纵筋在连接区域内也可采用机械连接或焊接连接。

4. 板位于同一层面的两向交叉纵筋何向在下何向在上，应按具体设计说明。

5. 本图构造同样适用于无柱帽的无梁楼盖。

6. 抗震设计时，无梁楼盖柱上板带内贯通纵筋搭接长度应为 l_{lE}。无柱帽柱上板带的下部贯通纵筋，宜在距柱面 2 倍板厚以外连接，采用搭接时钢筋端部宜设置垂直于板面的弯钩。

(2) 跨中板带 KZB 纵向钢筋构造如图 5-20 所示。

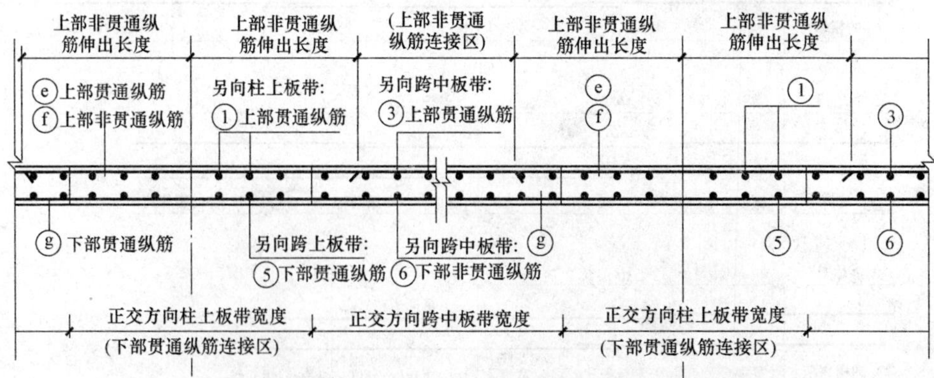

图 5-20 跨中板带 KZB 纵向钢筋构造

注：板带上部非贯通纵筋向跨内伸出长度按设计标注。

 109. 板带端支座纵向钢筋构造和板带悬挑端纵向钢筋构造是怎样的?

板带端支座纵向钢筋构造如图 5-21 所示，板带悬挑端纵向钢筋构造如图 5-22 所示。

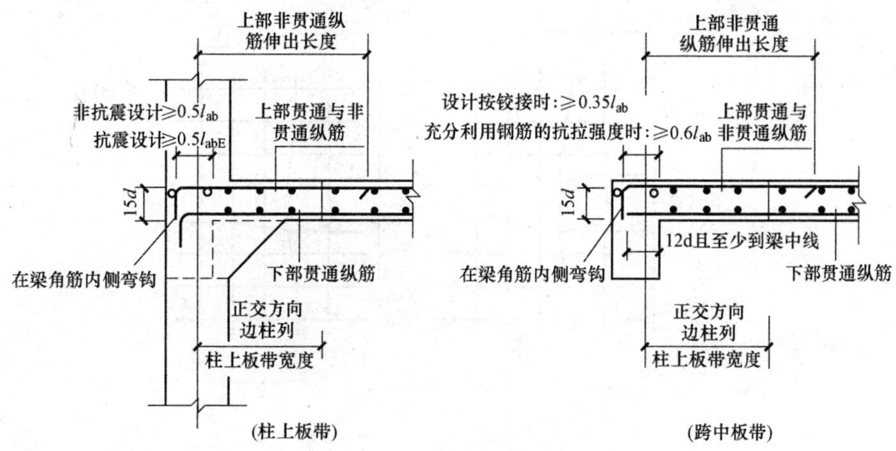

图 5-21　板带端支座纵向钢筋构造

注：1. 板带上部非贯通纵筋向跨内伸出长度按设计标注。

2. 本图板带端支座纵向钢筋构造同样适用于无柱帽的无梁楼盖，且仅用于中间楼层。屋面处节点构造由设计者补充。

3. 图中“设计按铰接时”“充分利用钢筋的抗拉强度时”由设计指定。

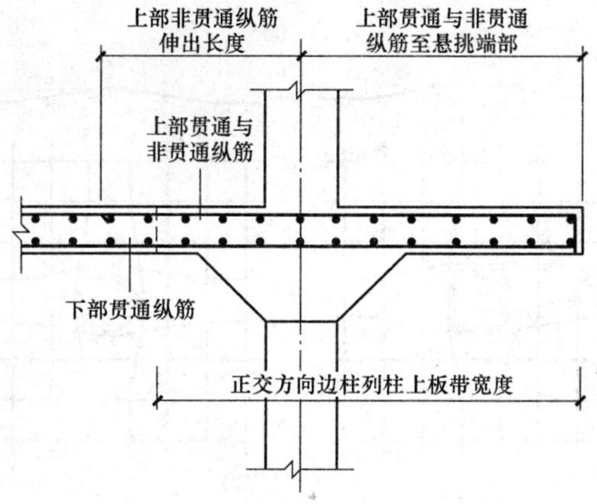

图 5-22　板带悬挑端纵向钢筋构造

注：1. 板带上部非贯通纵筋向跨内伸出长度按设计标注。

2. 本图板带悬挑端纵向钢筋构造同样适用于无柱帽的无梁楼盖，且仅用于中间楼层。屋面处节点构造由设计者补充。

 110. 板开洞 BD 与洞边加强钢筋构造（洞边无集中荷载）是怎样的?

（1）矩形洞边长和圆形洞直径不大于 300 时钢筋构造如图 5-23 所示，其洞边被切断钢筋端部构造如图 5-24 所示。

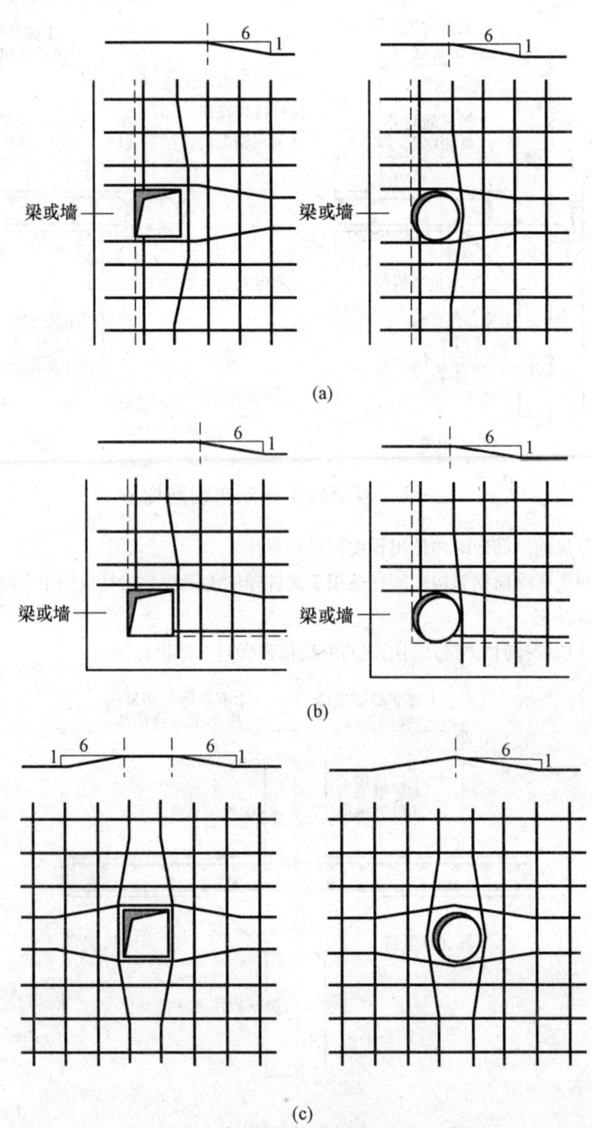

图 5-23　矩形洞边长和圆形洞直径不大于 300 时钢筋构造

（a）梁边或墙边开洞；（b）梁交角或墙角开洞；（c）板中开洞

注：受力钢筋绕过孔洞，不另设补强钢筋。

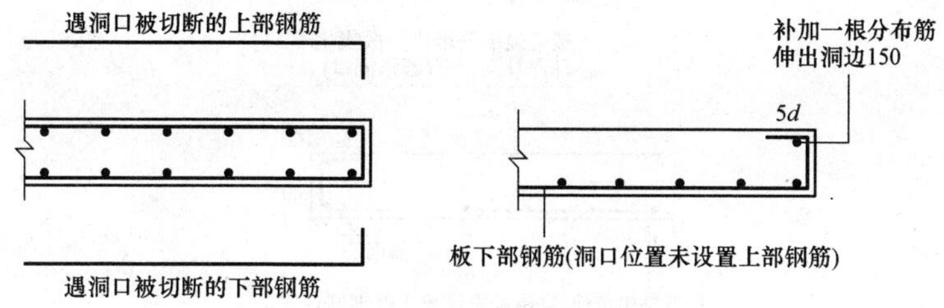

图 5-24　洞边被切断钢筋端部构造

（洞边长和圆形洞直径不大于 300）

（2）矩形洞边长和圆形洞直径大于 300 但不大于 1000 时补强钢筋构造如图 5-25 所示，其洞边被切断钢筋端部构造如图 5-26 所示。

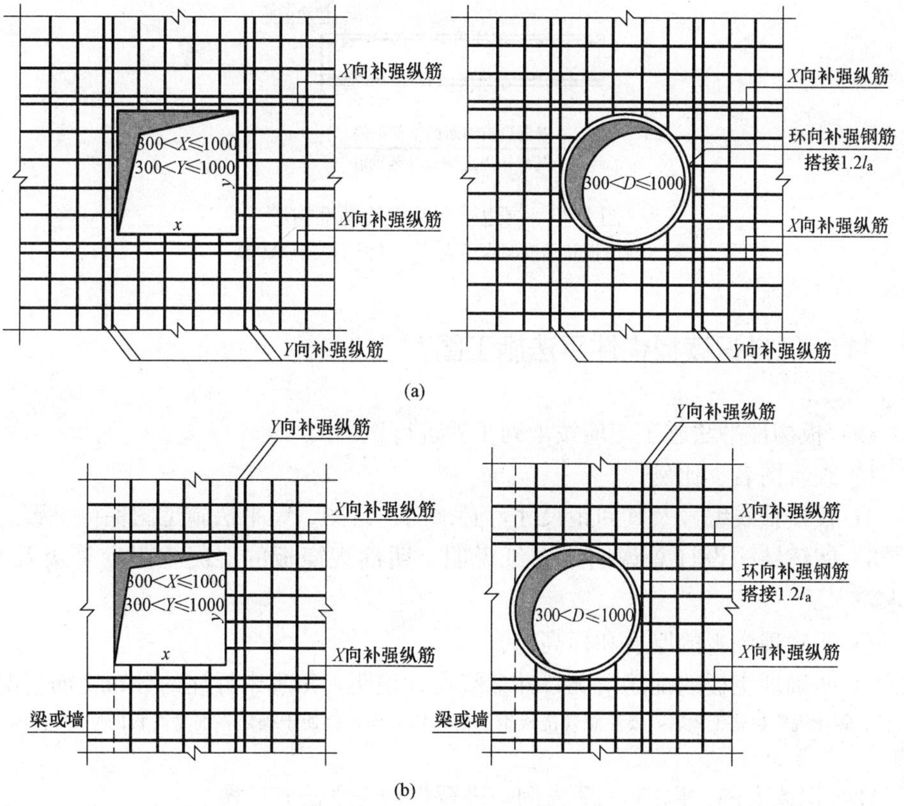

(a)

(b)

图 5-25　矩形洞边长和圆形洞直径大于 300 但不大于 1000 时补强钢筋构造

（a）板中开洞；（b）梁边或墙边开洞

注：1. 当设计注写补强钢筋时，应按注写的规格、数量与长度值补强。当设计未注写时，X 向、Y 向分别按每边配置两根直径不小于 12 且不小于同向被切断纵向钢筋总面积的 50%补强，补强钢筋与被切断钢筋布置在同一层面，两根补强钢筋之间的净距为 30；环向上下各配置一根直径不小于 10 的钢筋补强。

2. 补强钢筋的强度等级与被切断钢筋相同。

3. X 向、Y 向补强纵筋伸入支座的锚固方式同板中钢筋，当不伸入支座时，设计应标注。

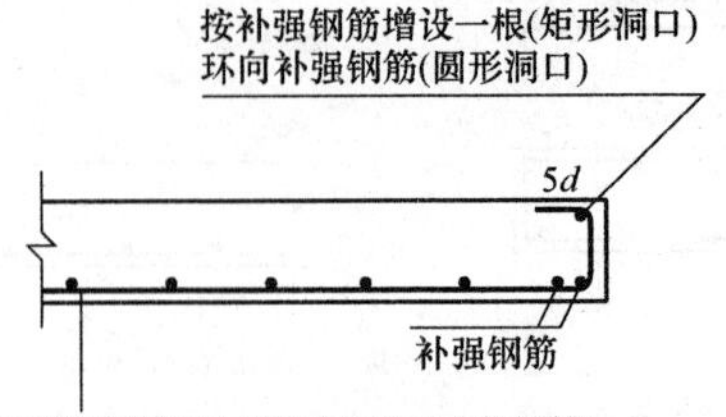

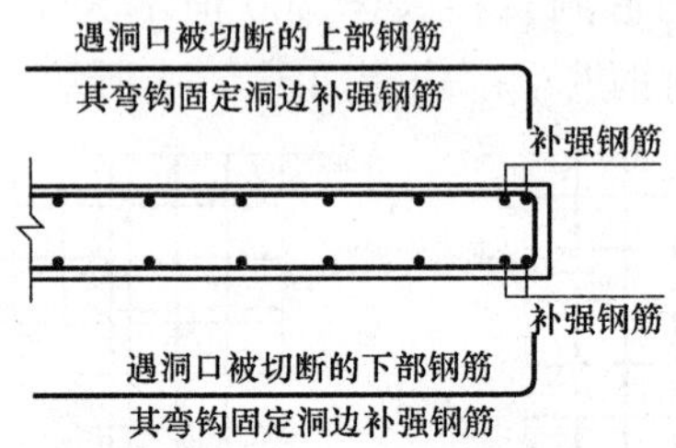

图 5-26　洞边被切断钢筋端部构造

（洞边长和圆形洞直径大于 300 但不大于 1000）

111. 怎样识读板构件平法施工图?

(1) 板构件平法施工图应按下列步骤进行识图。

1）查看图名、比例。

2）校核轴线编号及其间距尺寸，必须与建筑图、梁平法施工图保持一致。

3）阅读结构设计总说明或图纸说明，明确现浇板的混凝土强度等级及其他要求。

4）明确现浇板的厚度和标高。

5）明确现浇板的配筋情况，并参阅设计说明，熟悉未标注的分布钢筋情况等。

注：识读现浇板施工图时，要注意现浇板钢筋的弯钩方向，以便于确定钢筋是在板的底部还是在板的顶部。

(2) 识读实例。以图 5-27 为例，进行板构件平法施工图。

从中可以了解下列内容：

图 5-27 为标准层顶板配筋平面图，绘制比例为 1∶100；

轴线编号及其间距尺寸，与建筑图、梁平法施工图一致；

根据图纸说明可以知道，板的混凝土强度等级为 C30；板厚度有 110mm 和 120mm 两种，具体位置和标高如图 5-27 所示。

以图 5-27 中左下角房间为例，说明配筋。

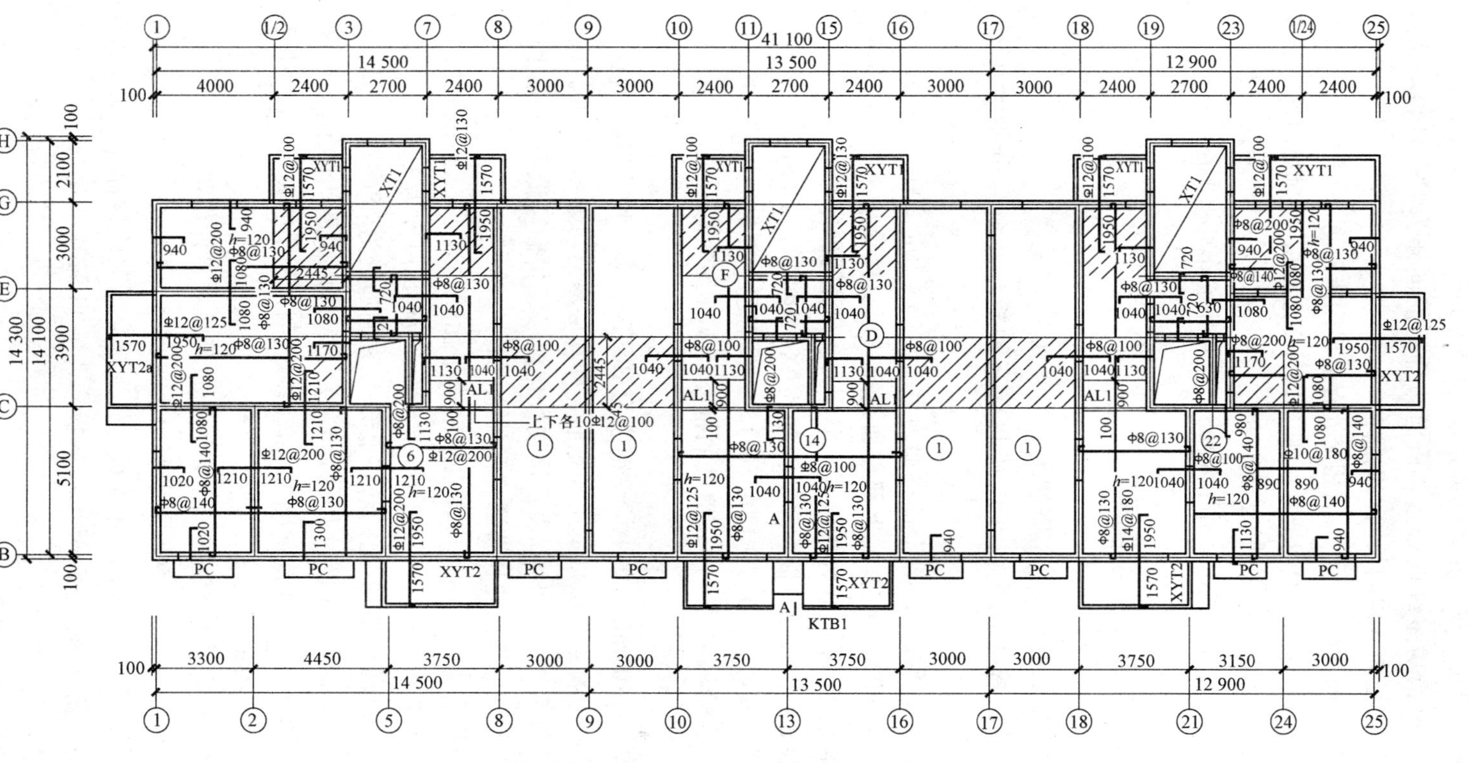

图 5-27　标准层顶板配筋平面图

设计说明：1. 混凝土等级 C30，钢筋采用 HPB300（Φ），HRB335（Φ）。

2. ▨ 所示范围为厨房或卫生间顶板，板顶标高为建筑标高−0.080m，其他部位板顶标高为建筑标高−0.050m。

3. 未注明板厚均为 110mm。

4. 未注明钢筋的规格为Φ8@140。

下部：下部钢筋弯钩向上或向左，受力钢筋为φ8@140（直径为 8mm 的Ⅰ级钢筋，间距为 140mm）沿房屋纵向布置，横向布置钢筋同样为φ8@140，纵向（房间短向）钢筋在下，横向（房间长向）钢筋在上。

上部：上部钢筋弯钩向下或向右，与墙相交处有上部构造钢筋，①轴处沿房屋纵向设φ8@140（未注明，根据图纸说明配置），伸出墙外 1020mm；②轴处沿房屋纵向设φ12@200，伸出墙外 1210mm；①轴处沿房屋横向设φ8@140，伸出墙外 1020mm；②轴处沿房屋横向设Φ12@200，伸出墙外 1080mm。上部钢筋作直钩顶在板底。

 112. 如何识读板构件平法实例图？

【例 1】 某办公楼现浇板平法施工图如图 5-28 所示。

从上图中的板平法施工图中，可知其共有三种板，其编号分别为 LB1、LB2、LB3。

对于 LB1，板厚 h=120mm。板下部钢筋为 B：X&Yφ10@200，表示板下部钢筋两个方向均为φ10@200，没有配上部贯通钢筋。板支座负筋采用原位标注，并给出编号，同一编号的钢筋，仅详细注写一个，其余只注写编号。

对于 LB2，板厚 h=100mm。板下部钢筋为 B：Xφ8@200，Yφ8@150。表示板下部钢筋 X 方向为φ8@200，Y 方向为φ8@150，没有配上部贯通钢筋。板支座负筋采用原位标注，并给出编号，同一编号的钢筋，仅详细注写一个，其余只注写编号。

对于 LB3，板厚 h=100mm。集中标注钢筋为 B&T：X&Yφ8@200，表示该楼板上部下部两个方向均配φ8@200 的贯通钢筋，即双层双向均为φ8@200。板集中标注下面括号内的数字（－0.080）表示该楼板比楼层结构标高低 80mm。因为该房间为卫生间，卫生间的地面要比普通房间的地面低。

在楼房主入口处设有雨篷，雨篷应在二层结构平面图中表示，雨篷为纯悬挑板，所以编号为 XB1，板厚 h=130mm/100mm，表示板根部厚度为 130mm，板端部厚度为 100mm。悬挑板的下部不配钢筋，上部 X 方向通筋为φ8@200，悬挑板受力钢筋采用原位标注，即⑥号钢筋φ10@150。为了表达该雨篷的详细做法，图中还画有 A—A 断面图。从 A—A 断面图可以看出雨篷与框架梁的关系。板底标高为 2.900m，刚好与框架梁底平齐。

【例 2】 某工程标准层顶板平法施工图如图 5-29 所示，设计说明如下：

（1）混凝土强度等级为 C30，钢筋采用 HPB300（φ），HRB335（Φ）。

（2）▨所示范围为厨房或卫生间顶板，板顶标高为建筑物标高－0.080m，其他部位板顶标高为建筑物标高－0.050m，降板构造见 11G101 图集。

（3）未注明板厚均为 110mm。

（4）未注明钢筋的规格均为φ8@140。

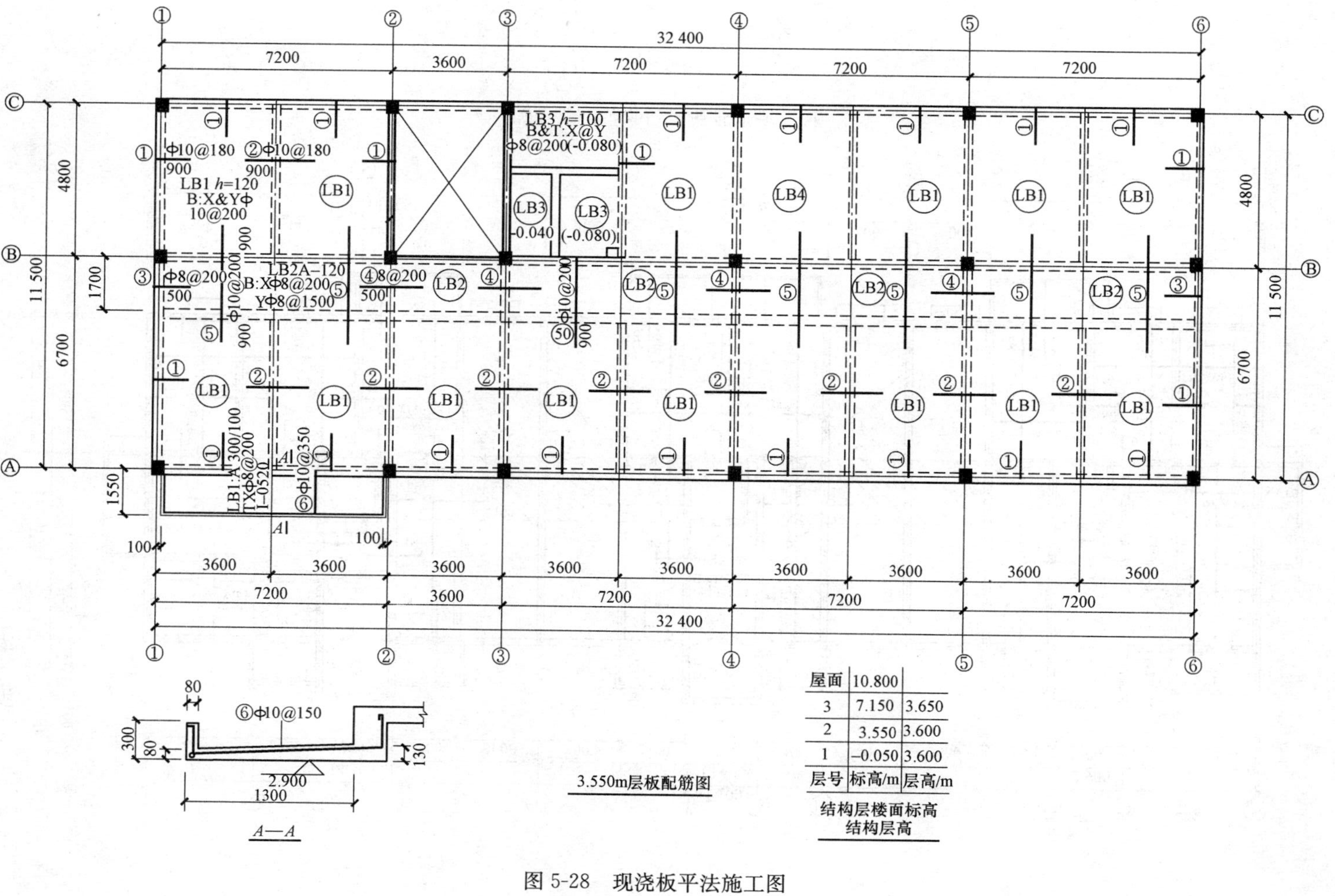

屋面	10.800	
3	7.150	3.650
2	3.550	3.600
1	−0.050	3.600
层号	标高/m	层高/m

结构层楼面标高
结构层高

图 5-28　现浇板平法施工图

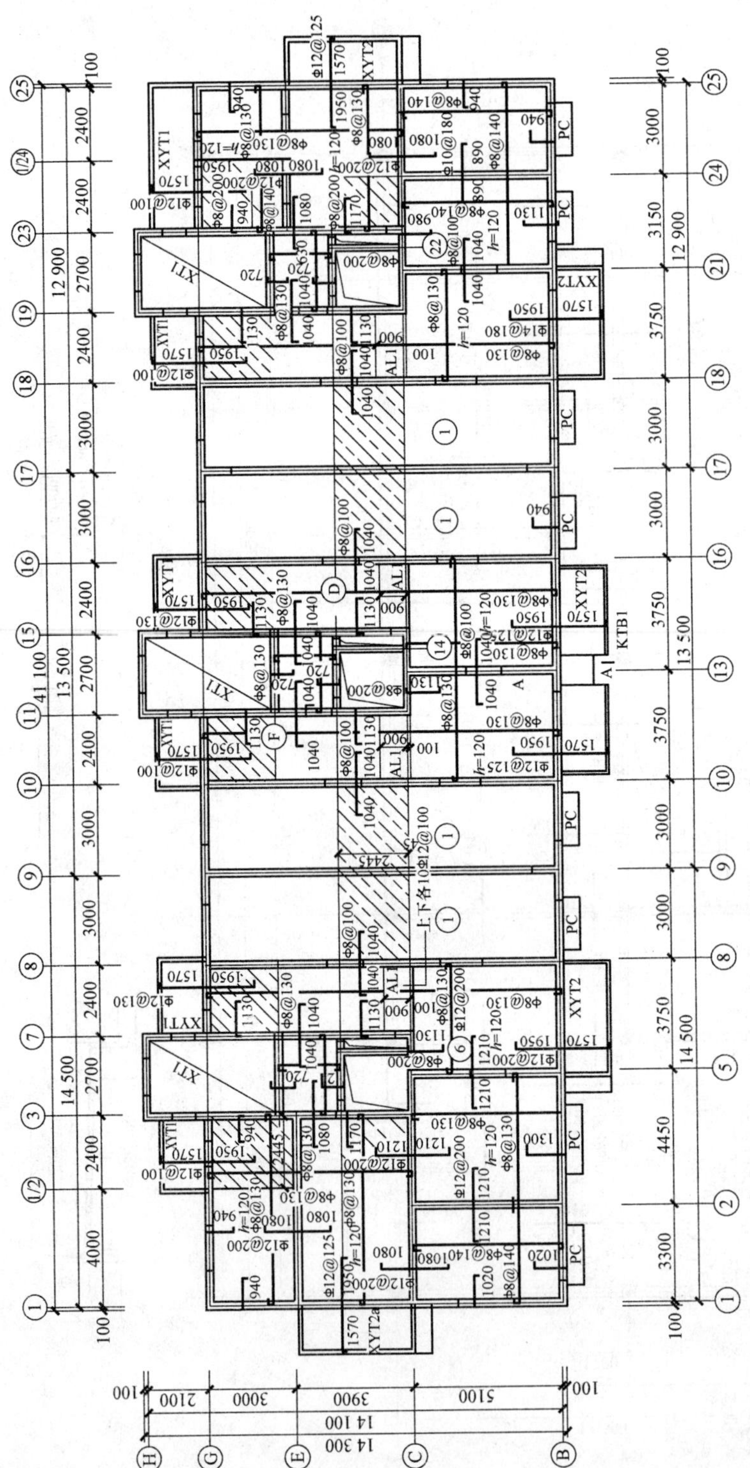

图 5-29　标准层顶板平法施工图

该图为某工程标准层顶板平法施工图，板厚有 110mm 和 120mm 两种，具体如图所示。

现以左下角为例来说明钢筋的配置情况。对于下部钢筋，可知图纸中的下部钢筋弯钩向上或向左，受力钢筋为Φ8@140（即直径为 8mm 的 HPB300 级钢筋，间距为 140mm）沿房屋纵向布置，横向布置钢筋同样为Φ8@140，纵向（房间短向）钢筋在下，横向（房间长向）钢筋在上。

对于上部钢筋，可知图纸中的上部钢筋弯钩向下或向右，与墙相交处有上部构造钢筋，轴线 1 处沿房间纵向设置Φ8@140（未说明，根据图纸说明配置），伸出墙外 1020mm；轴线 2 处沿房间纵向设置Φ12@200，伸出墙外 1210mm；轴线 B 处沿房间横向设置Φ8@140，伸出墙外 1020mm；轴线 C 处沿房间横向设置Φ12@200，伸出墙外 1080mm。上部钢筋做直钩，顶在板底。

第六章 独立基础平法施工图识读

113. 独立基础平法施工图的表达方式有哪些?

(1) 独立基础平法施工图，有平面注写与截面注写两种表达方式，设计者可根据具体工程情况选择一种，或两种方式相结合进行独立基础的施工图设计。

(2) 当绘制独立基础平面布置图时，应将独立基础平面与基础所支承的柱一起绘制。当设置基础连系梁时，可根据图面的疏密情况，将基础连系梁与基础平面布置图一起绘制，或将基础连系梁布置图单独绘制。

(3) 在独立基础平面布置图上应标注基础定位尺寸；当独立基础的柱中心线或杯口中心线与建筑轴线不重合时，应标注其定位尺寸。编号相同且定位尺寸相同的基础，可仅选择一个进行标注。

114. 独立基础的编号有怎样的规定?

各种独立基础编号按表 6-1 规定。

表 6-1　独立基础编号

类　型	基础底板截面形状	代　号	序　号
普通独立基础	阶形	DJ_J	××
	坡形	DJ_P	××
杯口独立基础	阶形	BJ_J	××
	坡形	BJ_P	××

115. 独立基础底板的截面形状通常有几种?

独立基础底板的截面形状通常有两种：

(1) 阶形截面编号加下标 “J”，如 DJ_J××、BJ_J××；

(2) 坡形截面编号加下标 “P”，如 DJ_P××、BJ_P××。

116. 注写独立基础底板配筋有哪些规定?

普通独立基础和杯口独立基础的底部双向配筋注写规定如下：

（1）以 B 代表各种独立基础底板的底部配筋。

（2）X 向配筋以 X 打头、Y 向配筋以 Y 打头注写；当两向配筋相同时，则以 X&Y 打头注写。

【例】 当独立基础底板配筋标注为：B：X⌀16@150，Y⌀16@200；表示基础底板底部配置 HRB400 级钢筋，X 向直径为⌀16，分布间距为 150；Y 向直径为⌀16，分布间距为 200。如图 6-1 所示。

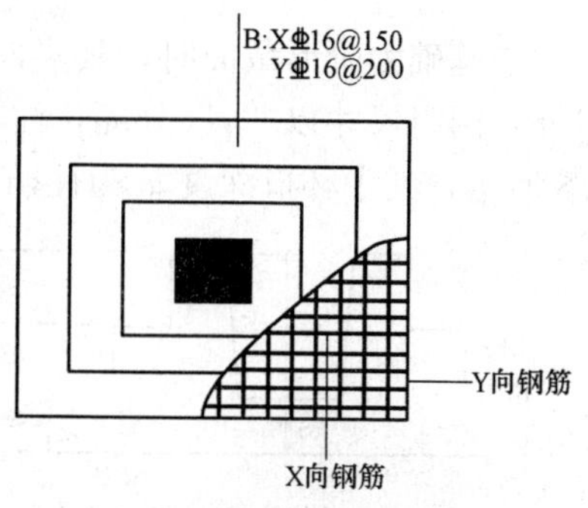

图 6-1　独立基础底板底部双向配筋示意

117. 阶形截面普通独立基础竖向尺寸有什么要求?

当基础为阶形截面时，注写 $h_1/h_2/\cdots\cdots$，如图 6-2 所示。

【例】 当阶形截面普通独立基础 DJ_J××的竖向尺寸注写为 400/300/300 时，表示 $h_1=400$、$h_2=300$、$h_3=300$。基础底板总厚度为 1000。

上例及图 6-2 为三阶；当为更多阶时，各阶尺寸自下而上用“/”分隔顺写。

当基础为单阶时，其竖向尺寸仅为一个，且为基础总厚度，如图 6-3 所示。

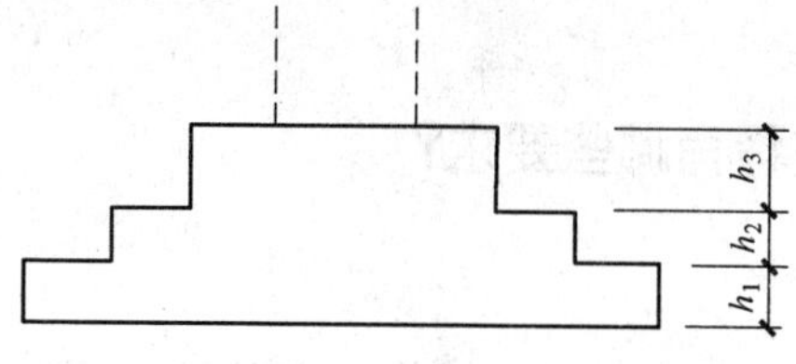

图 6-2　阶形截面普通独立基础竖向尺寸

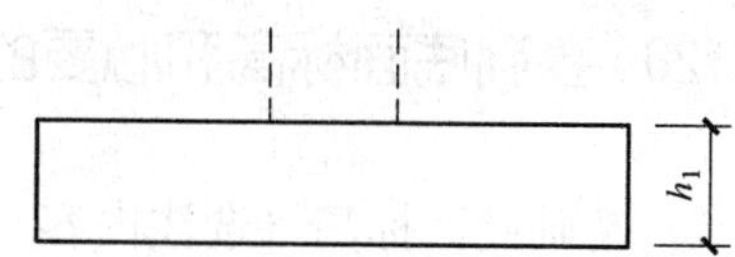

图 6-3　单阶普通独立基础竖向尺寸

118. 坡形截面普通独立基础竖向尺寸有什么要求?

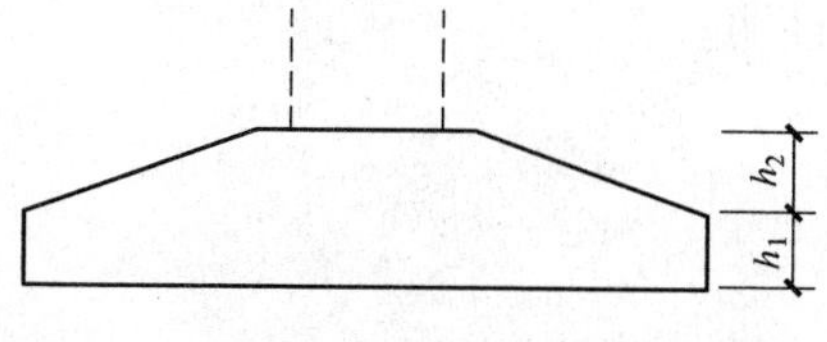

图 6-4　坡形截面普通独立基础竖向尺寸

当基础为坡形截面时，注写为 h_1/h_2，如图 6-4 所示。

【例】 当坡形截面普通独立基础 DJ_p××的竖向尺寸注写为 350/300 时，表示 $h_1=$

350，h_2＝300，基础底板总厚度为650。

119. 阶形截面杯口独立基础截面竖向尺寸是多少？

当基础为阶形截面时，其竖向尺寸分两组，一组表达杯口内，另一组表达杯口外，两组尺寸以“,”分隔，注写为：a_0/a_1，$h_1/h_2/\cdots\cdots$，其含义如图6-5～图6-8所示，其中杯口深度a_0为柱插入杯口的尺寸加50mm。

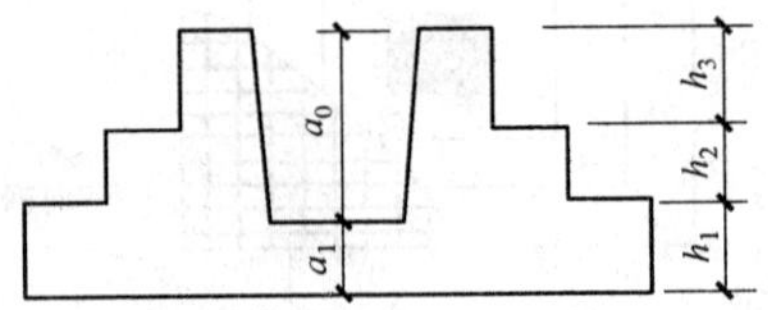

图6-5　阶形截面杯口独立基础竖向尺寸（一）

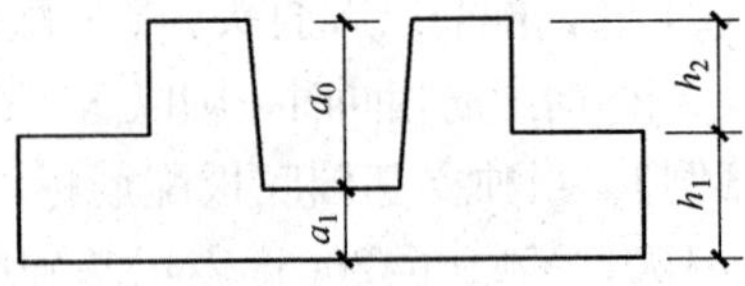

图6-6　阶形截面杯口独立基础竖向尺寸（二）

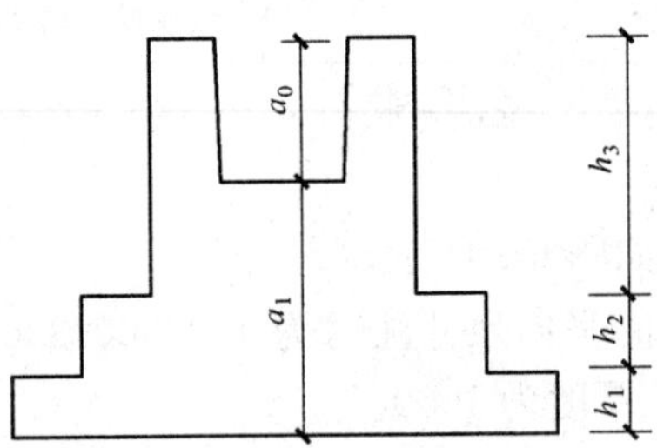

图6-7　阶形截面高杯口独立基础竖向尺寸（一）

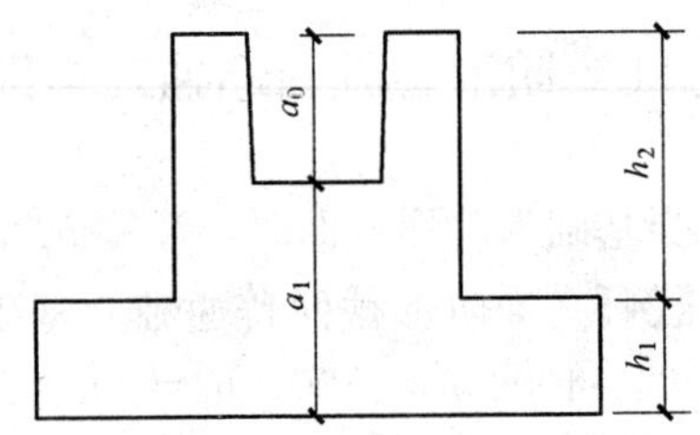

图6-8　阶形截面高杯口独立基础竖向尺寸（二）

120. 基础底面标高和必要的文字注释有哪些要求？

（1）基础底面标高（选注内容）。

当独立基础的底面标高与基础底面基准标高不同时，应将独立基础底面标高直接注写在“（　）”内。

（2）必要的文字注解（选注内容）。

当独立基础的设计有特殊要求时，宜增加必要的文字注解。例如，基础底板配筋长度是否采用减短方式等等，可在该项内注明。

121. 独立基础底板配筋有哪些要求？

普通独立基础和杯口独立基础的底部双向配筋注写要求如下：

（1）以B代表各种独立基础底板的底部配筋。

（2）X向配筋以X打头、Y向配筋以Y打头注写；当两向配筋相同时，则以X&Y打头注写。

【例】 当独立基础底板配筋标注为：B：XΦ16@150，YΦ16@200；表示基础底板底部配置HRB400级钢筋，X向直径为Φ16，分布间距为150；Y向直径为Φ16，分布间距为200。如图6-9所示。

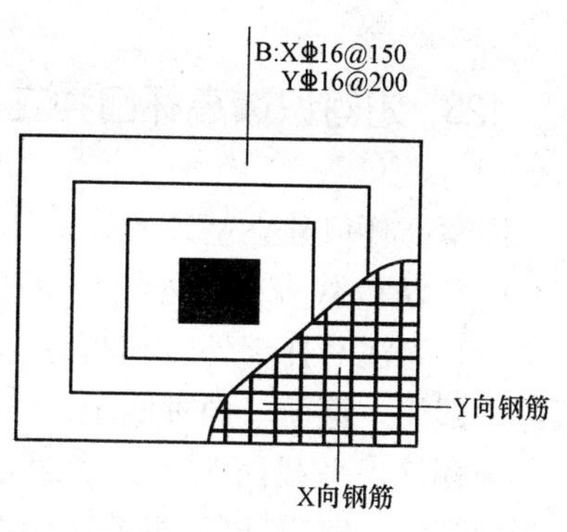

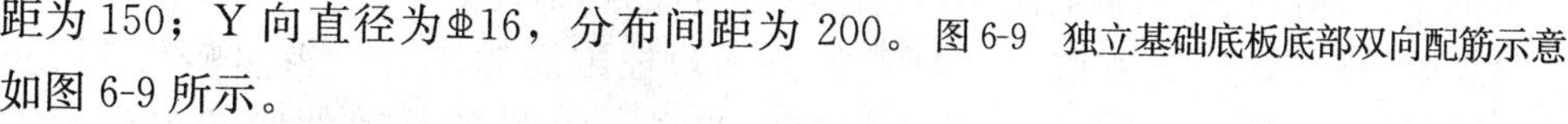

图6-9　独立基础底板底部双向配筋示意

122. 如何识读杯口独立基础顶部焊接钢筋网？

注写杯口独立基础顶部焊接钢筋网：以Sn打头引注杯口顶部焊接钢筋网的各边钢筋。

【例1】 当杯口独立基础顶部钢筋网标注为：Sn 2Φ14，表示杯口顶部每边配置2根HRB400级直径为Φ14的焊接钢筋网。如图6-10所示。

【例2】 当双杯口独立基础顶部钢筋网标注为：Sn 2Φ16，表示杯口每边和双杯口中间杯壁的顶部均配置2根HRB400级直径为Φ16的焊接钢筋网。如图6-11所示。

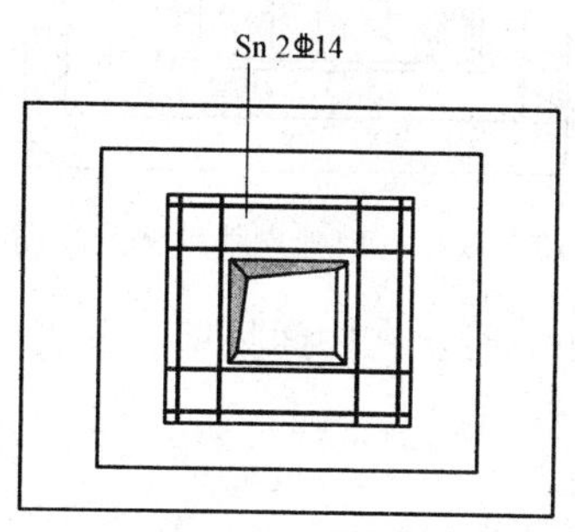

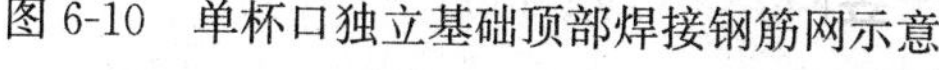

图6-10　单杯口独立基础顶部焊接钢筋网示意

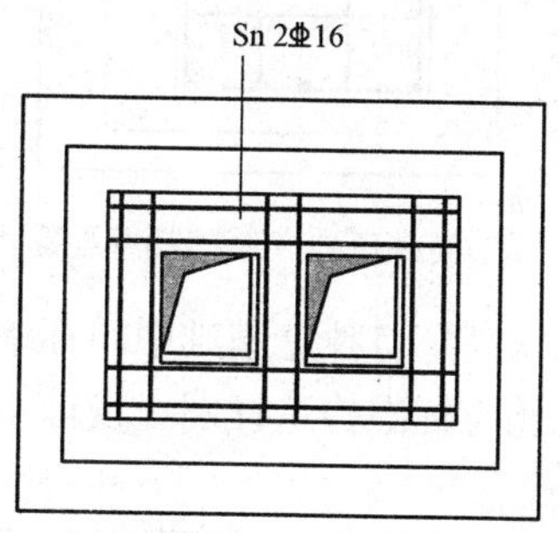

图6-11　双杯口独立基础顶部焊接钢筋网示意

注：高杯口独立基础应配置顶部钢筋网；非高杯口独立基础是否配置，应根据具体工程情况确定。

当双杯口独立基础中间杯壁厚度小于400mm时，在中间杯壁中配置构造钢筋见相应标准构造详图，设计不注。

 123. 如何识读高杯口独立基础杯壁外侧和短柱配筋?

注写高杯口独立基础的杯壁外侧和短柱配筋时，其具体注写规定如下：

（1）以O代表杯壁外侧和短柱配筋。

（2）先注写杯壁外侧和短柱纵筋，再注写箍筋，注写为：角筋/长边中部筋/短边中部筋，箍筋（两种间距）。

当杯壁水平截面为正方形时，注写为：角筋/x边中部筋/y边中部筋，箍筋（两种间距，杯口范围内箍筋间距/短柱范围内箍筋间距）。

【例】 当高杯口独立基础的杯壁外侧和短柱配筋标注为：O：4Ф20/Ф16@220/Ф16@200，φ10@150/300；表示高杯口独立基础的杯壁外侧和短柱配置HRB400级竖向钢筋和HPB300级箍筋。其竖向钢筋为：4Ф20角筋，Ф16@220长边中部筋和Ф16@200短边中部筋：其箍筋直径为φ10，杯口范围间距为150，短柱范围间距为300，如图6-12所示。

（3）对于双高杯口独立基础的杯壁外侧配筋，注写形式与单高杯口相同，施工区别在于杯壁外侧配筋为同时环住两个杯口的外壁配筋。如图6-13所示。

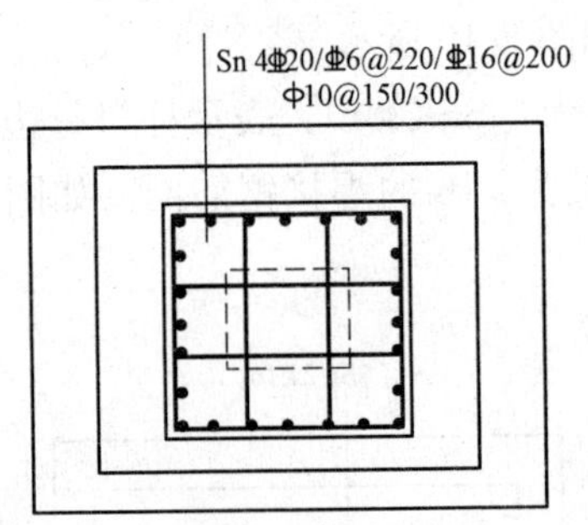

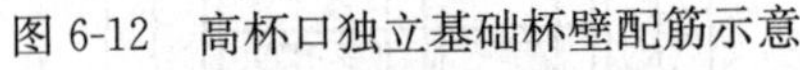
图6-12　高杯口独立基础杯壁配筋示意

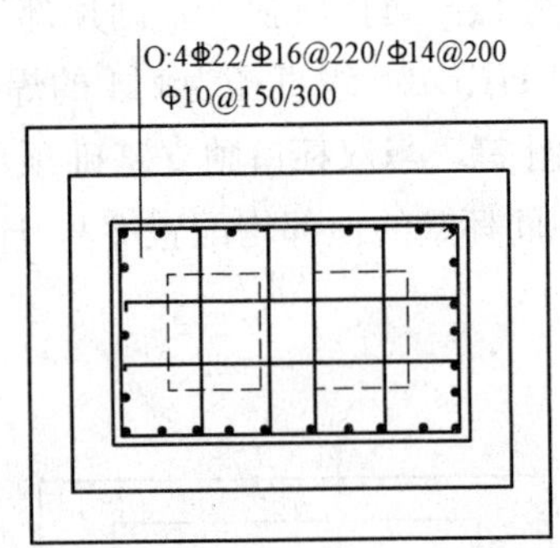

图6-13　双高杯口独立基础杯壁配筋示意

当双高杯口独立基础中间杯壁厚度小于400mm时，在中间杯壁中配置构造钢筋详见相应标准构造详图，设计不注。

124. 如何识读普通独立深基础短柱竖向尺寸及钢筋?

注写普通独立深基础短柱竖向尺寸及钢筋。当独立基础埋深较大，设置短柱时，短柱配筋应注写在独立基础中。具体注写规定如下：

（1）以DZ代表普通独立深基础短柱。

（2）先注写短柱纵筋，再注写箍筋，最后注写短柱标高范围。注写为：角筋/长边中部筋/短边中部筋，箍筋，短柱标高范围；当短柱水平截面为正方形时，注写为：角筋/x 边中部筋/y 边中部筋，箍筋，短柱标高范围。

【例】 当端柱配筋标注为：DZ：4⌀20/5⌀18/5⌀18，Φ10@100，−2.500～−0.050；表示独立基础的短柱设置在−2.500～−0.050 高度范围内，配置 HRB400 级竖向钢筋和 HPB300 级箍筋。其竖向钢筋为：4⌀20 角筋、5⌀18 x 边中部筋和 5⌀18 y 边中部筋；其箍筋直径为Φ10，间距为 100。如图 6-14 所示。

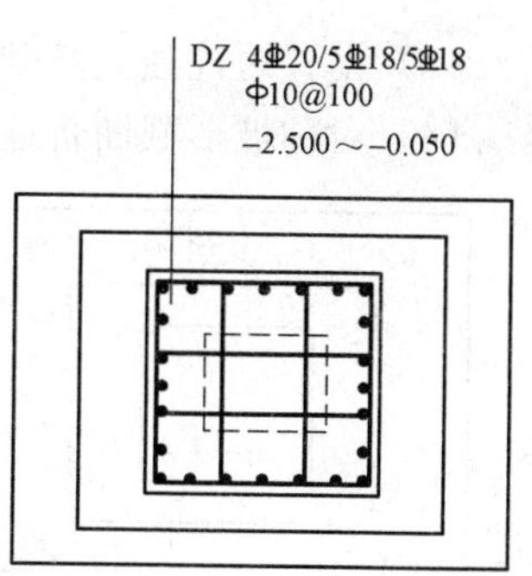

图 6-14　独立基础短柱配筋示意

125. 注写基础底面标高和必要的文字注释有什么规定?

（1）注写基础底面标高（选注内容）。

当独立基础的底面标高与基础底面基准标高不同时，应将独立基础底面标高直接注写在“（　）”内。

（2）必要的文字注解（选注内容）。

当独立基础的设计有特殊要求时，宜增加必要的文字注解。例如，基础底板配筋长度是否采用减短方式等等，可在该项内注明。

126. 普通独立基础原位标注的具体内容有什么规定?

原位标注 x、y，x_c，y_c（或圆柱直径 d_c），x_i，y_i，$i=1$，2，3……，其中，x、y 为普通独立基础两向边长，x_c，y_c 为柱截面尺寸，x_i，y_i 为阶宽或坡形平面尺寸（当设置短柱时，尚应标注短柱的截面尺寸）。

（1）对称阶形截面普通独立基础的原位标注，如图 6-15 所示。

（2）非对称阶形截面普通独立基础的原位标注，如图 6-16 所示。

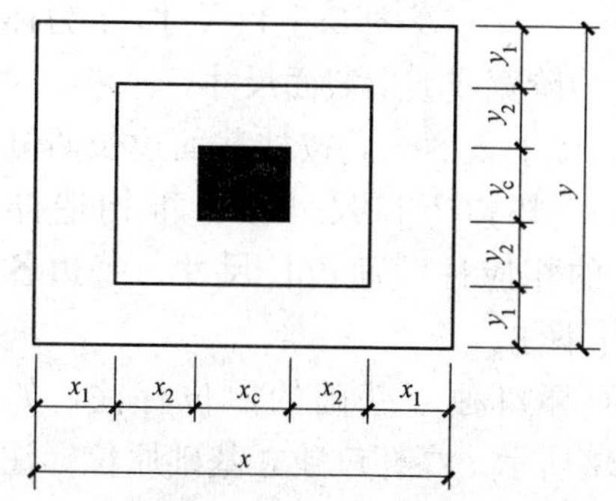

图 6-15　对称阶形截面普通独立基础原位标注

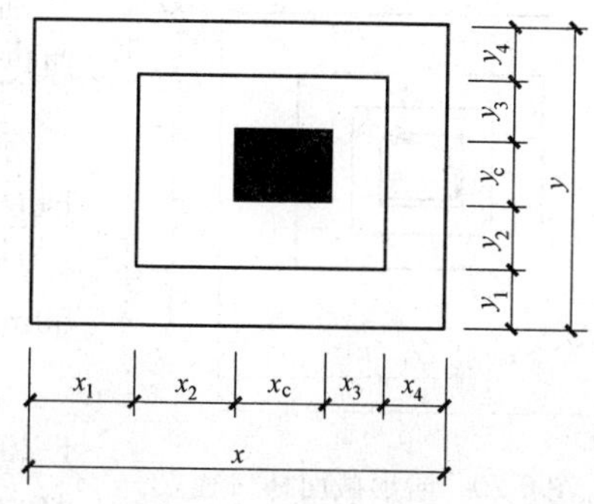

图 6-16　非对称阶形截面普通独立基础原位标注

（3）设置短柱独立基础的原位标注，如图 6-17 所示。

（4）对称坡形截面普通独立基础的原位标注，如图 6-18 所示。

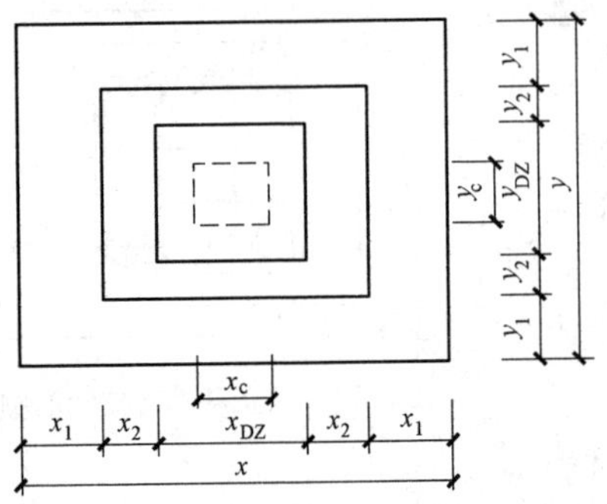

图 6-17　设置短柱独立基础的原位标注

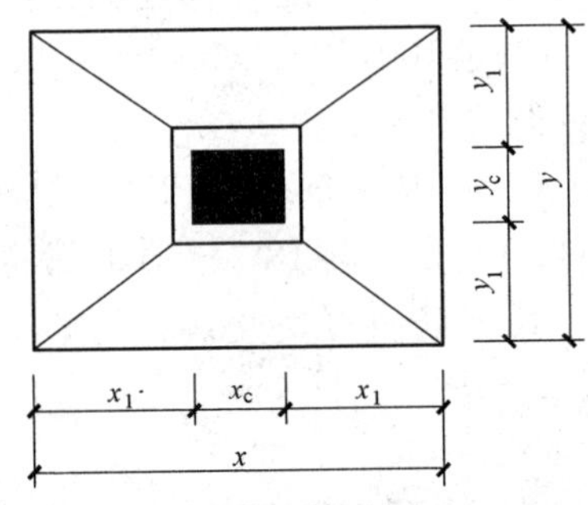

图 6-18　对称坡形截面普通独立基础原位标注

（5）非对称坡形截面普通独立基础的原位标注，如图 6-19 所示。

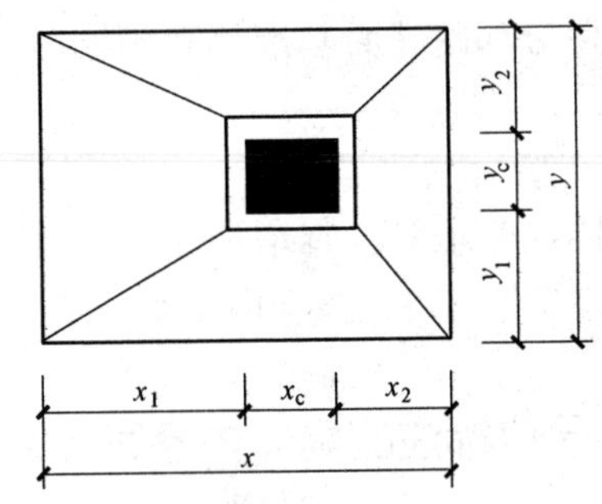

图 6-19　非对称坡形截面普通独立基础原位标注

127. 阶形截面杯口独立基础原位标注有什么规定?

原位标注 x、y，x_u、y_u、t_i，x_i、y_i，$i=1$，2，3，…其中 x、y 为杯口独立基础两向边长，x_u、y_u为杯口上口尺寸，t_i为杯壁厚度，x_i、y_i为阶宽或坡形截面尺寸。

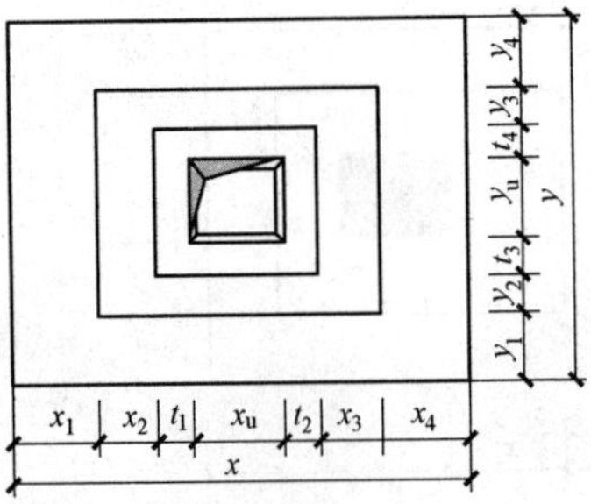

图 6-20　阶形截面杯口独立基础原位标注（一）

杯口上口尺寸 x_u、y_u，按柱截面边长两侧双向各加 75mm；杯口下口尺寸按标准构造详图（为插入杯口的相应柱截面边长尺寸，每边各加 50mm），设计不注。

阶形截面杯口独立基础的原位标注，如图 6-20 和图 6-21 所示。高杯口独立基础原位标注与杯口独立基础完全相同。

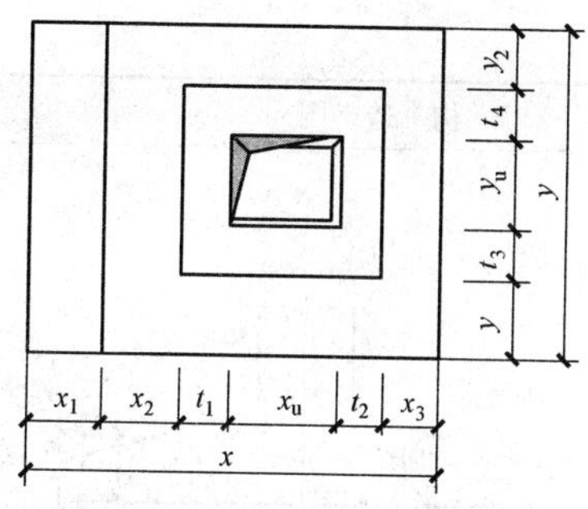

图 6-21　阶形截面杯口独立基础原位标注（二）

（本图所示基础底板的一边比其他三边多一阶）

128. 独立基础钢筋的识图要点是什么？

独立基础底板配筋构造识图要点见表 6-2。

表 6-2　　**独立基础底板配筋构造识图要点**　　单位：mm

类　别		构　造　图	识图要点
底板配筋不缩减	阶形	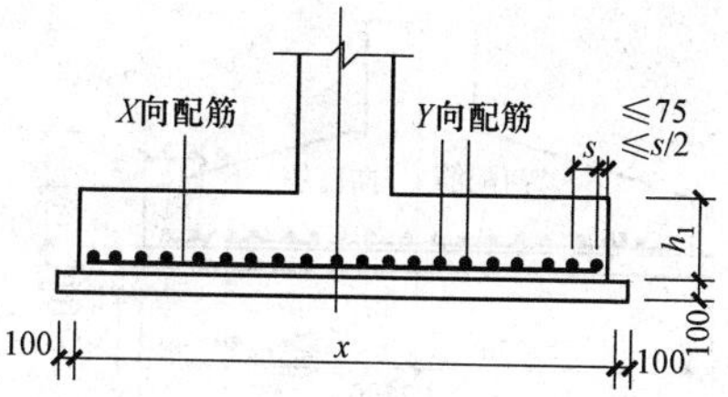 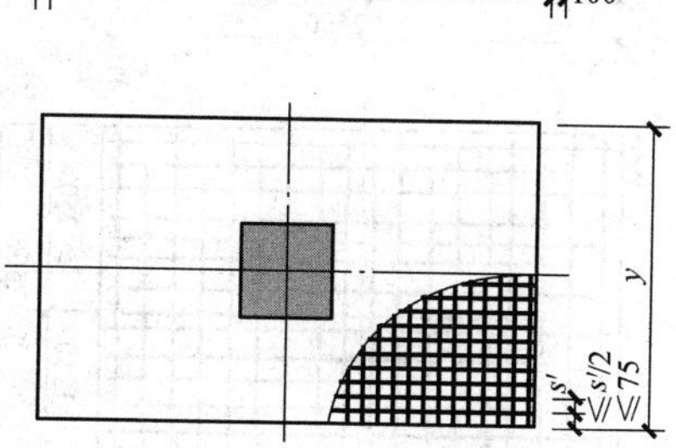 X向配筋　Y向配筋　≤75　≤s/2　s　h_1　100　x　100　100　y　s′　≤s′/2　≤75	底板板底部第一根钢筋布置的位置距构件边缘的距离是“起步距离”，起步距离应为 min（75，$s/2$）

续表

类　别		构 造 图	识图要点
底板配筋不缩减	坡形	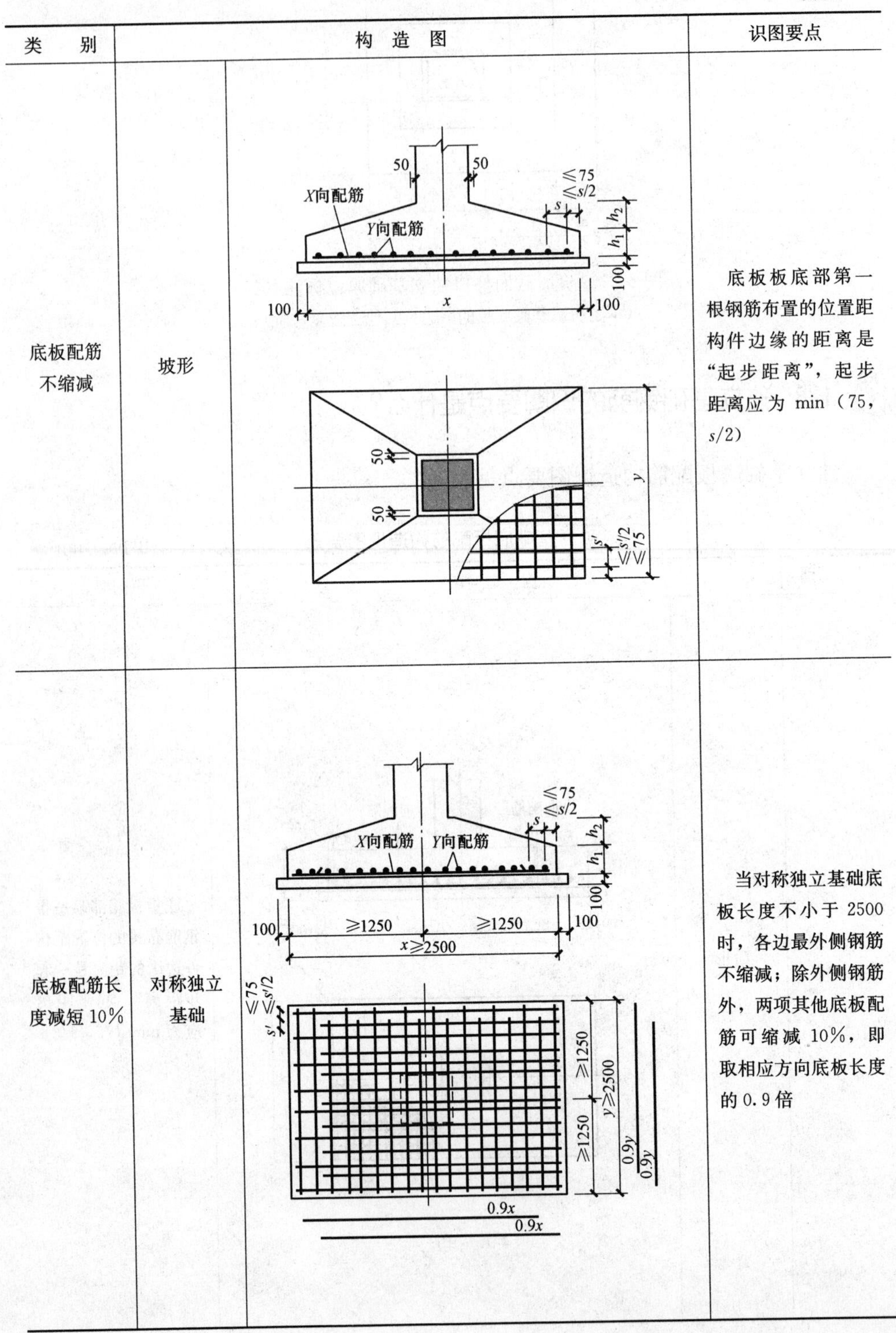	底板板底部第一根钢筋布置的位置距构件边缘的距离是"起步距离"，起步距离应为 min（75，$s/2$）
底板配筋长度减短10%	对称独立基础		当对称独立基础底板长度不小于2500时，各边最外侧钢筋不缩减；除外侧钢筋外，两项其他底板配筋可缩减10%，即取相应方向底板长度的0.9倍

续表

类　别		构　造　图	识图要点
底板配筋长度减短10%	非对称独立基础	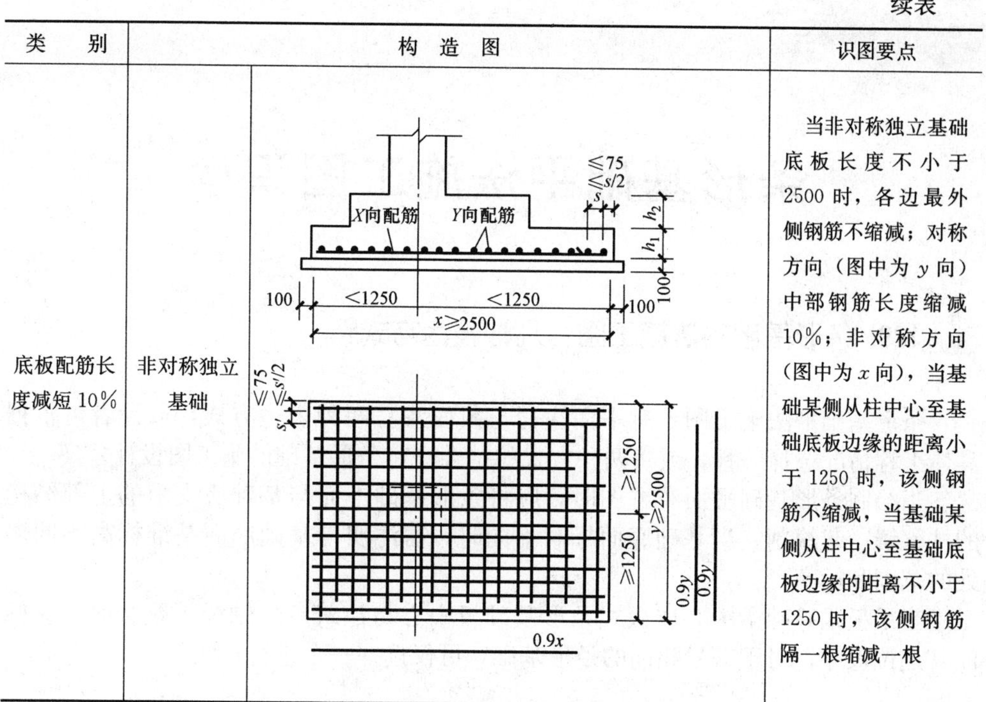	当非对称独立基础底板长度不小于2500时，各边最外侧钢筋不缩减；对称方向（图中为 y 向）中部钢筋长度缩减10%；非对称方向（图中为 x 向），当基础某侧从柱中心至基础底板边缘的距离小于1250时，该侧钢筋不缩减，当基础某侧从柱中心至基础底板边缘的距离不小于1250时，该侧钢筋隔一根缩减一根

注　s—y 向配筋间距；s'—x 向配筋间距；h_1、h_2—独立基础的竖向尺寸。

条形基础平法施工图识读

129. 条形基础平法施工图有几种表达方式?

条形基础平法施工图，有平面注写与截面注写两种表达方式，设计者可根据具体工程情况选择一种，或将两种方式相结合进行条形基础的施工图设计。

当绘制条形基础平面布置图时，应将条形基础平面与基础所支承的上部结构的柱、墙一起绘制。当基础底面标高不同时，需注明与基础底面基准标高不同之处的范围和标高。

当梁板式基础梁中心或板式条形基础板中心与建筑定位轴线不重合时，应标注其定位尺寸；对于编号相同的条形基础，可仅选择一个进行标注。

130. 条形基础整体上可分为哪几类?

条形基础整体上可分为两类：

(1) 梁板式条形基础。

该类条形基础适用于钢筋混凝土框架结构，框架-剪力墙结构、部分框支剪力墙结构和钢结构。平法施工图将梁板式条形基础分解为基础梁和条形基础底板分别进行表达。

(2) 板式条形基础。

该类条形基础适用于钢筋混凝土剪力墙结构和砌体结构，平法施工图仅表达条形基础底板。

131. 条形基础编号分为哪几种?

条形基础编号分为基础梁和条形基础底板编号，见表 7-1。

表 7-1 条形基础梁及底板编号

<table>
<tr><th colspan="2">类　型</th><th>代　号</th><th>序　号</th><th>跨数及有无外伸</th></tr>
<tr><td colspan="2">基础梁</td><td>JL</td><td>××</td><td rowspan="3">(××) 端部无外伸
(××A) 一端有外伸
(××B) 两端有外伸</td></tr>
<tr><td rowspan="2">条形基础底板</td><td>坡形</td><td>TJB_P</td><td>××</td></tr>
<tr><td>阶形</td><td>TJB_P
TJB_J</td><td>××</td></tr>
</table>

注　条形基础通常采用坡形截面或单阶形截面。

132. 条形基础底板向两侧的截面形状通常有几种?

条形基础底板向两侧的截面形状通常有两种：

(1) 阶形截面，编号加下标“J”，如 TJB_J××（××）；

(2) 坡形截面，编号加下标“P”，如 TJB_P××（××）。

133. 条形基础底板阶形截面竖向尺寸有什么规定?

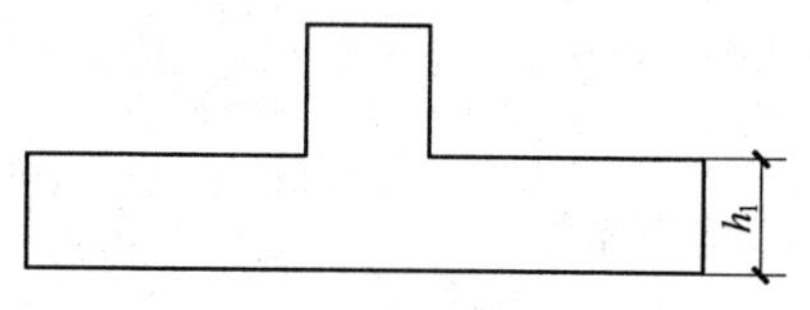

图 7-1　条形基础底板阶形截面竖向尺寸

当条形基础底板为阶形截面时，如图 7-1 所示。

【例】 当条形基础底板为阶形截面 TJB_J××，其截面竖向尺寸注写为 300 时，表示 $h_1=300$，且为基础底板总厚度。

上例及图 7-1 为单阶，当为多阶时各阶尺寸自下而上以“/”分隔顺写。

134. 注写条形基础底板底部及顶部配筋有哪些规定?

以 B 打头，注写条形基础底板底部的横向受力钢筋；以 T 打头，注写条形基础底板顶部的横向受力钢筋；注写时，用“/”分隔条形基础底板的横向受力钢筋与构造配筋，如图 7-2 和图 7-3 所示。

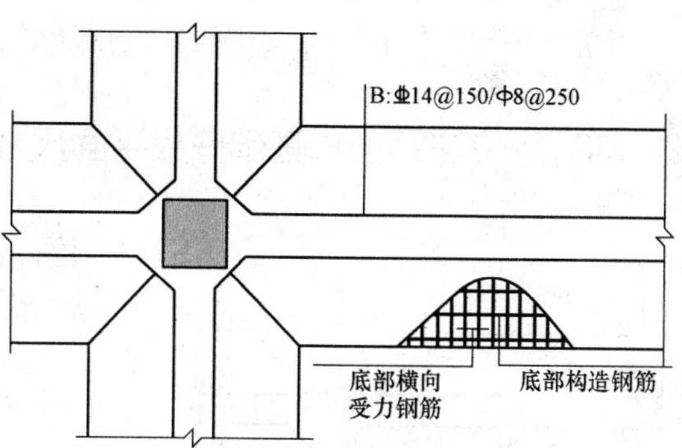

图 7-2　条形基础底板底部配筋示意

【例 1】 当条形基础底板配筋标注为：B：Φ14@150/Φ8@250；表示条形基础底板底部配置 HRB400 级横向受力钢筋，直径为Φ14，分布间距为 150；配置 HPB300 级构造钢筋，直径为Φ8，分布间距为 250。如图 7-2 所示。

【例 2】 当为双梁（或双墙）条形基础底板时，除在底板底部配置钢筋外，一般尚需在两根梁或两道墙之间的底板顶部配置钢筋，其中横向受力钢筋的锚固从梁的内边缘（或墙边缘）起算，如图 7-3 所示。

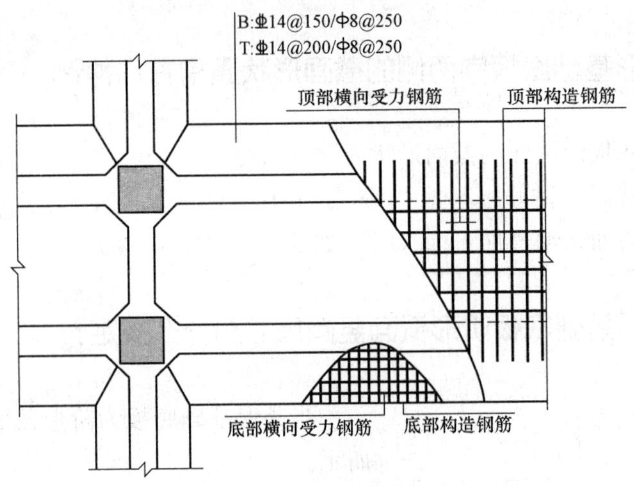

图 7-3　双梁条形基础底板顶部配筋示意

135. 注写条形基础底板底面标高和必要的文字注解有什么规定？

(1) 注写条形基础底板底面标高（选注内容）。

当条形基础底板的底面标高与条形基础底面基准标高不同时，应将条形基础底板底面标高注写在“(　)”内。

(2) 必要的文字注解（选注内容）。

当条形基础底板有特殊要求时，应增加必要的文字注解。

136. 原位注写条形基础底板平面尺寸有什么规定？

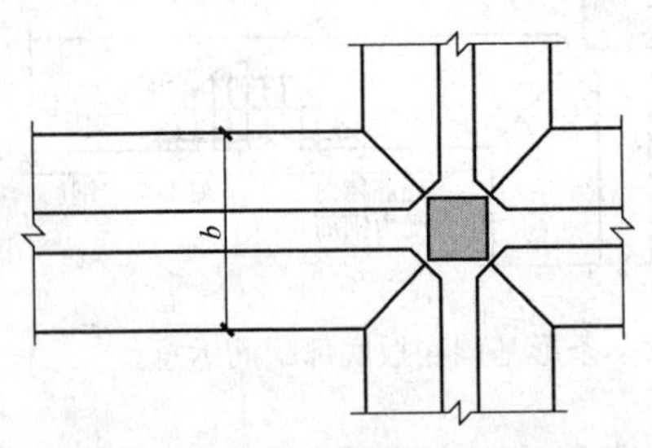

图 7-4　条形基础底板平面尺寸原位标注

原位标注 b、b_i，$i=1$，2，……，其中，b 为基础底板总宽度，b_i 为基础底板台阶的宽度。当基础底板采用对称于基础梁的坡形截面或单阶形截面时，b_i 可不注，如图 7-4 所示。

素混凝土条形基础底板的原位标注与钢筋混凝土条形基础底板相同。

对于相同编号的条形基础底板，可仅选择一个进行标注。

梁板式条形基础存在双梁共用同一基础底板、墙下条形基础也存在双墙共用同一基础底板的情况，当为双梁或为双墙且梁或墙荷载差别较大时，条形基础两侧可取不同的宽度，实际宽度以原位标注的基础底板两侧非对称的不同台阶宽度 b_i

进行表达。

 137. 条形基础无交接底板端部钢筋构造是怎样的？

条形基础无交接底板端部钢筋构造如图 7-5 所示。

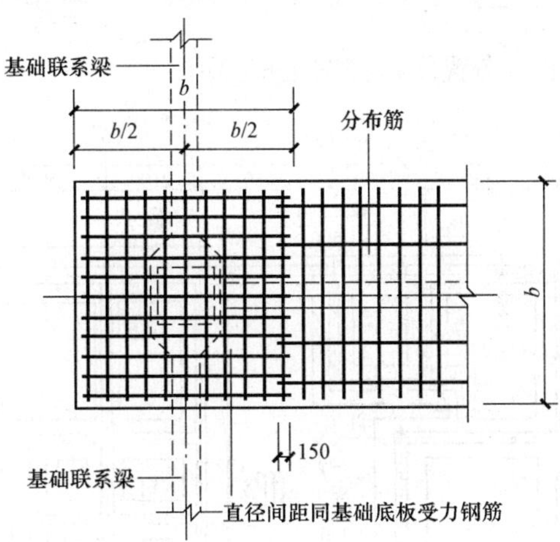

图 7-5　条形基础无交接底板端部钢筋构造

b—条形基础底板宽度

构造图说明：

端部无交接底板，受力筋在端部 b 范围内相互交叉，分布筋与受力筋搭接 150mm。

 138. 条形基础的截面注写方式包括哪些内容？

条形基础的截面注写方式，又可分为截面标注和列表注写（结合截面示意图）两种表达方式，

（1）截面标注。

采用截面注写方式，应在基础平面布置图上对所有条形基础进行编号，参见表 3-1。

对条形基础进行截面标注的内容和形式，与传统“单构件正投影表示方法”基本相同，对于已在基础平面布置图上原位标注清楚的该条形基础梁和条形基础底板的水平尺寸，可不在截面图上重复表达，具体表达内容可参照《11G101-3》图集中相应的标准构造。

（2）列表注写。

对多个条形基础可采用列表注写（结合截面示意图）的方式进行集中表达。

表中内容为条形基础截面的几何数据和配筋，截面示意图上应标注与表中栏目相对应的代号。

139. 如何识读墙下条形基础平面布置图?

下面以实例来说明：

某墙下条形基础平面布置图，如图7-6所示。

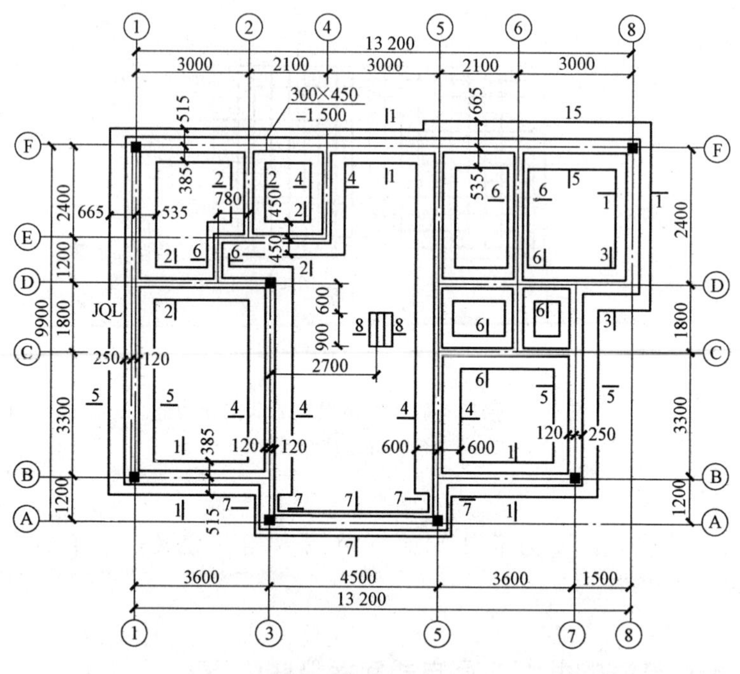

图7-6　墙下条形基础平面布置图（单位：mm）

注：1. ±0.000相当于绝对标高80.900m。

2. 根据地质报告，持力层为粉质黏土，其地基承载力特征值 f_{ak}=150MPa。

3. 本工程墙下采用钢筋混凝土条形基础，混凝土强度等级C25，钢筋HPB235、HRB335。

4. GZ主筋锚入基础内40*d*（*d*为柱内主筋直径）。

5. 地基开挖后待设计部门验槽后方可进行基础施工。

6. 条形基础施工完成后对称回填土，且分层夯实，然后施工上部结构。

7. 其他未尽事宜按《建筑地基基础工程施工质量验收规范》（GB 50202—2002）执行。

实例识读：

（1）基础设计说明。

从基础平面布置图中的分说明可知基础采用的材料；基础持力层的名称和承载力特征值 f_{ak}；基础施工时的一些注意事项等。

（2）图线。

1）定位轴线：基础平面图中的定位轴线无论从编号或距离尺寸上都应与建筑施工图中的平面图保持一致。

2）墙身线：定位轴线两侧的中粗线是墙的断面轮廓线，两墙线外侧的中粗线是可见的基础底部的轮廓线，基础轮廓线也是基坑的边线，它是基坑开挖的依据。定位轴线和墙身线都是基础平面图中的主要图线。一般情况下，为了使图面简洁，基础的细部投影都省略不画。

3）基础圈梁及基础梁：有时为了增强基础的整体性，防止或减轻不均匀沉降，需要设置基础圈梁（JQL）。在图中，沿墙身轴线画的粗点画线即表示基础圈梁的中心位置，同时在旁边标注的JQL也特别指出这里布置了基础圈梁。

4）构造柱：为了满足抗震设防的要求，砌体结构的房屋都应按照《建筑抗震设计规范》（附条文说明）（GB 50011—2010）的有关规定设置构造柱，通常从基础梁或基础圈梁的定面开始设置，在图纸中用涂黑的矩形表示。

5）地沟及其他管洞：由于给排水、暖通专业的要求常常需要设置地沟，或者在基础墙上预留管洞（使排水管、进水管和采暖管能通过，基础和基础下面是不允许留设管洞和地沟的），在基础平面图上要表示洞口或地沟的位置。

图7-6中②轴靠近F轴位置墙上的 $\frac{300\times450}{-1.500}$ 粗实线表示了预留洞口的位置，它表示这个洞口宽×高为300mm×450mm，洞口的底标高为－1.500m。

（3）尺寸标注。

尺寸标注是确定基础的尺寸和平面位置的。除了定位轴线以外，基础平面图中的标注对象就是基础各个部位的定位尺寸（一般均以定位轴线为基准确定构件的平面位置）和定形尺寸。

图7-6中，标注4—4剖面，基础宽度1200mm，墙体厚度240mm，墙体轴线居中，基础两边线到定位轴线均为600mm；标注5—5剖面，基础宽度1200mm，墙体厚度370mm，墙体偏心65mm，基础两边线到定位轴线分别为665mm和535mm。

（4）剖切符号。

在房屋的不同部位，由于上部结构布置、荷载或地基承载力的不同从而使得基础各部位的断面形状、细部尺寸不尽相同。对于每一种不同的基础，都要分别画出它们的断面图，因此，在基础平面图中应相应地画出剖切符号并注明断面编号。断面编号可以采用阿拉伯数字或英文字母，在注写时编号数字或字母注写的一侧则为剖视方向。

 140. 如何识读墙下条形基础详图？

下面以实例来说明：

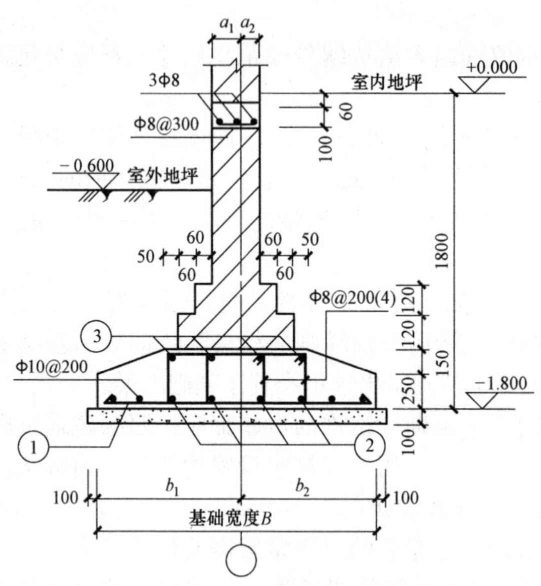

图7-7 条形基础详图（单位：mm）（标高单位为m）

（1）某条形基础详图，如图7-7所示。

在基础平面布置图中仅表示出了基础的平面位置，而基础各部分的断面形式、详细尺寸、所用材料、构造做法（如防潮层、垫层等）以及基础的埋置深度尚需要在基础详图中得到体现。基础详图一般采用垂直的横剖断面表示，如图7-7所示。断面详图相同的基础用同一个编号、同一个详图表示，如图7-7所示的1—1剖面详图，它既适用于①轴的墙下，也适用于⑧轴的墙下和其他标注有剖面号为1—1的基础。基础细部数据见表7-2。

表7-2　　基础细部数据

基础剖面	a_1	a_2	b_1	b_2	B	钢筋①	钢筋②	钢筋③
1—1	250	120	515	38	900	Φ10@200	—	—
4—4	120	120	600	600	1200	Φ12@200	—	—
5—5	250	120	665	535	1200	Φ12@200	4Φ14	4Φ14

在阅读基础详图的施工图时，首先应将图名及剖面编号与基础平面图相互对照，找出它在平面图中的剖切位置。基础平面布置图（图7-7）中的基础断面1—1、4—4、5—5的详图在图7-7中画出。

由于墙下条形基础的断面结构形式一般情况下基本相同，仅仅是尺寸和配筋略有不同。因此，有时为了节省施工图的篇幅，只绘出一个详图示意，不同之处用代号表示，然后再以列表的方式将不同的断面与各自的尺寸和配筋一一对应给出。

实例识读：

1）基础断面轮廓线和基础配筋。

图7-7中的基础为墙下钢筋-混凝土柔性条形基础，为了突出表示配筋，钢筋用粗线表示，室内外地坪用粗线表示，墙体和基础轮廓用中粗线表示。定位轴线、尺寸线、引出线等均为细线。

从图7-7中可知，此基础详图有1—1、4—4、5—5三种断面基础详图，其基础底面宽度分别为900mm、1200mm、1200mm。为保护基础的钢筋，同时也为施工时铺设钢筋弹线方便，基础下面设置了素混凝土垫层100mm厚，每侧超出基础底面各100mm，一般情况下垫层混凝土等级常采用C10。

条形基础内配置了①号钢筋，为HRB335或HRB400级钢，具体数值可以通过表格“基础细部数据表”中查得，与1—1对应的①号钢筋为10@200，与4—4对应的①号钢筋为12@200。此外，5—5剖面基础中还设置了基础圈梁，它由上下层的受力钢筋和箍筋组成。受力钢筋按普通梁的构造要求配置，上下各为4Φ14，箍筋为4肢箍Φ8@200。

2）墙身断面轮廓线。

图7-7中墙身中粗线之间填充了图例符号，表示墙体材料是砖；墙下有放脚，由于受刚性角的限制，故分两层放出，每层120mm，每边放出60mm。

3）基础埋置深度。

从图7-7中可知，基础底面即垫层顶面标高为－1.800m，说明该基础埋深1.8m，在基础开挖时必须要挖到这个深度。

（2）某墙下条形基础详图，如图7-8所示。

实例识读：

1）由1—1断面基础详图可知，沿基础纵向排列着间距为200mm、直径为Φ8的HRB级通长钢筋，间距为130mm、直径为Φ10的HRB级排列钢筋。

基础的地梁内，沿基础延长方向排列着8根直径为Φ16的通长钢筋，间距为200mm、直径为Φ8的HRB级箍筋。

基础梁的截面尺寸400mm×450mm，基础墙体厚370mm。

2）2—2断面基础详图除基础底宽与1—1断面基础详图不同外，其内部钢筋种类和布置大致相同。

3）由3—3断面图可知，基础墙体厚为240mm，基础大放脚宽底宽为1800mm。

“DL-1”所示的截面尺寸为300mm×450mm，沿基础延长方向排列着6根通长的直径为Φ18的HRB级钢筋和间距为200mm、直径为Φ8的HRB级箍筋。

4）由4—4断面图可知，除基础大放脚底宽2000mm，沿基础延长方向大放脚布置的间距为120mm、直径为Φ12的HRB级排筋，其他与3—3断面图内容大体相同。

5）由5—5断面图可知，基础大放脚内布置着间距为150mm、直径为Φ12的HRB级排筋，两基础定位轴线间距为900mm；两基础之间的部分沿基础延伸方向布置着间距为150mm、直径为Φ12的HRB级排箍和间距为200mm、直径为Φ8的HRB级通长钢筋，排筋分别伸入到两基础地梁内，使两基础形成一个整体。

6）图J-1为独立基础的平面图，绘图比例为1∶30。

7）由图J-1独立基础的断面图6—6可知，独立基础的柱截面尺寸为240mm×240mm，基础底面尺寸为1200mm×1200mm，垫层每边边线超出基础底部边线

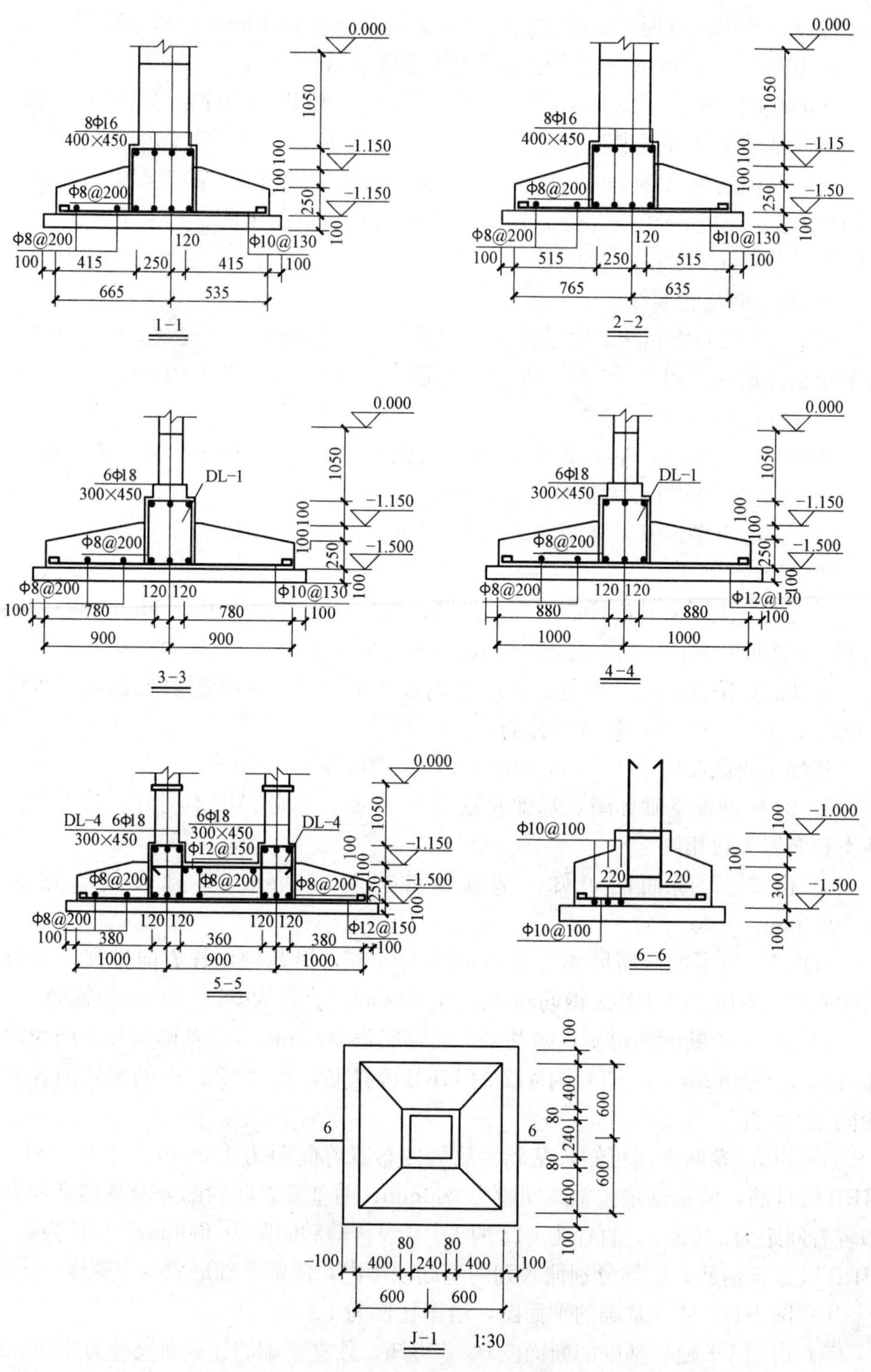

图 7-8 墙下条形基础详图

100mm，垫层平面尺寸为 1400mm×1400mm。

独立基础的断面图表达出独立基础的正面内部构造，基底有 100mm 厚的素混凝土垫层，基础顶面即垫层标高为－1.500mm。

该独立基础的内部钢筋配置情况，沿基础底板的纵横方向分别摆放间距为 100mm 的φ10 钢筋，独立柱内的竖向钢筋因锚固长度不能满足锚固要求，故沿水平方向弯折，弯折后的水平锚固长度为 220mm。

141. 如何识读墙下混凝土条形基础布置平面图?

下面以实例说明：

某墙下混凝土条形基础布置平面图，如图 7-9 所示。

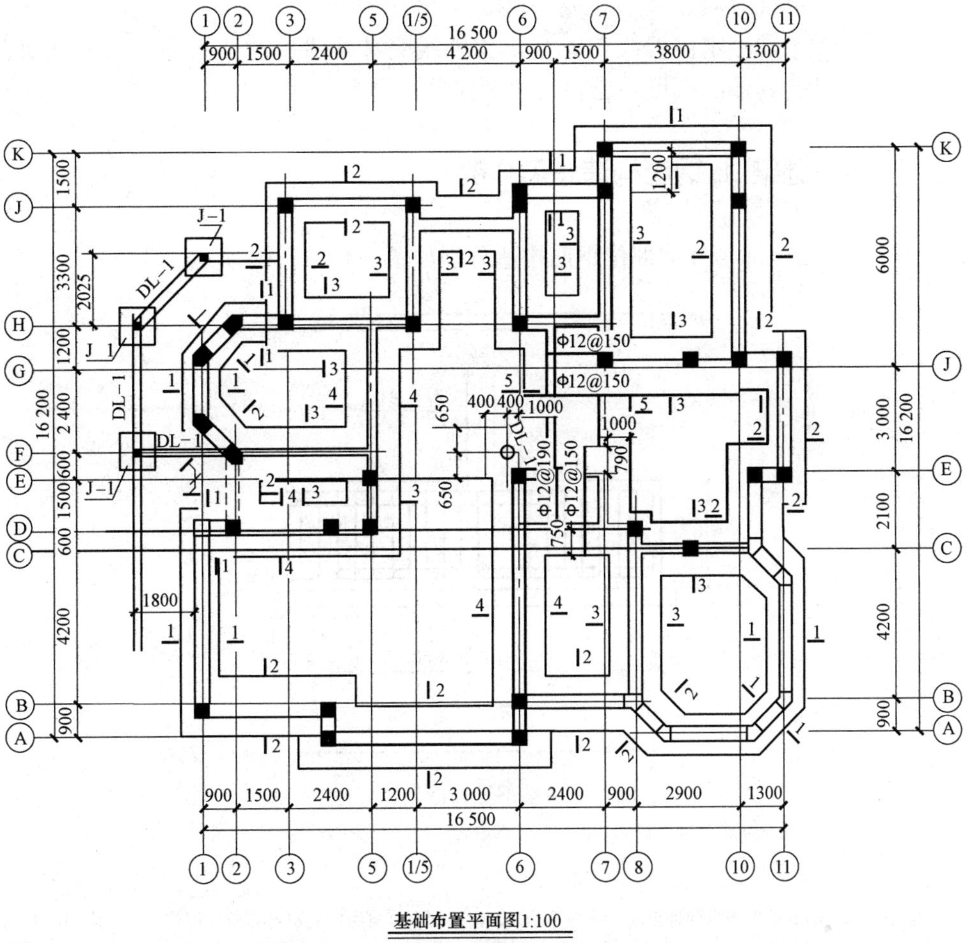

基础布置平面图1:100

图 7-9　墙下混凝土条形基础布置平面图

实例识读：

（1）图中基础各个部位的定位尺寸（一般均以定位轴线为基准确定构件的平面位置）和定形尺寸。

1）标注 1—1 剖面，所在定位轴线到该基础的外侧边线距离为 665mm，到该基础的内侧线的距离为 535mm；

2）标注 4—4 剖面，墙体轴线居中，基础两边线到定位轴线距离均为 1000mm；

3）标注 5—5 剖面，为两基础的外轮廓线重合交叉，而本图是将两基础做成一个整体，并用间距为 150mm 的ф12 钢筋拉接。

（2）图中标注的“1—1”、“2—2”等为剖切符号，不同的编号代表断面形状、细部尺寸不尽相同的不同种基础。在剖切符号中，剖切位置线注写编号数字或字母的一侧表示剖视方向。

（3）从图中⑥号定位轴线与Ⓕ号定位轴线交叉处附近的圆圈未被涂黑可知它非构造柱，结合其他图纸可知道它是建筑物内一个装饰柱。

 142. 基础梁 JL 钢筋构造是怎样的?

基础梁 JL 端部与外伸部位钢筋构造分别如图 7-10～7-12 所示。

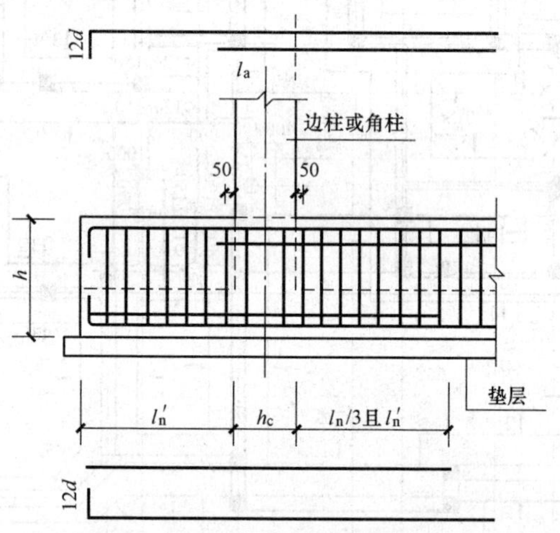

图 7-10　端部等截面外伸构造

l_a—受拉钢筋非抗震锚固长度；l_n—本边跨的净跨长度值；l'_n—端部外伸长度；

h_c—柱截面沿基础梁方向的高度；d—受拉钢筋直径；h—基础梁竖向尺寸

注：1. 梁顶部上排贯通纵筋伸至尽端内侧弯折 12d；顶部下排贯通纵筋不伸入外伸部位，从柱内侧起 l_a。

2. 梁底部上排非贯通纵筋伸至端部截断；底部下排非贯通纵筋伸至尽端内侧弯折 12d，从支座边缘向跨内的延伸长度为 max $\{l_n/3, l'_n\}$。

3. 梁底部贯通纵筋伸至尽端内侧弯折 12d。

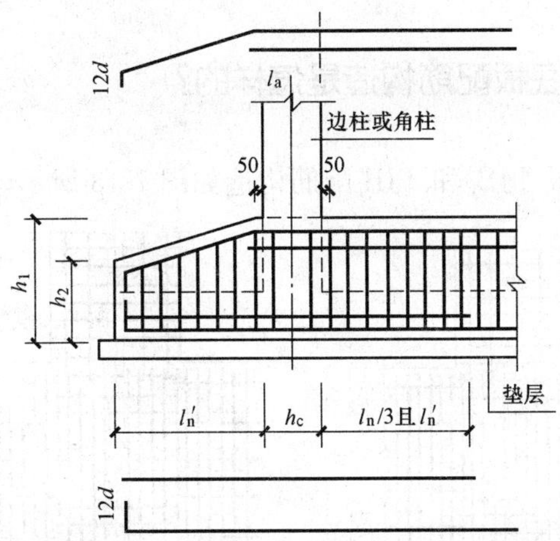

图 7-11　端部变截面外伸构造

l_a—受拉钢筋非抗震锚固长度；l_n—本边跨的净跨长度值；l'_n—端部外伸长度；
h_c—柱截面沿基础梁方向的高度；d—受拉钢筋直径；h_1、h_2—基础梁竖向尺寸

注：1. 梁顶部上排贯通纵筋沿变截面平面斜伸至尽端内侧弯折 12d；顶部下排贯通纵筋不伸入外伸部位，从柱内测起 l_a。

2. 梁底部纵筋构造要点与等截面外伸构造梁底面构造相同。

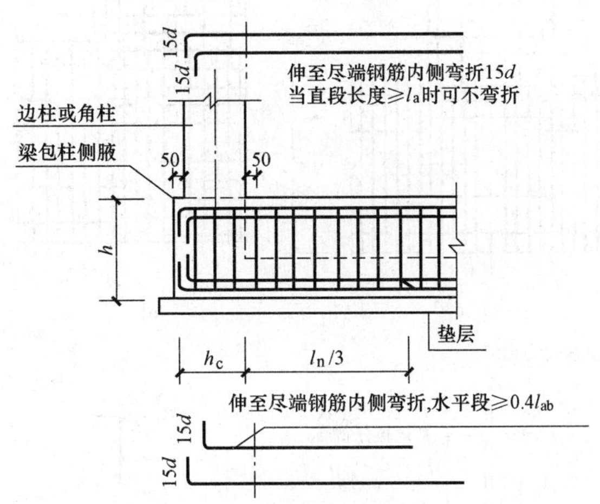

图 7-12　端部无外伸构造

l_a—受拉钢筋非抗震锚固长度；l_{ab}—受拉钢筋非抗震基本锚固长度；l_n—本边跨的净跨长度值；
h_c—柱截面沿基础梁方向的高度；d—受拉钢筋直径；h—基础梁竖向尺寸

注：1. 梁顶部贯通纵筋伸至尽端内侧弯折 15d；从柱内侧起，伸入端部且水平段不小于 0.4l_a。

2. 梁底部非贯通纵筋伸至尽端内侧弯折 15d；从柱内侧起，伸入端部且水平段不小于 0.4l_{ab}，从支座中心线向跨内的延伸长度为 $l_n/3$。

3. 梁底部贯通纵筋伸至尽端内侧弯折 15d；从柱内侧边缘起，伸入端部且水平段不小于 0.4l_{ab}。

 143. 条形基础底板配筋构造是怎样的？

（1）条形基础底板 TJB_P 和 TJB_J 配筋构造如图 7-13 所示。

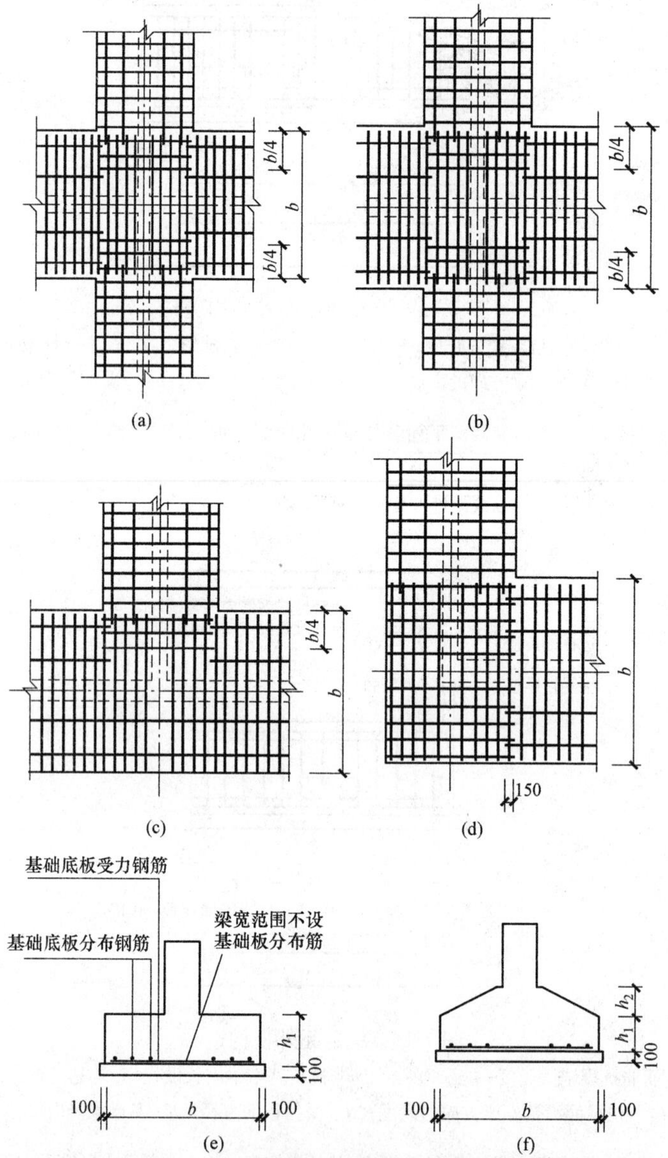

b/4 b b/4

(a)

b/4 b b/4

(b)

b/4 b

(c)

b 150

(d)

基础底板受力钢筋

基础底板分布钢筋

梁宽范围不设
基础板分布筋

h_1 100

100 b 100

(e)

h_2 h_1 100

100 b 100

(f)

图 7-13　条形基础底板 TJB_P 和 TJB_J 配筋构造

（a）十字交接基础底板；（b）转角梁板端部均有纵向延伸；（c）丁字交接基础底板；
（d）转角梁板端部无纵向延伸；（e）阶形截面 TJB_J；（f）坡形截面 TJB_P

注：1. 当条形基础设有基础梁时，基础底板的分布钢筋在梁宽范围内不设置。

2. 在两向受力钢筋交接处的网状部位，分布钢筋与同向受力钢筋的构造搭接长度为150mm。

（2）条形基础底板板底不平构造如图 7-14、7-15 所示。

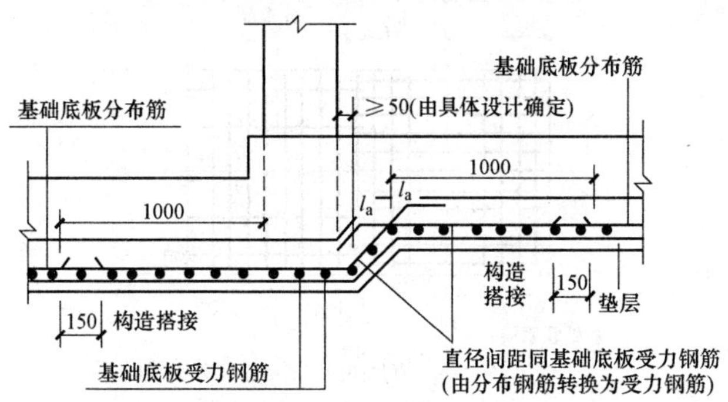

图 7-14　条形基础底板板底不平构造（一）

l_a—受拉钢筋非抗震锚固长度

注：在墙（柱）左方之外 1000mm 的分布筋转换为受力钢筋，在右侧上拐点以右 1000mm 的分布筋转换为受力钢筋。转换后的受力钢筋锚固长度为 l_a，与原来的分布筋搭接，搭接长度为 150mm。

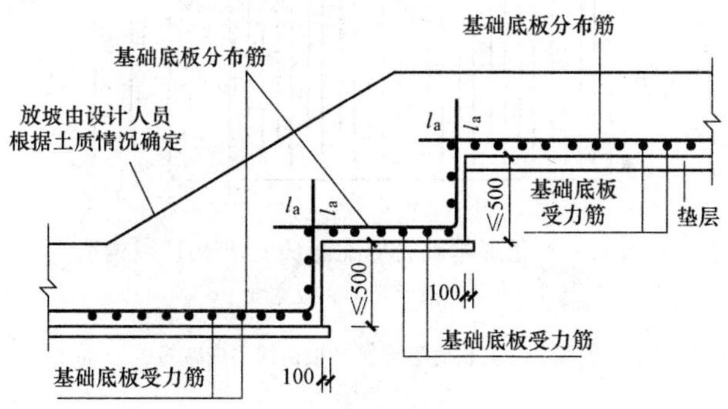

图 7-15　条形基础底板板底不平构造（二）

（板式条形基础）

l_a—受拉钢筋非抗震锚固长度

注：条形基础底板呈阶梯形上升状，基础底板分布筋垂直上弯，受力筋于内侧。

（3）条形基础无交接底板端部构造如图 7-16 所示。

（4）条形基础底板配筋长度减短 10%构造如图 7-17 所示。

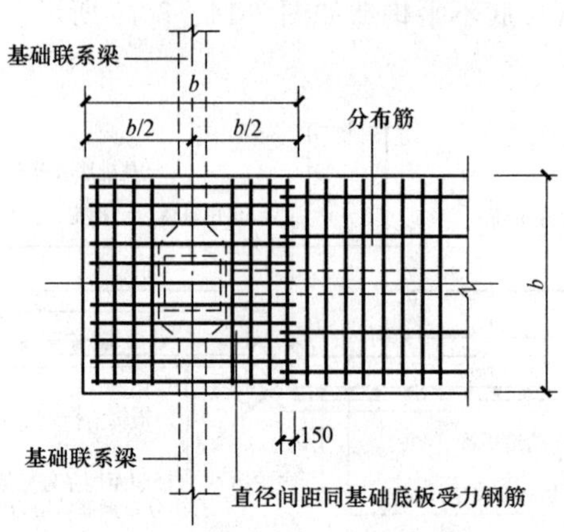

图 7-16　条形基础无交接底板端部构造

b—条形基础底板宽度

注：受力筋在端部 *b* 范围内相互交叉，分布筋与受力筋搭接，搭接长度为 150mm。

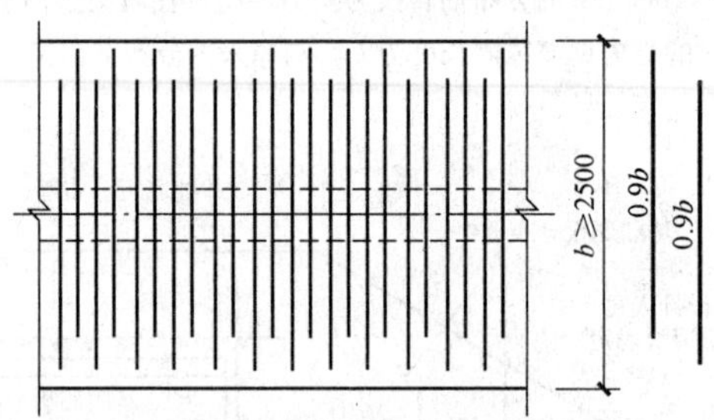

图 7-17　条形基础底板配筋长度减短 10%构造

b—条形基础底板宽度

注：底板交接区的受力钢筋和无交接底板时端部第一根钢筋不应减短。

筏形基础平法施工图识读

144. 筏形基础的分类有哪些?

筏形基础，有人称之为筏板基础或者满堂基础。11G101-3 图集的筏形基础包括两种类型：梁板式筏形基础和平板式筏形基础。

145. 平板式筏形基础的特点是什么?

(1) 当按板带进行设计时，平板式筏形基础由柱下板带 ZXB、跨中板带 KZB 构成。所谓按板带划分，就是把筏板基础按纵向和横向切开成许多条板带，其中：

柱下板带 ZXB 就是含有框架柱插筋的那些板带。

跨中板带 KZB 相邻两条柱下板带之间所夹着的那条板带。

(2) 当设计不分板带时，平板式筏形基础则可按基础平板 BPB 进行表达。

基础平板 BPB 就是把整个筏板基础作为一块平板来进行处理。

146. 识读平板式筏形基础平法有哪些规则?

(1) 平板式筏形基础平法施工图的表示方法。

1) 平板式筏形基础平法施工图，是在基础平面布置图上采用平面注写方式表达。

2) 当绘制基础平面布置图时，应将平板式筏形基础与其所支承的柱、墙一起绘制。当基础底面标高不同时，需注明与基础底面基准标高不同之处的范围和标高。

(2) 平板式筏形基础构件的类型和编号。平板式筏形基础可划分为柱下板带和跨中板带；也可不分板带，按基础平板进行表达。平板式筏形基础构件编号按表 8-1 的规定。

表 8-1　　　　　　　　　　平板式筏形基础构件编号

构件类型	代　号	序　　号	跨数及有无外伸
柱下板带	ZXB	××	(××) 或 (××A) 或 (××B)
跨中板带	KZB	××	(××) 或 (××A) 或 (××B)
平板筏形基础平板	BPB	××	

注　1. (××A) 为一端有外伸，(××B) 为两端有外伸，外伸不计入跨数。

2. 平板式筏形基础平板，其跨数及是否有外伸分别在 X、Y 两向的贯通纵筋之后表达。图面从左至右为 X 向，从下至上为 Y 向。

(3) 柱下板带、跨中板带的平面注写方式。

1) 柱下板带 ZXB (视其为无箍筋的宽扁梁) 与跨中板带 KZB 的平面注写，分板带底部与顶部贯通纵筋的集中标注与板带底部附加非贯通纵筋的原位标注两部分内容。

2) 柱下板带与跨中板带的集中标注，应在第一跨 (X 向为左端跨，Y 向为下端跨) 引出。具体规定如下。

A. 注写编号，具体参照表 8-1。

B. 注写截面尺寸，注写 b=×××× 表示板带宽度 (在图注中注明基础平板厚度)。确定柱下板带宽度应根据规范要求与结构实际受力需要。当柱下板带宽度确定后，跨中板带宽度亦随之确定 (即相邻两平行柱下板带之间的距离)。当柱下板带中心线偏离柱中心线时，应在平面图上标注其定位尺寸。

C. 注写底部与顶部贯通纵筋。注写底部贯通纵筋 (B 打头) 与顶部贯通纵筋 (T 打头) 的规格与间距，用 ";" 将其分隔开。柱下板带的柱下区域，通常在其底部贯通纵筋的间隔内插空设有 (原位注写的) 底部附加非贯通纵筋。

注：1. 柱下板带与跨中板带的底部贯通纵筋，可在跨中 1/3 净跨长度范围内采用搭接连接、机械连接或焊接。

2. 柱下板带及跨中板带的顶部贯通纵筋，可在柱网轴线附近 1/4 净跨长度范围内采用搭接连接、机械连接或焊接。

3) 柱下板带与跨中板带原位标注的内容，主要为底部附加非贯通纵筋。

①注写内容：以一段与板带同向的中粗虚线代表附加非贯通纵筋；柱下板带：贯穿其柱下区域绘制；跨中板带：横贯柱中线绘制。在虚线上注写底部附加非贯通纵筋的编号 (如①、②等)、钢筋级别、直径、间距，以及自柱中线分别向两侧跨内的伸出长度值。当向两侧对称伸出时，长度值可仅在一侧标注，另一侧不注。外伸部位的伸出长度与方式按标准构造，设计不注。对同一板带中底部附加非贯通筋相同者，可仅在一根钢筋上注写，其他可仅在中粗虚线上注写编号。

原位注写的底部附加非贯通纵筋与集中标注的底部贯通纵筋，宜采用 "隔一布一" 的方式布置，即柱下板带或跨中板带与底部贯通纵筋相同 (两者实际组合的间距为各自标注间距的 1/2）。

②注写修正内容。当在柱下板带、跨中板带上集中标注的某些内容（如截面尺寸、底部与顶部贯通纵筋等）不适用于某跨或某外伸部分时，则将修正的数值原位标注在该跨或该外伸部位，施工时原位标注取值优先。

4）柱下板带 ZXB 与跨中板带 KZB 的注写规定，同样适用于平板式筏形基础上局部有剪力墙的情况。

（4）平板式筏形基础平板 BPB 的平面注写方式。

1）平板式筏形基础平板 BPB 的平面注写，分板底部与顶部贯通纵筋的集中标注与板底部附加非贯通纵筋的原位标注两部分内容。当仅设置底部与顶部贯通纵筋而未设置底部附加非贯通纵筋时，则仅做集中标注。

基础平板 BPB 的平面注写与柱下板带 ZXB、跨中板带 KZB 的平面注写为不同的表达方式，但可以表达同样的内容。当整片板式筏形基础配筋比较规律时，宜采用 BPB 表达方式。

2）平板式筏形基础平板 BPB 的集中标注，按表 8-1 注写编号，其他规定与梁板式筏形基础的 LPB 贯通纵筋的集中标注相同。

当某向底部贯通纵筋或顶部贯通纵筋的配置，在跨内有两种不同间距时，先注写跨内两端的第一种间距，并在前面加注纵筋根数（以表示其分布的范围）；再注写跨中部的第二种间距（不需加注根数）；两者用“/”分隔。

3）平板式筏形基础平板 BPB 的原位标注，主要表达横跨柱中心线下的底部附加非贯通纵筋。

①原位注写位置及内容。在配置相同的若干跨的第一跨下，垂直于柱中线绘制一段中粗虚线代表底部附加非贯通纵筋，在虚线上的注写内容与梁板式筏形基础施工图制图规则中在虚线上的标注内容相同。

当柱中心线下的底部附加非贯通纵筋（与柱中心线正交）沿柱中心线连续若干跨配置相同时，则在该连续跨的第一跨下原位注写，且将同规格配筋连续布置的跨数注在括号内；当有些跨配置不同时，则应分别原位注写。外伸部位的底部附加非贯通纵筋应单独注写（当与跨内某筋相同时仅注写钢筋编号）。

当底部附加非贯通纵筋横向布置在跨内有两种不同间距的底部贯通纵筋区域时，其间距应分别对应为两种，其注写形式应与贯通纵筋保持一致，即先注写跨内两端的第一种间距，并在前面加注纵筋根数；再注写跨中部的第二种间距（不需加注根数）；两者用“/”分隔。

②当某些柱中心线下的基础平板底部附加非贯通纵筋横向配置相同时（其底部、顶部的贯通纵筋可以不同），可仅在一条中心线下做原位注写，并在其他柱中心线上注明“该柱中心线下基础平板底部附加非贯通纵筋同××柱中心线”。

4）平板式筏形基础平板 BPB 的平面注写规定，同样适用于平板式筏形基础上局部有剪力墙的情况。

147. 基础梁底部非贯通纵筋的长度有哪些规定?

(1) 为方便施工，凡基础主梁柱下区域和基础次梁支座区域底部非贯通纵筋的伸出长度 a_0 值。

1) 当配置不多于两排时，在标准构造详图中统一取值为自支座边向跨内伸出至 $l_n/3$ 位置。

l_n 的取值规定为：

①边跨边支座的底部非贯通纵筋，l_n 取本边跨的净跨长度值。

②中间支座的底部非贯通纵筋，l_n 取较大一跨的净跨长度值。

2) 当非贯通纵筋配置多于两排时，从第三排起向跨内的伸出长度值应由设计者注明。

(2) 基础主梁与基础次梁外伸部位底部纵筋的伸出长度 a_0 值，在标准构造详图中统一取值为：

1) 第一排伸出至梁端头后，全部上弯 $12d$。

2) 其他排伸至梁端头后截断。

(3) 设计者在执行基础梁底部非贯通纵筋伸出长度的统一取值规定时，应注意按《混凝土结构设计规范》(GB 50010—2010)、《建筑地基基础设计规范》(GB 50007—2011) 和《高层建筑混凝土结构技术规程》(JGJ 3—2010) 的相关规定进行校核，若不满足时应另行变更。

148. 梁板式基础图的适用范围和特点是什么?

筏板基础图，如图 8-1 所示。

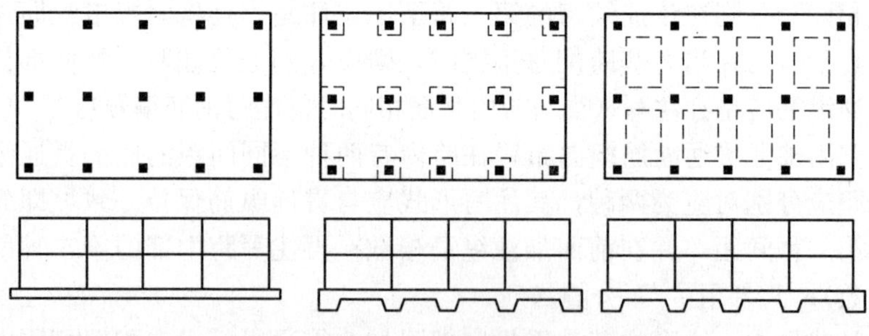

图 8-1 筏板基础图

(1) 适用范围：当地基软弱而荷载很大，采用十字交叉基础也不能满足地基基础设计要求时，可采用筏板基础，即用钢筋混凝土做成连续整片基础，俗称“满堂红”，如图 8-1 所示。

(2) 特点：筏板基础由于基底面积大，故可减小基底压力至最小值，同时增大了基础的整体刚性。

 149. 梁板式筏形基础平法施工图有哪些表达方式？

梁板式筏形基础平法施工图，是在基础平面布置图上采用平面注写方式进行表达。

当绘制基础平面布置图时，应将梁板式筏形基础与其所支承的柱、墙一起绘制。当基础底面标高不同时，需注明与基础底面基准标高不同之处的范围和标高。

通过选注基础梁底面与基础平板底面的标高高差来表达两者间的位置关系，可以明确其“高板位”（梁顶与板顶一平）、“低板位”（梁底与板底一平）以及“中板位”（板在梁的中部）三种不同位置组合的筏形基础，方便设计表达。

对于轴线未居中的基础梁，应标注其定位尺寸。

 150. 梁板式筏形基础构件的类型有哪些？

梁板式筏形基础由基础主梁、基础次梁和基础平板等构成。

 151. 基础主梁与基础次梁的平面注写方式有哪些内容？

基础主梁 JL 与基础次梁 JCL 的平面注写，分集中标注与原位标注两部分内容。

基础主梁 JL 与基础次梁 JCL 的集中标注内容为：基础梁编号、截面尺寸、配筋三项必注内容，以及基础梁底面标高高差（相对于筏形基础平板底面标高）一项选注内容。

 152. 注写基础梁的编号和截面尺寸有哪些规定？

(1) 注写基础梁的编号。

注写基础梁的编号，参见表 8-2。

表 8-2　　梁板式筏形基础构件编号

构件类型	代　号	序　号	跨数及有无外伸
基础主梁（柱下）	JL	××	(××) 或 (××A) 或 (××B)
基础次梁	JCL	××	(××) 或 (××A) 或 (××B)
梁板筏基础平板	LPB	××	

（2）注写基础梁的截面尺寸。

以 $b\times h$ 表示梁截面宽度与高度；当为加腋梁时，用 $b\times h$　$Yc_1\times c_2$ 表示，其中 c_1 为腋长，c_2 为腋高。

【例 1】 普通梁截面尺寸标注：

300×700，表示：截面宽度为 300，截面高度为 700。

【例 2】 加腋梁截面尺寸标注：

300×700　Y500×250，表示：腋长为 500，腋高为 250。

153. 注写基础梁箍筋有哪些规定？

（1）当采用一种箍筋间距时，注写钢筋级别、直径、间距与肢数（写在括号内）。

（2）当采用两种箍筋时，用“/”分隔不同箍筋，按照从基础梁两端向跨中的顺序注写。先注写第 1 段箍筋（在前面加注箍数），在斜线后再注写第 2 段箍筋（不再加注箍数）。

【例】 9ϕ16@100/ϕ16@200（6），表示箍筋为 HPB300 级钢筋，直径 ϕ16，从梁端向跨内，其余间距为 100，设置 9 道，其余间距为 200，均为六肢箍。

（3）施工时应注意的问题。

两向基础主梁相交的柱下区域，应有一向截面较高的基础主梁按梁端箍筋贯通设置；当两向基础主梁高度相同时，任选一向基础主梁箍筋贯通设置。

154. 注写基础梁的底部、顶部及侧面纵向钢筋有什么规定？

（1）以 B 打头，先注写梁底部贯通纵筋（不应少于底部受力钢筋总截面面积的 1/3）。当跨中所注根数少于箍筋肢数时，需要在跨中加设架立筋以固定箍筋，注写时，用“+”号将贯通纵筋与架立筋相连，架立筋注写在加号后面的括号内。

（2）以 T 打头，注写梁顶部贯通纵筋值，注写时用“;”号将底部与顶部纵筋分隔开，如有个别跨与其不同，则按原位标注的规定处理。

【例 1】 B4⌀32；T7⌀32，表示梁的底部配置 4⌀32 的贯通纵筋，梁的顶部配置 7⌀32 的贯通纵筋。

（3）当梁底部或顶部贯通纵筋多于一排时，用“/”将各排纵筋自上而下分开。

【例 2】 梁底部贯通纵筋注写为 B8⌀28　3/5，则表示上一排纵筋为 3⌀28，下一纵筋为 5⌀28。

注：1. 基础主梁与基础次梁的底部贯通纵筋，可在跨中 1/3 净跨长度范围内采用搭接连接、机械连接或焊接。

2. 基础主梁与基础次梁的顶部贯通纵筋，可在距支座 1/4 净跨长度范围内采用搭接连接，或在支座附近采用机械连接或焊接（均应严格控制接头百分率）。

（4）以大写字母 G 打头注写基础梁两侧面对称设置的纵向构造钢筋的总配筋值（当梁腹板高度 h_w不小于 450mm 时，根据需要配置）。

【例 3】 G8Φ16，表示梁的两个侧面共配置 8Φ16 的纵向构造钢筋，每侧各配置 4Φ16。

当需要配置抗扭纵向钢筋时，梁两个侧面设置的抗扭纵向钢筋以 N 打头。

【例 4】 N8Φ16，表示梁的两个侧面共配置 8Φ16 的纵向抗扭钢筋，沿截面周边均匀对称设置。

注：1. 当为梁侧面构造钢筋时，其搭接与锚固长度可取为 15d。

2. 当为梁侧面受扭纵向钢筋时，其锚固长度为 l_a，搭接长度为 l_l，其锚固方式同基础梁上部纵筋。

155. 注写基础梁底面标高高差有什么规定?

基础梁底面标高高差（是指相对于筏形基础平板底面标高的高差值），该项为选注值。有高差时需将高差写入括号内（如“高板位”与“中板位”基础梁的底面与基础平板底面标高的高差值）。

无高差时不注（如“低板位”筏形基础的基础梁）。

156. 基础主梁与基础次梁的原位标注有哪些规定?

（1）注写梁端（支座）区域的底部全部纵筋，包括已经集中注写过的贯通纵筋在内的所有纵筋。

1）当梁端（支座）区域的底部纵筋多于一排时，用“/”将各排纵筋自上而下分开。

【例 1】 梁端（支座）区域底部纵筋注写为 10Φ25 4/6，表示上一排纵筋为 4Φ25，下一排纵筋为 6Φ25。

2）当同排纵筋有两种直径时，用“＋”将两种直径的纵筋相连。

【例 2】 梁端（支座）区域底部纵筋注写为 4Φ28＋2Φ25，表示一排纵筋由两种不同直径的钢筋组合。

3）当梁中间支座两边的底部纵筋配置不同时，需在支座两边分别标注；当梁中间支座两边的底部纵筋相同时，可仅在支座的一边标注配筋值。

4）当梁端（支座）区域的底部全部纵筋与集中注写过的贯通纵筋相同时，可不再重复做原位标注。

5）加腋梁加腋部位钢筋，需在设置加腋的支座处以 Y 打头注写在括号内。

【例 3】 加腋梁端（支座）处注写为 Y4Φ25，表示加腋部位斜纵筋为 4Φ25。

6）设计时应注意的问题。

当对底部一平的梁支座两边的底部非贯通纵筋采用不同配筋值时，应先按较小一边的配筋值选配相同直径的纵筋贯穿支座，再将较大一边的配筋差值选配适当直径的钢筋锚入支座，避免造成两边大部分钢筋直径不相同的不合理配置结果。

7）施工及预算方面应注意的问题。

当底部贯通纵筋经原位修正注写后，两种不同配置的底部贯通纵筋应在两毗邻跨中配置较小一跨的跨中连接区域连接（即配置较大一跨的底部贯通纵筋需越过其跨数终点或起点伸至毗邻跨的跨中连接区域）。

（2）注写基础梁的附加箍筋或（反扣）吊筋。

将其直接画在平面图中的主梁上，用线引注总配筋值（附加箍筋的肢数注在括号内），当多数附加箍筋或（反扣）吊筋相同时，可在基础梁平法施工图上统一注明，少数与统一注明值不同时，再原位引注。施工时应注意：附加箍筋或（反扣）吊筋的几何尺寸应按照标准构造详图，结合其所在位置的主梁和次梁的截面尺寸确定。

（3）当基础梁外伸部位变截面高度时，在该部位原位注写 $b \times h_1/h_2$，h_1为根部截面高度，h_2为尽端截面高度。

（4）注写修正内容。

当在基础梁上集中标注的某项内容（如梁截面尺寸、箍筋、底部与顶部贯通纵筋或架立筋、梁侧面纵向构造钢筋、梁底面标高高差等）不适用于某跨或某外伸部分时，则将其修正内容原位标注在该跨或该外伸部位，施工时原位标注取值优先。

当在多跨基础梁的集中标注中已注明加腋，而该梁某跨根部不需要加腋时，则应在该跨原位标注等截面的 $b \times h$，以修正集中标注中的加腋信息。

157. 如何标注基础主梁与基础次梁?

基础主梁与基础次梁标注图示如图 8-2 所示。

图示说明：

（1）集中标注说明：集中标注应在第一跨引出。

1）注写形式：JL××（×B）或 JCL××（×B）。

表达内容：基础主梁 JL 或基础次梁 JCL 编号，具体包括：代号、序号、（跨数及外伸状况）。

附加说明：（×A）：一端有外伸；（×B）：两端均有外伸；无外伸则仅注跨数（×）。

2）注写形式：$b \times h$。

表达内容：截面尺寸，梁宽×梁高。

附加说明：当加腋时，用 $b \times h \quad Yc_1 \times c_2$表示，其中 c_1为腋长，c_2为腋高。

3）注写形式：××ф××@×××/ф××@×××（×）。

表达内容：第一种箍筋道数、强度等级、直径、间距/第二种钢筋（肢数）。

4）注写形式：B×⌀××；T×⌀××。

表达内容：底部（B）贯通纵筋根数、强度等级、直径；顶部（T）贯通纵筋根数、强度等级、直径。

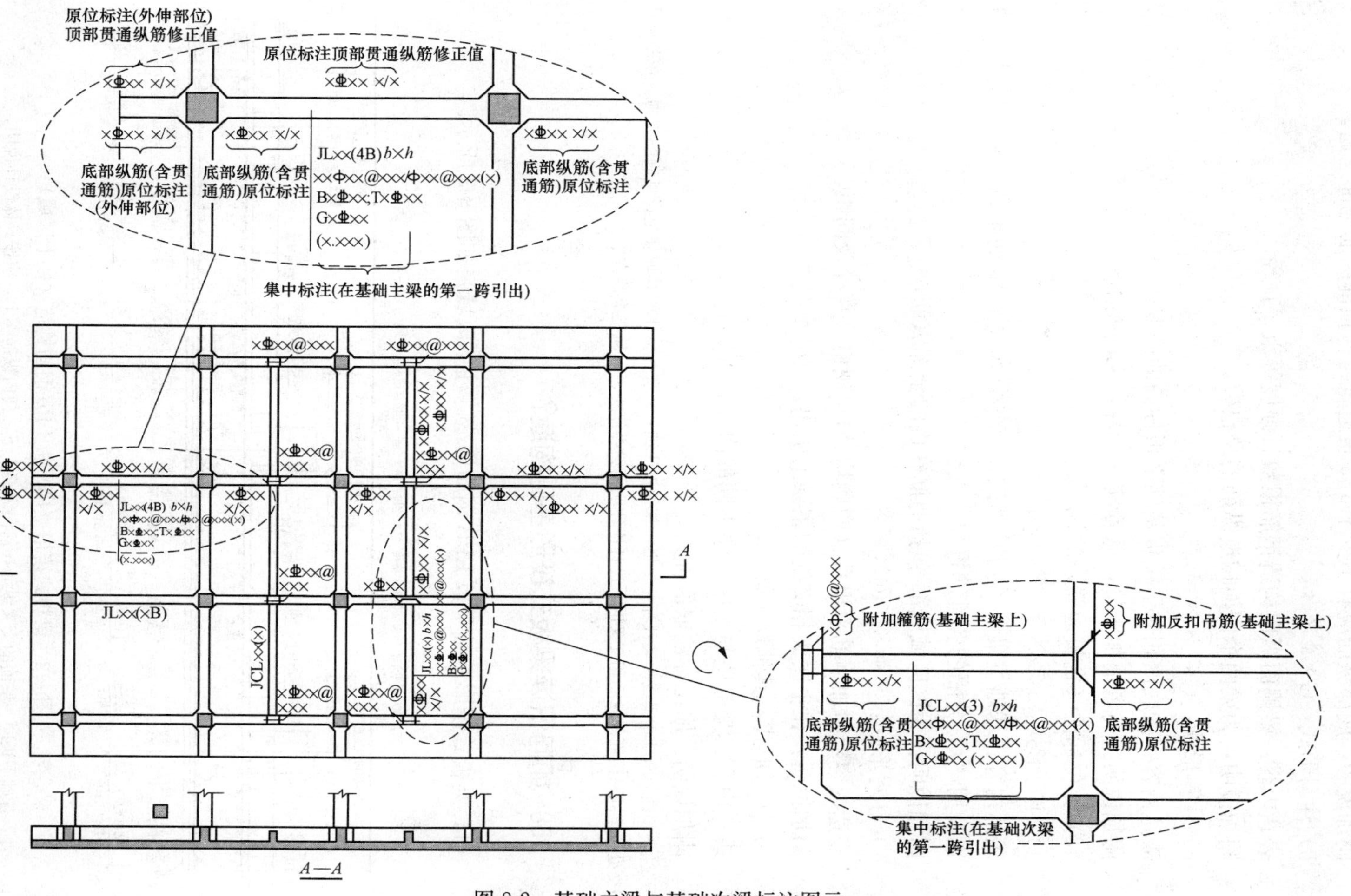

图 8-2　基础主梁与基础次梁标注图示

附加说明：底部纵筋应有不少于 1/3 贯通全跨；顶部纵筋全部连通。

5）注写形式：G×ф××。

表达内容：梁侧面纵向构造钢筋根数、强度等级、直径。

附加说明：为梁两个侧面构造纵筋的总根数。

6）注写形式：(×.×××)。

表达内容：梁底面相对于筏板基础平板标高的高差。

附加说明：高者前加＋号，低者前加－号，无高差不注。

(2) 原位标注（含贯通筋）的说明：

1）注写形式：×ф××；×/×。

表达内容：基础主梁柱下与基础次梁支座区域底部纵筋根数、强度等级、直径，以及用“/”分隔的各排筋根数。

附加说明：为该区域底部 包括通筋在内的全部纵筋。

2）注写形式：×Φ××@×××。

表达内容：附加箍筋总根数（两侧均分）、规格、直径及间距。

附加说明：在主次梁相交处的主梁上引出。

3）注写形式：其他原位标注。

表达内容：某部位与集中标注不同的内容。

附加说明：原位标注取值优先。

注：相同的基础主梁或次梁只标注一根，其他仅注编号。有关标注的其他规定详见制图规则。在基础梁相交处位于同一层面的纵筋相交叉时，设计应注明何梁纵筋在下，何梁纵筋在上。

158. 如何识读梁板式筏形基础构造?

(1) 梁板式筏形基础平板 LPB 钢筋构造（柱下区域）如图 8-3 所示。

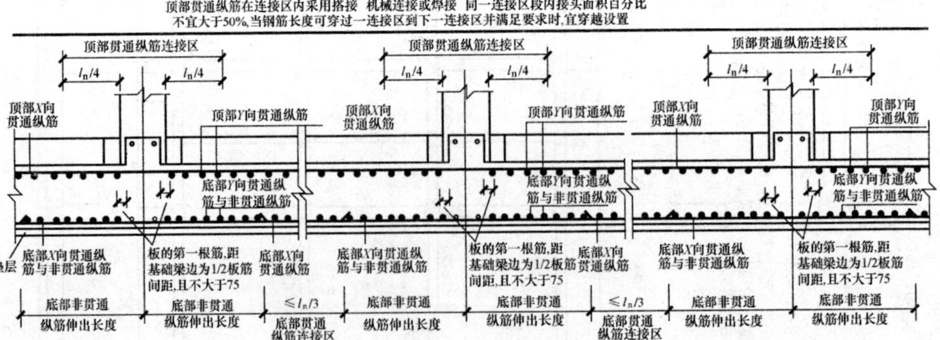

图 8-3　梁板式筏形基础平板 LPB 钢筋构造（柱下区域）

注：基础平板同一层面的交叉纵筋，何向纵筋在下，何向纵筋在上，应按具体设计说明。

（2）梁板式筏形基础平板 LPB 钢筋构造（跨中区域）如图 8-4 所示。

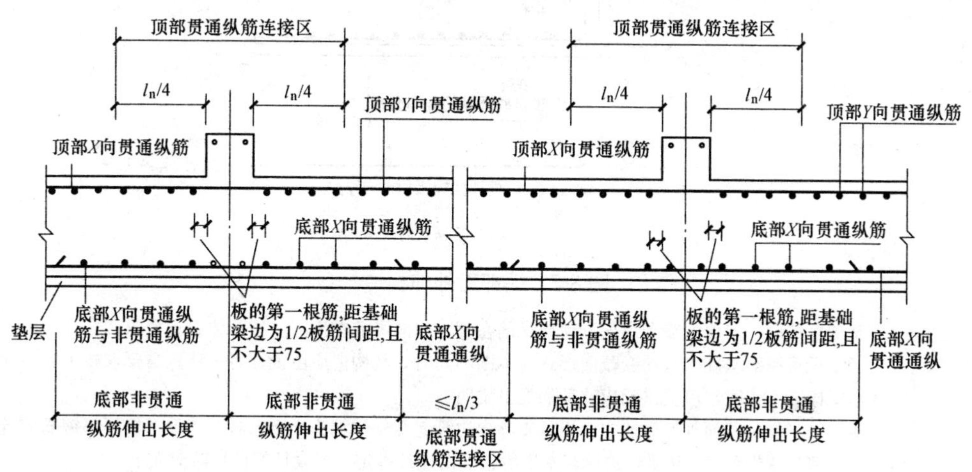

图 8-4　梁板式筏形基础平板 LPB 钢筋构造（跨中区域）

注：基础平板同一层面的交叉纵筋，何向纵筋在下，何向纵筋在上，应按具体设计说明。

（3）梁板式筏形基础平板 LPB 端部与外伸部位钢筋构造。端部等截面外伸构造如图 8-5 所示。端部变截面外伸构造如图 8-6 所示。

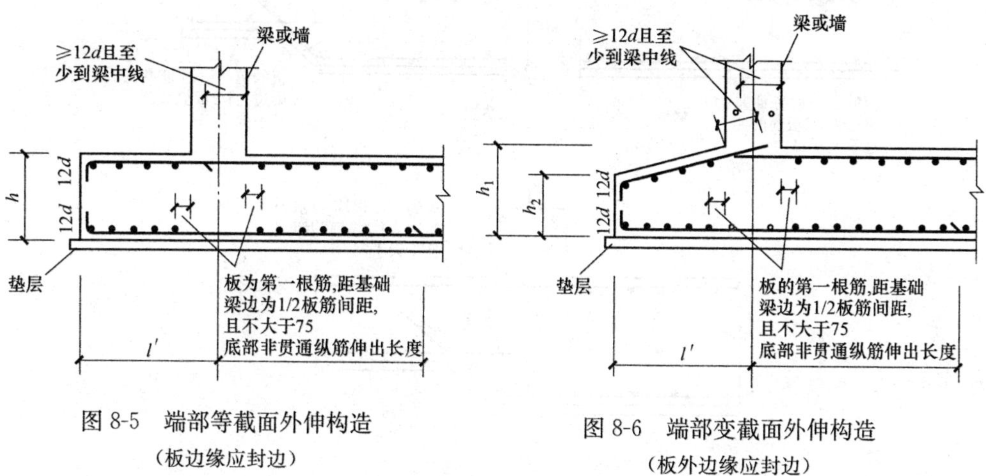

图 8-5　端部等截面外伸构造（板边缘应封边）

图 8-6　端部变截面外伸构造（板外边缘应封边）

端部无外伸构造如图 8-7 所示。

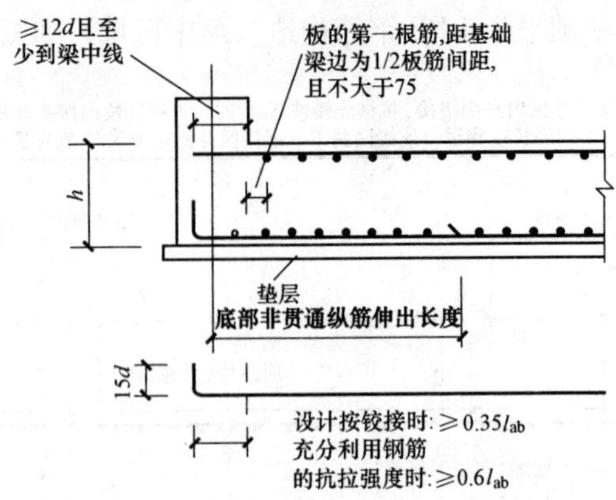

图 8-7　端部无外伸构造

注：1. 基础平板同一层面的交叉纵筋，何向纵筋在下，何向纵筋在上，应按具体设计说明。

2. 当梁板式筏形基础平板的变截面形式与本图不同时，其构造应由设计者设计；当要求施工方参照本图构造方式时，应提供相应改动的变更说明。

3. 端部等（变）截面外伸构造中，当从支座内边算起至外伸端头小于 l_a时，基础平板下部钢筋应伸至端部后弯折 15d；从梁内边算起水平段长度由设计指定，当设计按铰接时应大于 0.35l_{ab}，当充分利用钢筋抗拉强度时应大于 0.6l_{ab}。

4. 板底台阶可为 45°或 60°角。

（4）梁板式筏形基础平板 LPB 变截面部位钢筋构造如图 8-8 所示。

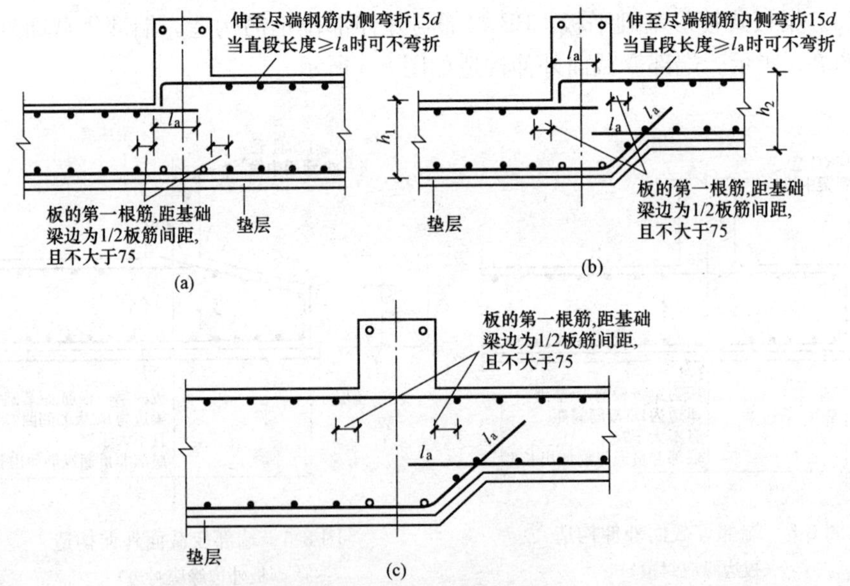

图 8-8　变截面部位钢筋构造

（a）板顶有高差；（b）板顶、板底均有高差；（c）板底有高差

注：1. 基础平板同一层面的交叉纵筋，何向纵筋在下，何向纵筋在上，应按具体设计说明。

2. 当梁板式筏形基础平板的变截面形式与本图不同时，其构造应由设计者设计；当要求施工方参照本图构造方式时，应提供相应改动的变更说明。

3. 端部等（变）截面外伸构造中，当从支座内边算起至外伸端头小于 l_a时，基础平板下部钢筋应伸至端部后弯折 15d；从梁内边算起水平段长度由设计指定，当设计按铰接时应大于 0.35l_{ab}，当充分利用钢筋抗拉强度时应大于 0.6l_{ab}。

4. 板底台阶可为 45°或 60°角。

159. 如何识读平板式筏形基础构造?

（1）平板式筏形基础柱下板带 ZXB 与跨中板带 KZB 纵向钢筋构造。

平板式筏形基础柱下板带 ZXB 纵向钢筋构造如图 8-9 所示。

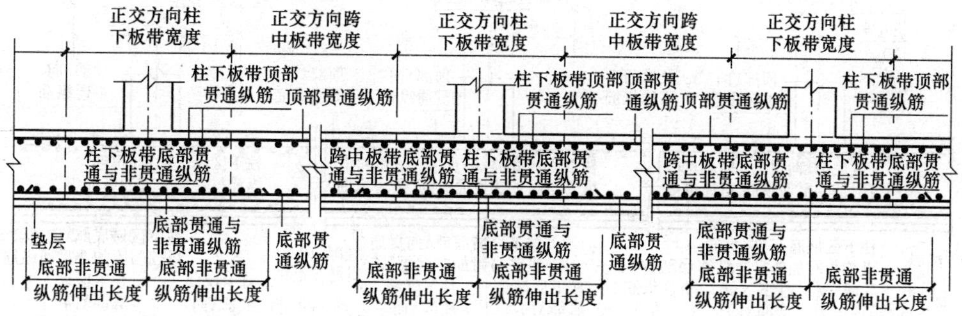

图 8-9　平板式筏形基础柱下板带 ZXB 纵向钢筋构造

注：1. 不同配置的底部贯通纵筋，应在两毗邻跨中配置较小一跨的跨中连接区域连接（即配置较大一跨的底部贯通纵筋需越过其标注的跨数终点或起点伸至毗邻跨的跨中连接区域）。

2. 底部与顶部贯通纵筋在本图所示连接区内的连接方式，详见纵筋连接通用构造。

3. 柱下板带与跨中板带的底部贯通纵筋，可在跨中 1/3 净跨长度范围内搭接连接、机械连接或焊接；柱下板带及跨中板带的顶部贯通纵筋，可在柱网轴线附近 1/4 净跨长度范围内采用搭接连接、机械连接或焊接。

4. 基础平板同一层面的交叉纵筋，何向纵筋在下，何向纵筋在上，应按具体设计说明。

平板式筏形基础跨中板带 KZB 纵向钢筋构造如图 8-10 所示。

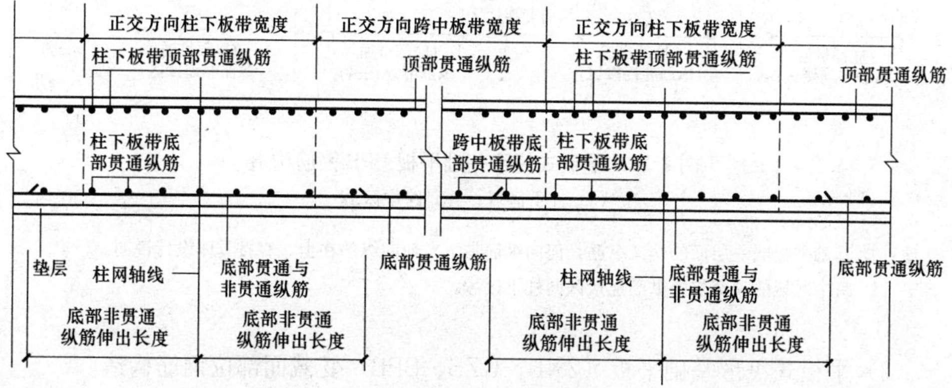

图 8-10　平板式筏形基础跨中板带 KZB 纵向钢筋构造

注：1. 不同配置的底部贯通纵筋，应在两毗邻跨中配置较小一跨的跨中连接区域连接（即配置较大一跨的底部贯通纵筋需越过其标注的跨数终点或起点伸至毗邻跨的跨中连接区域）。

2. 底部与顶部贯通纵筋在本图所示连接区内的连接方式，详见纵筋连接通用构造。

3. 柱下板带与跨中板带的底部贯通纵筋，可在跨中 1/3 净跨长度范围内搭接连接、机械连接或焊接；柱下板带及跨中板带的顶部贯通纵筋，可在柱网轴线附近 1/4 净跨长度范围内采用搭接连接、机械连接或焊接。

4. 基础平板同一层面的交叉纵筋，何向纵筋在下，何向纵筋在上，应按具体设计说明。

（2）平板式筏形基础平板 BPB 钢筋构造如图 8-11 所示。

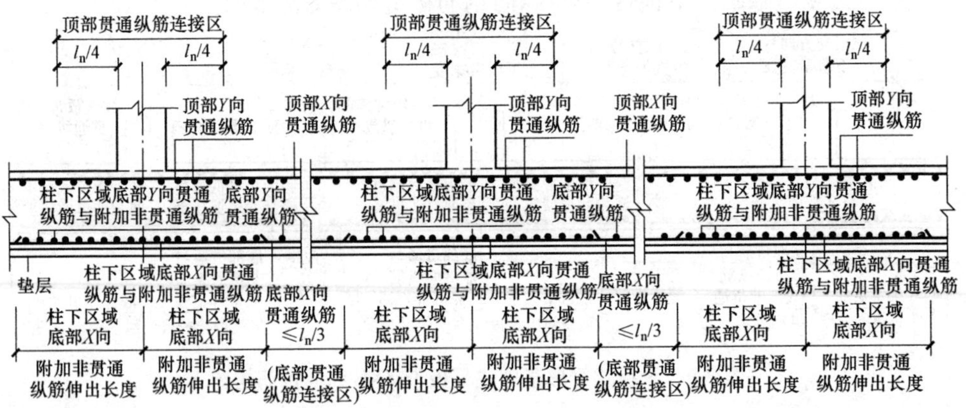

(a)

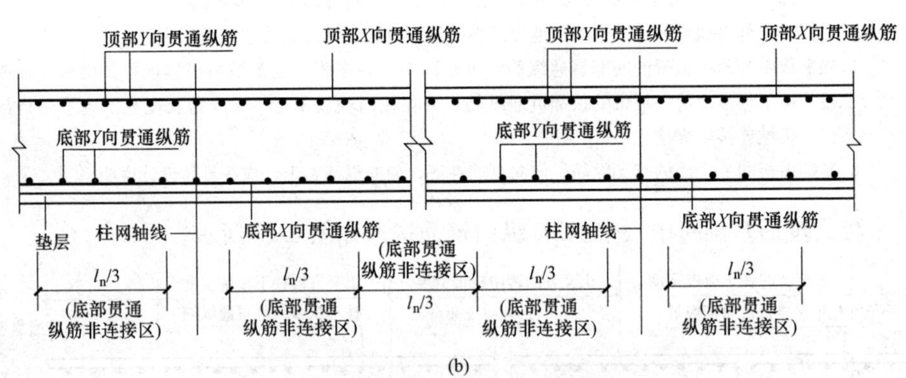

(b)

图 8-11 平板式筏形基础平板 BPB 钢筋构造

（a）柱下区域；（b）跨中区域

注：1. 基础平板同一层面的交叉纵筋，何向纵筋在下，何向纵筋在上，直按具体设计说明。

2. 跨中区域的顶部贯通纵筋连接区同柱下区域。

（3）平板式筏形基础平板（ZXB、KZB、BPB）变截面部位钢筋构造。

变截面部位钢筋构造如图 8-12 所示。

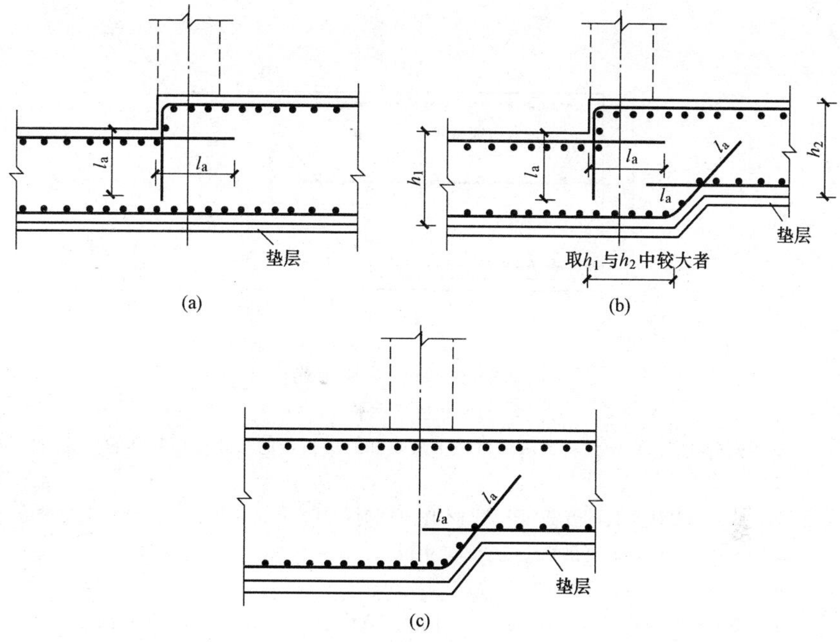

图 8-12　变截面部位钢筋构造

（a）板顶有高差；（b）板顶、板底均有高差；（c）板底有高差

注：1. 本图构造规定适用于设置或未设置柱下板带和跨中板带的板式筏形基础的变截面部位的钢筋构造。

2. 当板式筏形基础平板的变截面形式与本图不同时，其构造应由设计者设计；当要求施工方参照本图构造方式时，应提供相应改动的变更说明。

3. 板底台阶可为 45°或 60°角。

4. 中层双向钢筋网直径不宜小于 12mm，间距不宜大于 300mm。

变截面部位中层钢筋构造如图 8-13 所示。

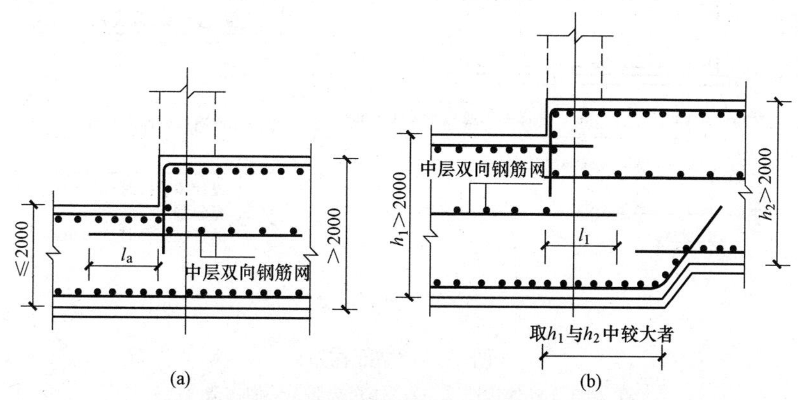

图 8-13　变截面部位中层钢筋构造

（a）板顶不一平；（b）板顶、板底均不一平

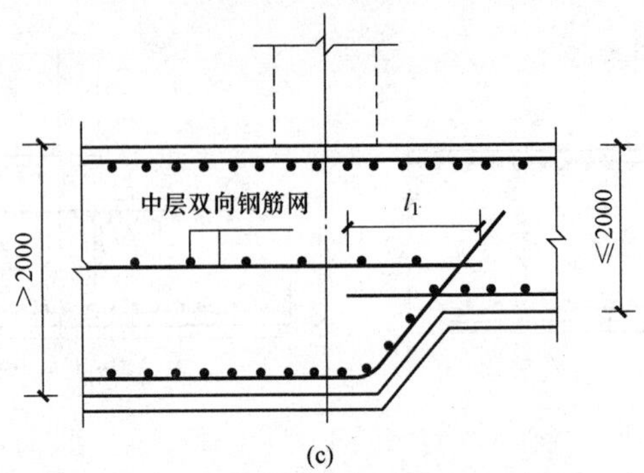

图 8-13　变截面部位中层钢筋构造

(c) 板底不一平

注：1. 本图构造规定适用于设置或未设置柱下板带和跨中板带的板式筏形基础的变截面部位的钢筋构造。

2. 当板式筏形基础平板的变截面形式与本图不同时，其构造应由设计者设计；当要求施工方参照本图构造方式时，应提供相应改动的变更说明。

3. 板底台阶可为45°或60°角。

4. 中层双向钢筋网直径不宜小于12mm，间距不宜大于300mm。

(4) 平板式筏形基础平板（ZXB、KZB、BPB）端部与外伸部位钢筋构造。端部构造如图 8-14 所示。

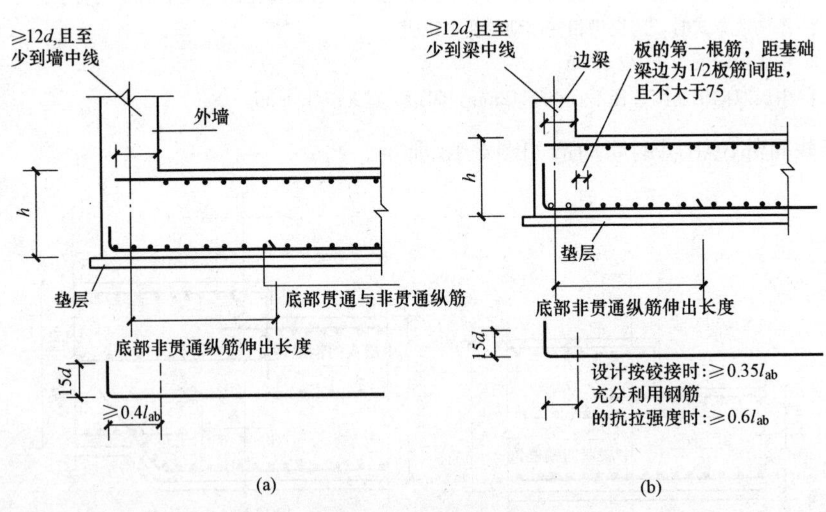

图 8-14　端部构造

(a) 端部无外伸构造（一）；(b) 端部无外伸构造（二）

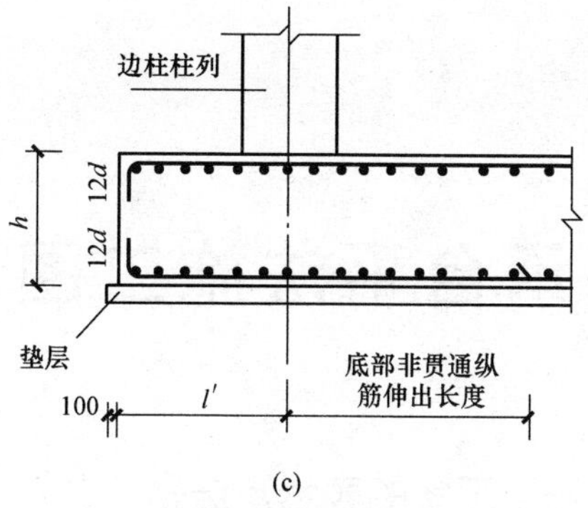

图 8-14　端部构造

（c）端部等截面外伸构造

注：1. 端部无外伸构造（一）中，当设计指定采用墙外侧纵筋与底板纵筋搭接的做法时，基础底板下部钢筋弯折段应伸至基础顶面标高处。

2. 端部等截面外伸构造中板外边缘应封边。

板边缘侧面封边构造如图 8-15 所示。

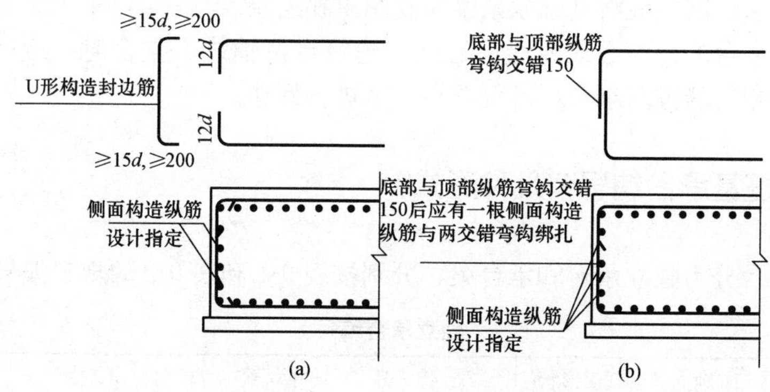

图 8-15　板边缘侧面封边构造

（a）U 形筋构造封边方式；（b）纵筋弯钩交错封边方式

注：1. 外伸部位变截面时侧面构造相同。

2. 板边缘侧面封边构造同样用于基础梁外伸部位，采用何种做法由设计者指定，当设计者未指定时，施工单位可根据实际情况自选一种做法。

中层筋端头构造如图 8-16 所示。

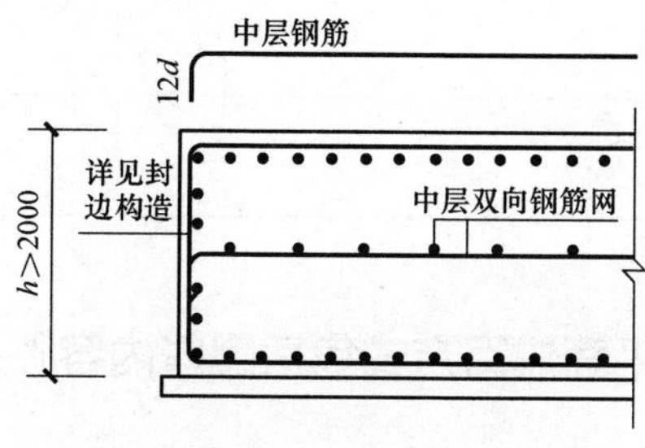

图 8-16　中层筋端头构造

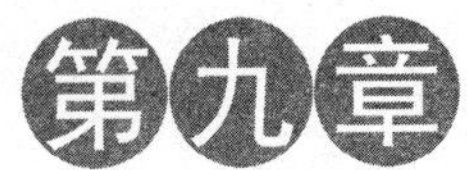

桩基承台平法施工图识读

 160. 桩基承台平法施工图的表示方法是什么？

桩基承台平法施工图，有平面注写与截面注写两种表达方式，设计者可根据具体工程情况选择一种，或将两种方式相结合进行桩基承台施工图设计。

当绘制桩基承台平面布置图时，应将承台下的桩位和承台所支承的柱、墙一起绘制；当设置基础联系梁时，可根据图面的疏密情况，将基础联系梁与基础平面布置图一起绘制，或将基础联系梁布置图单独绘制。

当桩基承台的柱中心线或墙中心线与建筑定位轴线不重合时，应标注其定位尺寸；编号相同的桩基承台，可仅选择一个进行标注。

 161. 桩基承台编号有几种形式？

桩基承台分为独立承台和承台梁，分别按表 9-1 和表 9-2 的规定编号。

表 9-1　　独立承台编号

类　型	独立承台截面形状	代　号	序　号	说　明
独立承台	阶形	CT_J	××	单阶截面即为平板式独立承台
	坡形	CT_P	××	

注　杯口独立承台代号可为 BCT_J 和 BCT_P，设计注写方式可参照杯口独立基础，施工详图应由设计者提供。

表 9-2　　承台梁编号

类　型	代　号	序　号	跨数及有无外伸 （××）端部无外伸
承台梁	CTL	××	（××A）一端有外伸 （××B）两端有外伸

 162. 独立承台的平面注写方式包括哪些内容？

独立承台的平面注写方式，分为集中标注和原位标注两部分内容。

（1）集中标注。独立承台的集中标注，是在承台平面上集中标注：独立承台编号、截面竖向尺寸、配筋三项必注内容，以及承台板底面标高（与承台底面基准标高不同时）和必要的文字注解两项选注内容。

（2）原位标注。独立承台的原位标注，是在桩基承台平面布置图上标注独立承台的平面尺寸，相同编号的独立承台，可仅选择一个进行标注，其他仅注编号。

163. 桩基础设计说明的主要内容有哪些？

在图纸上不能反映出的设计要求，可通过在图纸上增加文字说明的方式表达。桩基础设计说明的主要内容有：

（1）桩的种类、数量、施工方式、单桩承载力特征值。

（2）桩所采用的持力层、桩入土深度的控制方法。

（3）桩身采用的混凝土强度等级、钢筋类别和保护层厚度。

（4）设计依据、桩的特定标高。

（5）其他在施工中应注意的事项。

164. 阶形截面独立承台竖向尺寸标注有什么规定？

当独立承台为阶形截面时，如图 9-1 和图 9-2 所示。图 9-1 为两阶，当为多阶时各阶尺寸自下而上用“/”分隔顺写。当阶形截面独立承台为单阶时，截面竖向尺寸仅为一个，且为独立承台总厚度，如图 9-2 所示。

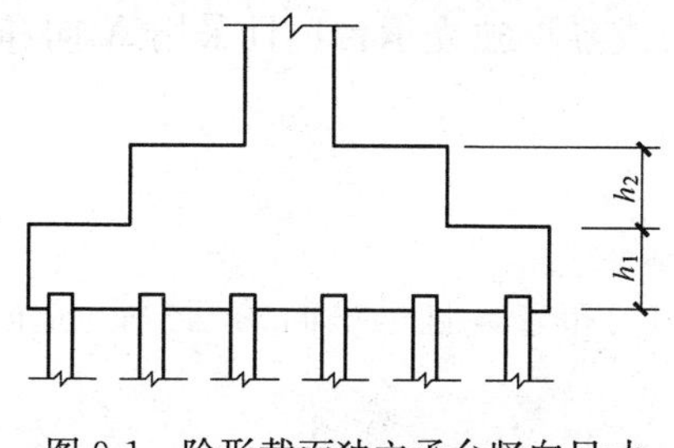

图 9-1　阶形截面独立承台竖向尺寸

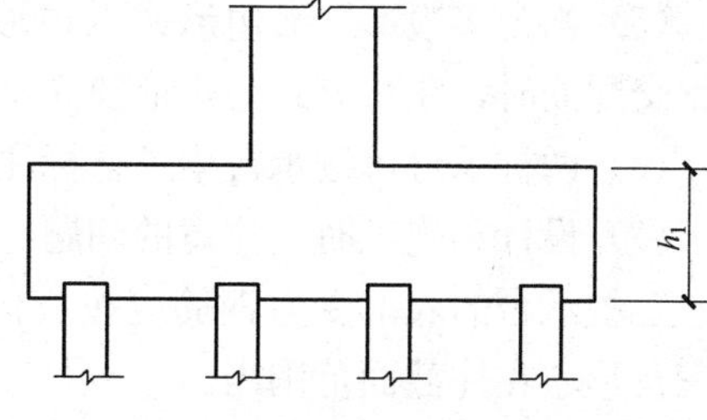

图 9-2　单阶截面独立承台竖向尺寸

165. 坡形截面独立承台竖向尺寸标注有什么规定？

当独立承台为坡形截面时，截面竖向尺寸注写为 h_1/h_2，如图 9-3 所示。

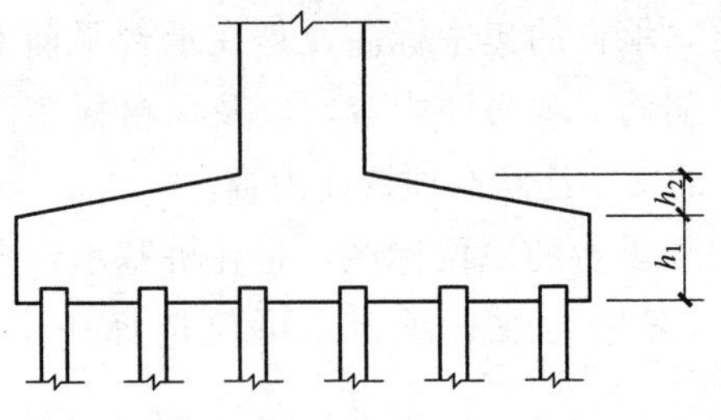

图 9-3　坡形截面独立承台竖向尺寸

 166. 注写独立承台配筋的具体规定有哪些？

注写独立承台配筋（必注内容）。底部与顶部双向配筋应分别注写，顶部配筋仅用于双柱或四柱等独立承台。当独立承台顶部无配筋时则不注顶部。注写规定如下：

（1）以B打头注写底板配筋，以T打头注写顶部配筋。

（2）矩形承台 X 向配筋以X打头，Y 向配筋以Y打头；当两向配筋相同时，则以X&Y打头。

（3）当为等边三桩承台时，以“△”打头，注写三角布置的各边受力钢筋（注明根数并在配筋值后注写“×3”），在“/”后注写分布钢筋。

【例1】　△××Φ××@×××3/φ××Φ×××。

（4）当为等腰三桩承台时，以“△”打头注写等腰三角形底边的受力钢筋＋两对称斜边的受力钢筋（注明根数并在两对称配筋值后注写“×2”），在“/”后注写分布钢筋。

【例2】　△××Φ××@×××＋××Φ××@××××2/φ××@×××。

（5）当为多边形（五边形或六边形）承台或异形独立承台，且采用 X 向和 Y 向正交配筋时，注写方式与矩形独立承台相同。

（6）两桩承台可按承台梁进行标注。

（7）设计和施工时应注意的问题。

三桩承台的底部受力钢筋应按三向板带均匀布置，且最里面的三根钢筋围成的三角形心在柱截面范围内。

167. 注写基础底面标高和必要的文字注解有什么规定？

（1）注写基础底面标高（选注内容）。当独立承台的底面标高与桩基承台底面基准标高不同时，应将独立承台底面标高注写在括号内。

（2）必要的文字注解（选注内容）。当独立承台的设计有特殊要求时，宜增加必要的文字注解。例如，当独立承台底部和顶部均配置钢筋时，注明承台板侧面是否采用钢筋封边以及采用何种形式的封边构造等。

168. 矩形独立承台原位标注有什么规定?

原位标注 x、y，x_c、y_c（或圆柱直径 d_c），x_i，y_i、a_i，b_i，$i=1$，2，3，… 其中，x、y 为独立承台两向边长，x_c、y_c 为柱截面尺寸，而 x_i，y_i 为阶宽或坡形平面尺寸，a_i，b_i 为桩的中心距及边距（a_i，b_i 根据具体情况可不注），如图 9-4 所示。

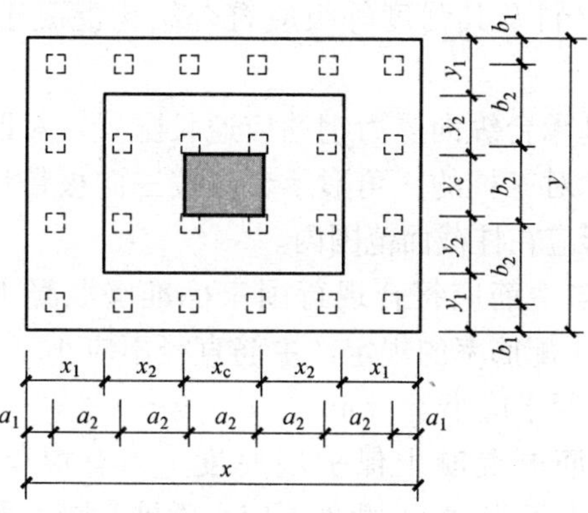

图 9-4　矩形独立承台平面原位标注

169. 等边三桩独立承台原位标注有什么规定?

结合 X、Y 双向定位，原位标注 x 或 y，x_c、y_c（或圆柱直径 d_c），x_i，y_i，$i=1$，2，3，…，a。其中，x 或 y 为三桩独立承台平面垂直于底边的高度，x_c、y_c 为柱截面尺寸，x_i，y_i 为承台分尺寸和定位尺寸，a 为桩中心距切角边缘的距离。

等边三桩独立承台平面原位标注，如图 9-5 所示。

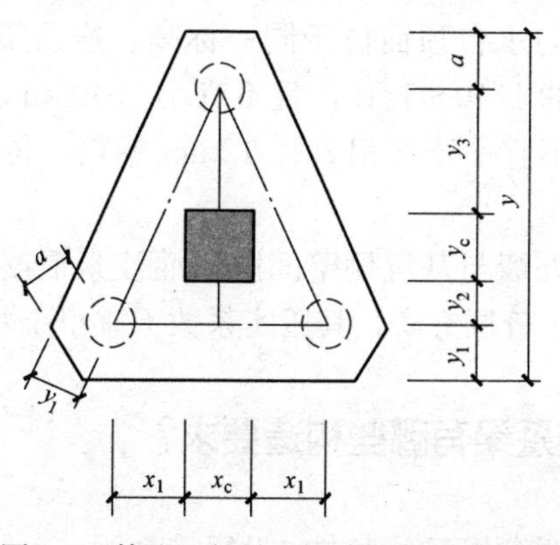

图 9-5　等边三桩独立承台平面原位标注

170. 桩基承台的构造要求有哪些？

（1）独立柱下桩基承台的最小宽度不应小于500mm，边桩中心至承台边缘的距离不应小于桩的直径或边长，且桩的外边缘至承台边缘的距离不应小于150mm。

对于墙下条形承台梁，桩的外边缘至承台梁边缘的距离不应小于75mm。承台的最小厚度不应小于300mm。高层建筑平板式和梁板式筏形承台的最小厚度不应小于400mm，墙下布桩的剪力墙结构筏形承台的最小厚度不应小于200mm。

（2）承台混凝土材料及其强度等级应符合结构混凝土耐久性的要求和抗渗要求。

（3）柱下独立桩基承台纵向受力钢筋应通长配置，对四桩以上（含四桩）承台宜按双向均匀布置，对三桩的三角形承台应按三向板带均匀布置，且最里面的三根钢筋围成的三角形应在柱截面范围内。

条形承台梁的纵向主筋应符合现行国家标准《混凝土结构设计规范》（GB 50010—2010）关于最小配筋率的规定，主筋直径不应小于12mm，架立筋直径不应小于10mm，箍筋直径不应小于6mm。

（4）承台底面钢筋的混凝土保护层厚度，当有混凝土垫层时，不应小于50mm，无垫层时不应小于70mm；此外不应小于桩头嵌入承台内的长度。

（5）桩嵌入承台内的长度对中等直径桩不宜小于50mm，对大直径桩不宜小于100mm。混凝土桩的桩顶纵向主筋应锚入承台内，其锚入长度不宜小于35倍纵向主筋直径。对于抗拔桩，桩顶纵向主筋的锚固长度应按现行国家标准《混凝土结构设计规范》（GB 50010—2010）确定。对于大直径灌注桩，当采用一柱一桩时可设置承台或将桩与柱直接连接。

（6）一柱一桩时，应在桩顶两个主轴方向上设置连系梁。当桩与柱的截面直径之比大于2时，可不设连系梁。两桩桩基的承台，应在其短向设置连系梁。有抗震设防要求的柱下桩基承台，宜沿两个主轴方向设置连系梁。

（7）连系梁顶面宜与承台顶面位于同一标高。连系梁宽度不宜小于250mm，其高度可取承台中心距的1/10～1/15，且不宜小于400mm。连系梁配筋应按计算确定，梁上、下部配筋不宜小于2根直径12mm钢筋；位于同一轴线上的连系梁纵筋宜通长配置。

（8）承台和地下室外墙与基坑侧壁间隙应灌注素混凝土，或采用灰土、级配砂石、压实性较好的素土分层夯实，其压实系数不宜小于0.94。

171. 桩承台间连系梁有哪些构造要求？

（1）单桩承台宜在两个相互垂直方向设置连系梁。

（2）两桩承台，宜在其短方向设置承台梁。

（3）有抗震设防要求的柱下独立承台，宜在两个主轴方向设置连系梁。

（4）柱下独立桩基承台间的联系梁与单排桩或双排桩的条形基础承台梁不同。承台连系梁的顶部一般与承台的顶部在同一标高，承台连系梁的底部比承台的底部高，以保证梁中的纵向钢筋在承台内的锚固。

（5）连系梁中的纵向钢筋是按结构计算配置的受力钢筋。

（6）当连系梁上部有砌体等荷载时，该构件是拉（压）弯或受弯构件，钢筋不允许绑扎搭接。

（7）位于同一轴线上相邻跨的连系梁纵向钢筋应拉通设置，不允许连系梁在中间承台内锚固。

（8）承台连系梁通常在二 a 或二 b 环境中，纵向受力钢筋在承台内的保护层厚度应满足相应环境中最小厚度的要求。

（9）承台间连系梁中的纵向钢筋在端部的锚固要求（按受力要求）：从柱边缘开始锚固，水平段不小于 $35d$，不满足时，上、下部的钢筋从端边算起 $25d$，上弯 $10d$；（与承台钢筋相同）。

（10）连系梁中的箍筋，在承台梁不考虑抗震时，是不考虑延性要求的，所以一般不设置构造加密区。两承台梁箍筋，应有一向截面较高的承台梁箍筋贯通设置，当两向承台梁等高时，可任选一向承台梁的箍筋贯通设置。

172. 墙下单排桩承台梁端部钢筋构造是怎样的？

承台梁端部钢筋构造如图 9-6 所示。

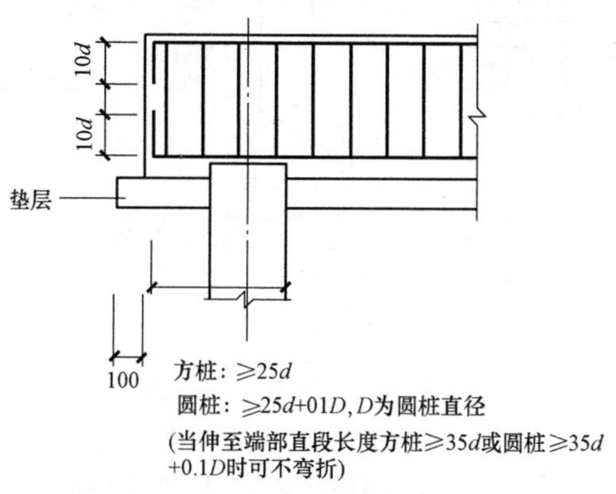

图 9-6　承台梁端部钢筋构造

构造图说明：

承台梁上下贯通纵筋伸至端部弯折 $10d$，当伸至端部直段长度方桩第一单元

35d 或圆桩≥35d+0.1D 时可不弯折（D 为圆桩直径）。

173. 墙下单排桩承台配筋构造是怎样的？

墙下单排桩承台 CTL 配筋构造如图 9-7 所示。

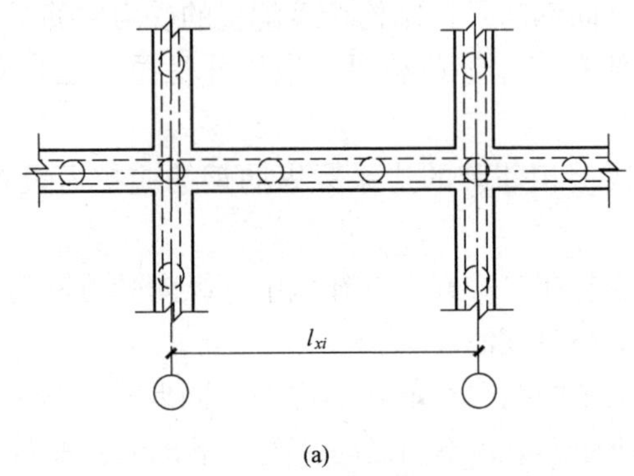

(a)

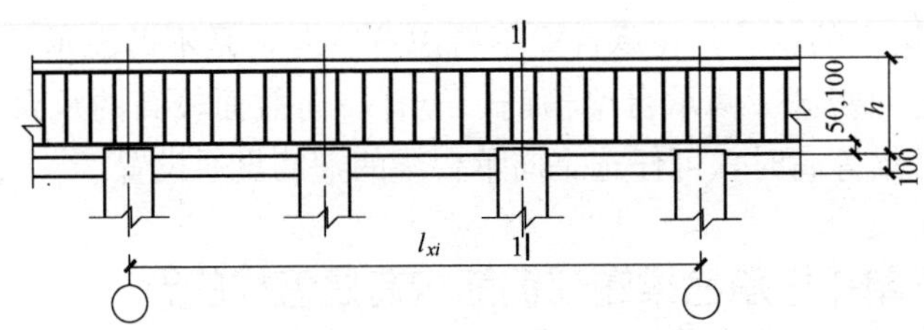

(b)

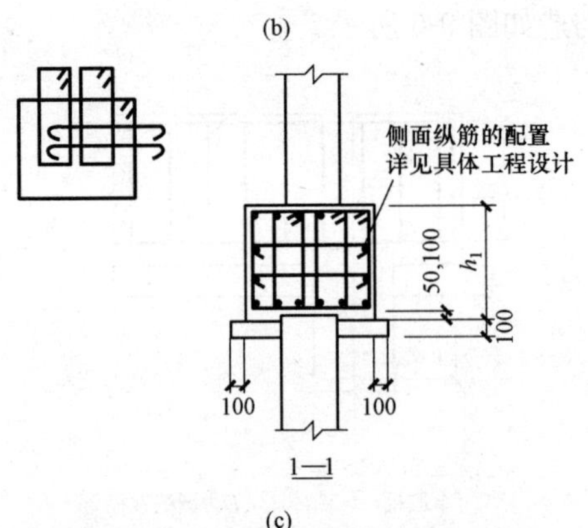

(c)

图 9-7　墙下单排桩承台 CTL 配筋构造

构造图说明：

(1) 当桩直径或桩截面边长小于 800mm 时，桩顶嵌入承台 50m；当桩径或截面边长大于等于 800mm 时，桩顶嵌入承台 100mm。

（2）拉筋直径为 8mm，间距为箍筋的 2 倍。当没有多排拉筋时，上下两排拉筋竖向错开设置。

174. 墙下双排桩承台梁端部钢筋构造是怎样的?

承台梁端部钢筋构造如图 9-8 所示。

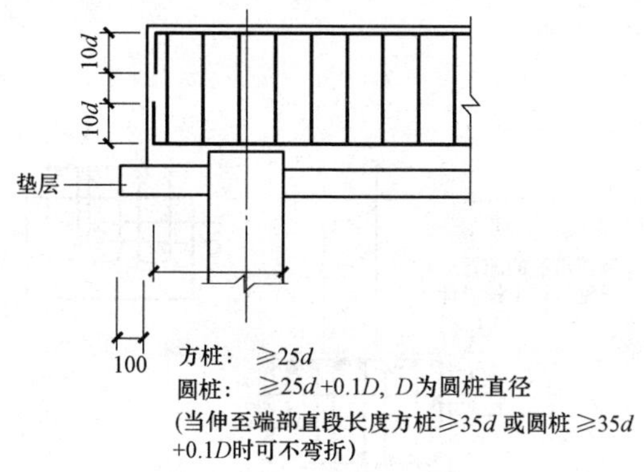

图 9-8　承台梁端部钢筋构造

构造图说明：

承台梁上下贯通纵筋伸至端部弯折 $10d$，当伸至端部直段长度方桩第一单元 $35d$ 或圆桩$\geqslant 35d+0.1D$ 时可不弯折（D 为圆桩直径）。

175. 如何识读墙下双排桩承台梁配筋构造图?

墙下双排桩承台梁 CTL 钢筋构造如图 9-9 所示。

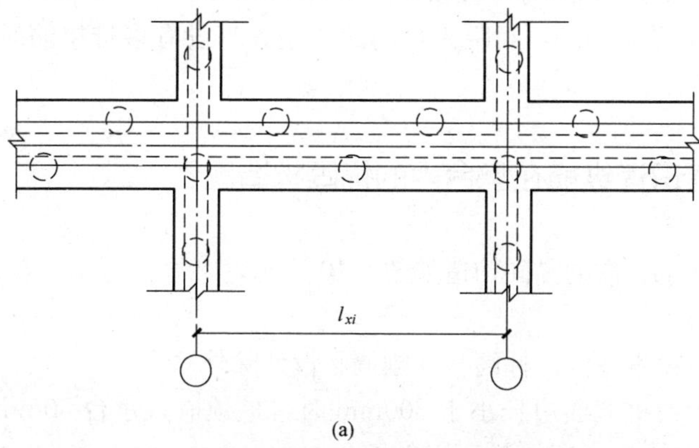

图 9-9　墙下双排桩承台梁 CTL 钢筋构造

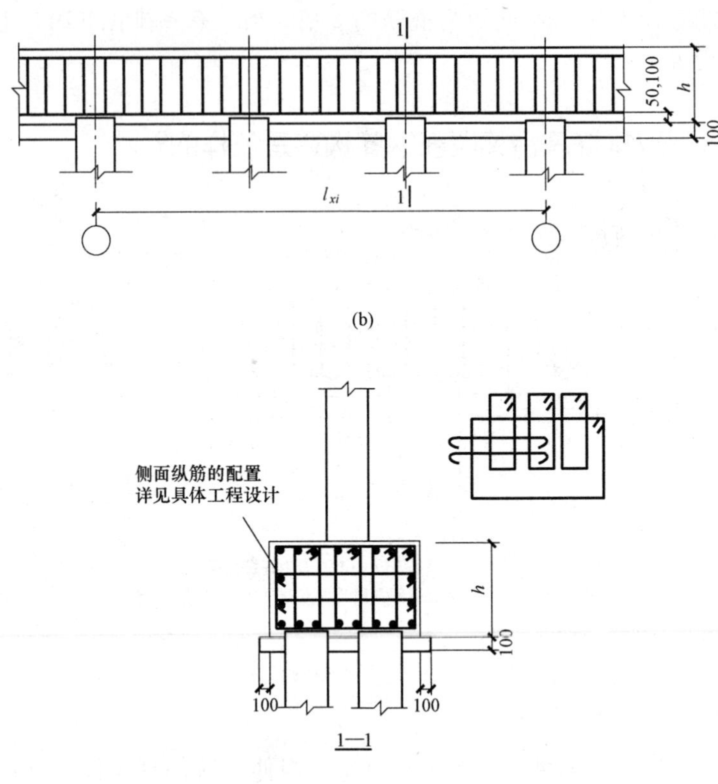

图 9-9 墙下双排桩承台梁 CTL 钢筋构造

构造图说明：

(1) 当桩直径或桩截面边长小于 800mm 时，桩顶嵌入承台 50mm；当桩径或截面边长大于等于 800mm 时，桩顶嵌入承台 100mm。

(2) 拉筋直径为 8mm，间距为箍筋的 2 倍。当没有多排拉筋时，上下两排拉筋竖向错开设置。

 176. 如何识读纵筋在承台内的锚固构造图?

桩顶纵筋在承台内的锚固构造如图 9-10 所示。

构造图说明：

(1) 桩顶应设置在同一标高（变刚调平设计除外）。

(2) 当桩径或桩截面边长小于 800mm 时，桩顶嵌入承台 50mm；当桩径或截面边长大于等于 800mm 时，桩顶嵌入承台 100mm。

(3) 桩纵向钢筋在承台内的锚固长度（抗压、抗拔桩，l_a、35d)，规范中规定

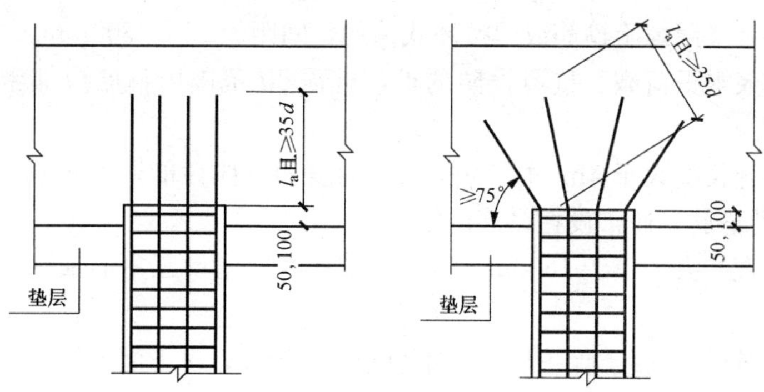

图 9-10　桩顶纵筋在承台内的锚固构造

不能小于 35d，地下水位较高，设计的抗拔桩，还有单桩承载力试验时，这时一般要求不小于 40d。

（4）大口径桩单柱无承台时，柱钢筋锚入大口径桩内，如人工挖孔桩，要设计拉梁。

（5）当桩顶纵筋预留长度大于承台厚度时，预留钢筋在承台内向四周弯成大于等于 75°的方式处理。

 177. 识读灌注桩箍筋的构造，要求有哪些？

（1）纵向钢筋的长度。

1）端承型和位于坡地、岸边的桩应沿桩身通长配筋。

2）不应小于桩长的 2/3，且不得小于 2.5m；当受水平力时配筋长度不宜小于 4.0/ α（α 为桩的水平变形系数），当桩长小于 4.0/ α 时应通长配筋。

3）受负摩阻力的桩，其配筋长度应穿过软弱土层进入稳定土层，进入的深度不应小于（2～3）d。

4）对地震设防区的桩，桩身配筋长度应穿过液化土层和软弱土层，进入稳定土层的深度应符合相关规定；因地震作用、冻胀、膨胀力作用而受拔力的桩应通长配筋。

（2）纵向钢筋的配筋率。

1）最小配筋率：受压时大于等于 0.2%～0.4%，受弯及抗震设防时大于等于 0.4%～0.65%（小桩径取高值，大柱径取低值）。

2）不小于 6Φ10，受水平荷载时不小于 8Φ12。

3）嵌岩桩和抗拔桩应按计算确定配筋率，专用抗拔桩一般应通长配筋，因地震力，冻胀或膨胀力作用而受拔力的桩，按计算配通长或局部长度的抗拉钢筋。

（3）箍筋及构造钢筋。

1）桩纵向钢筋净距不应小于 6d。

2）箍筋宜采用螺旋箍筋或焊接环式箍筋，间距为200～300mm。

3）有较大水平荷载、抗震设防的桩，桩顶$5d$范围内箍筋应加密，间距不应大于100mm。

4）钢筋笼长度大于4m时，为加强其刚度和整体性能，可每隔2m左右设置一道焊接加劲箍筋（通常设在纵筋内侧）。

5）桩身直径大于等于1600mm时，在加劲箍内增设三角形加劲箍筋，并与主筋焊接。

（4）纵向钢筋混凝土保护层厚度不应小于35mm；水下灌注桩或地下水对混凝土有侵蚀时，其保护层厚度不应小于50mm。

（5）在四、五类环境还应符合现行的国家、行业标准。

（6）还应注意地方标准的有关规定。

178. 桩基础设计说明的主要内容有哪些？

在图纸上不能反映出的设计要求，可通过在图纸上增加文字说明的方式表达。桩基础设计说明的主要内容有：

（1）桩的种类、数量、施工方式、单桩承载力特征值。

（2）桩所采用的持力层、桩入土深度的控制方法。

（3）桩身采用的混凝土强度等级、钢筋类别和保护层厚度。

（4）设计依据、桩的特定标高。

（5）其他在施工中应注意的事项。

179. 桩位平面布置图的具体内容有哪些？

桩位平面布置图是用一个假想水平面将基础从桩顶附近切开，移去上面部分后向下部分作正投影所形成的水平投影图。桩位平面布置图的具体内容有：

（1）桩的名称、类型、数量、断面尺寸、桩长的选择、结构和其他在工工中应注意的事项。

（2）图名、比例。比例最好应与建筑平面一致，常采用1∶100、1∶200。定位轴线及其编号、尺寸间距。

（3）桩平面位置反映出桩与定位轴线的相对关系。

180. 识读桩位布置平面图的一般阅读步骤是什么？

桩位布置平面图的一般阅读步骤：

（1）看图名、绘图比例。

（2）与建筑首层平面图对照，校对定位轴线编号是否与之相符合。

（3）读设计说明，明确桩的施工方法、单桩承载力值、采用的持力层、桩身入土深度及控制、桩的构造要求。

（4）结合设计说明或桩详图，弄清楚不同长度桩的数量、桩顶标高和分布位置等。

（5）明确试桩的数量以及为试桩提供反力的锚桩数量、配筋情况，以便及时与设计单位共同确定试桩和锚桩桩位。

181. 如何识读桩位平面布置图？

下面以实例来说明：

某桩位平面布置图如图 9-11 所示。

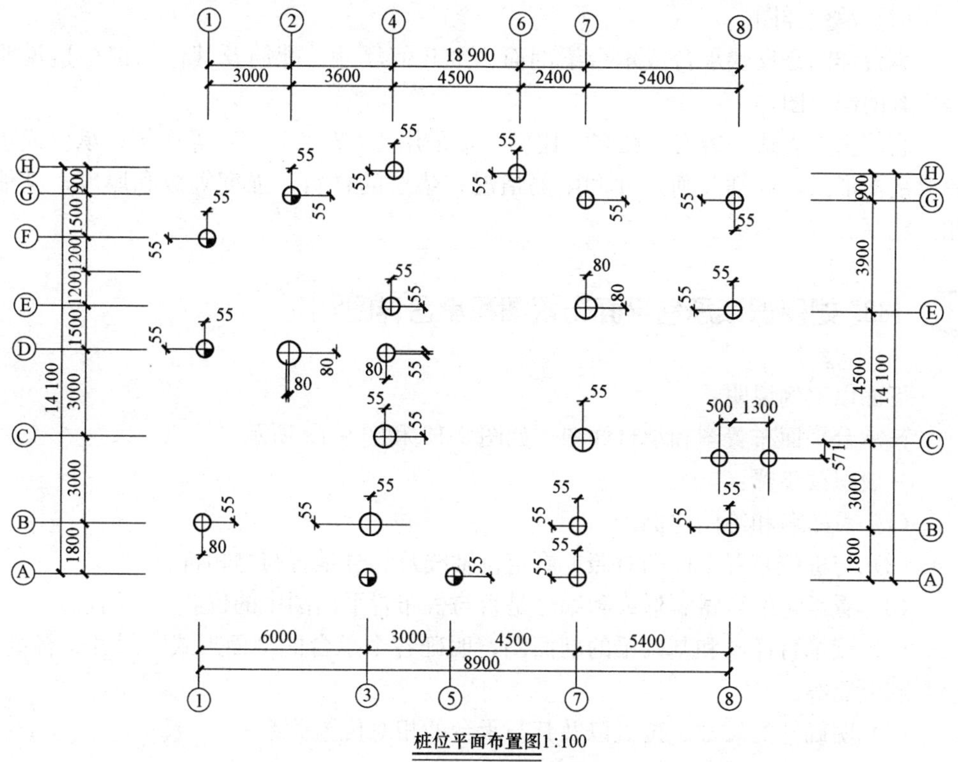

图 9-11　桩位平面布置图

实例识读：

（1）本工程采用泥浆护壁机械钻孔灌注桩，总桩数 23 根；以及其他有关桩基的详细内容。

（2）图名为桩位置平面图，比例为 1∶100。定位轴线为①～⑧和Ⓐ～Ⓗ。

(3) 定位轴线⑧和Ⓔ交叉点附近的桩身，两个尺寸数字“55”分别表示桩的中线位置线距定位轴线⑧和Ⓔ的距离均为 55mm。

定位轴线⑦和Ⓖ交叉处的桩身，从图中可知，⑦号定位轴线穿过该桩身中心，Ⓖ号定位轴线偏离桩身中心线距离为 55mm。

 182. 承台平面布置图和承台详图的内容包括什么?

(1) 承台平面布置图。

承台平面布置图是用一个略高于承台底面的假想水平面将桩基剖开移去上面部分，并向下作正投影所得到的水平投影图。

它的主要内容包括：图名、比例，定位轴线及其编号、尺寸间距，承台的位置和平面外形尺寸，承台的平面布置。

(2) 承台详图。

承台详图是反映承台或承台梁剖面详细几何尺寸、配筋及其他细部构造说明等内容的剖面图。

它的主要表达内容有：图名、比例，常采用 1∶20、1∶50 等比例；承台或承台梁剖面形式、详细几何尺寸和配筋情况；垫层的材料、强度等级和厚度；其他相关注释。

 183. 如何识读承台平面布置图和承台详图?

下面以实例说明：

某承台平面布置图和承台详图，如图 9-12 和图 9-13 所示。

一般识读步骤：

(1) 看图名和绘图比例。

(2) 与桩位布置平面图对照，看定位轴线及编号是否与之相符合。

(3) 看承台的数量、形式和编号是否与桩布置平面图中的位置一一对应。

(4) 读承台详图和基础梁的剖面图，明确各个承台的剖面形式、尺寸、标高、材料和配筋等。

(5) 明确柱的尺寸、位置以及其与承台的相对位置关系。

(6) 垫层的材料、强度等级和厚度。

实例识读：

如图 5-19 所示为承台布置平面图和承台详图，也可称为基础结构平面图，它与图 5-18 的桩位布置平面图相对应。

(1) CT 为独立承台的代号，图中出现的此类代号有“CT-1a、CT-1、CT-2、CT-3”，表示四种类型的独立承台。承台周边的尺寸可以表达出承台中心线偏离定

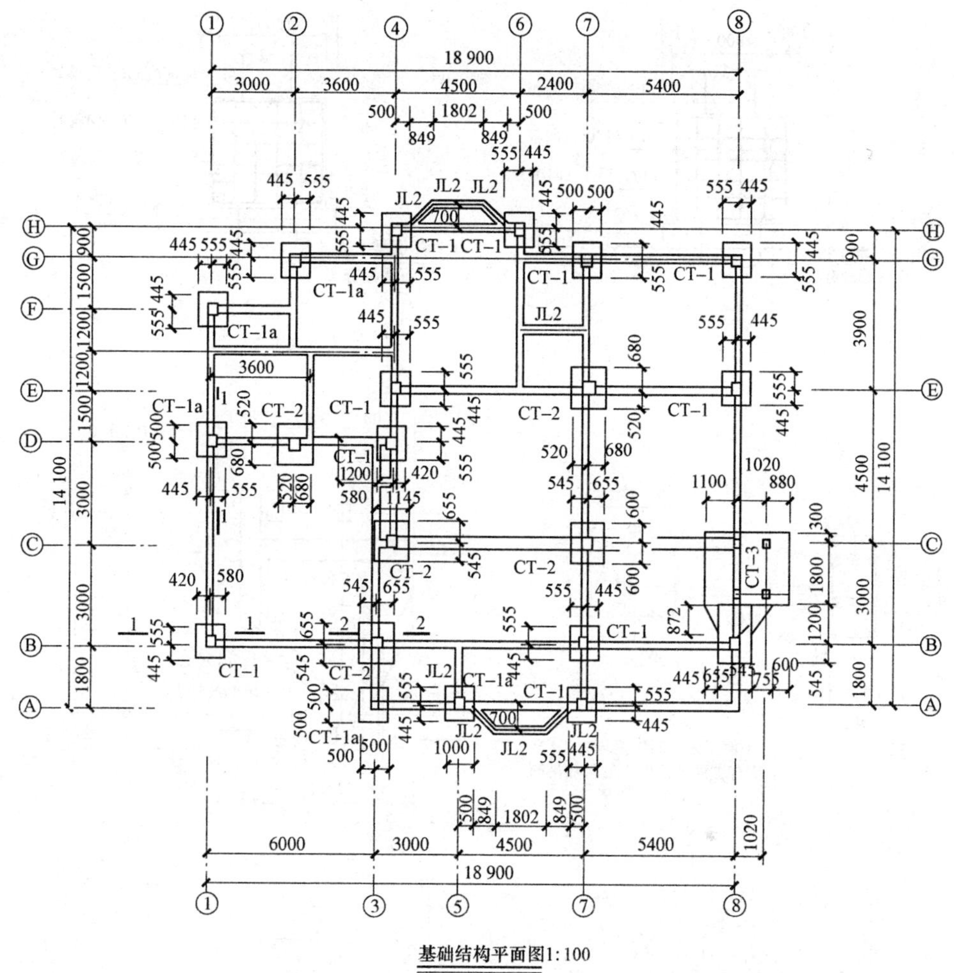

图 9-12　承台布置平面布置图和承台详图（一）

位轴线的距离以及承台外形几何尺寸。

图中定位轴线①号与Ⓑ号交叉处的独立承台，尺寸数字“420”和“580”表示承台中心向右偏移出①号定位轴线 80mm，承台该边边长 1000mm。

从尺寸数字“445”和“555”可知，该独立承台中心向上偏移出Ⓑ号轴线 55mm，承台该边边长 1000mm。

（2）“JL1、JL2”代表两种类型的地梁，从 JL1 剖面图下附注的说明可知，基础结构平面图中未注明地梁均为 JL1，所有主次梁相交处附加吊筋 2Φ14，垫层同垫台。

剖切符号“1—1”“2—2”“3—3”表示承台详图中承台在基础结构平面布置图上的剖切位置。

（3）图中“1—1”“2—2”分别为独立承台 CT-1、CT-1a、CT-2 的剖面图。

图中 JL1、JL2 分别为 JL1、JL2 的断面图。

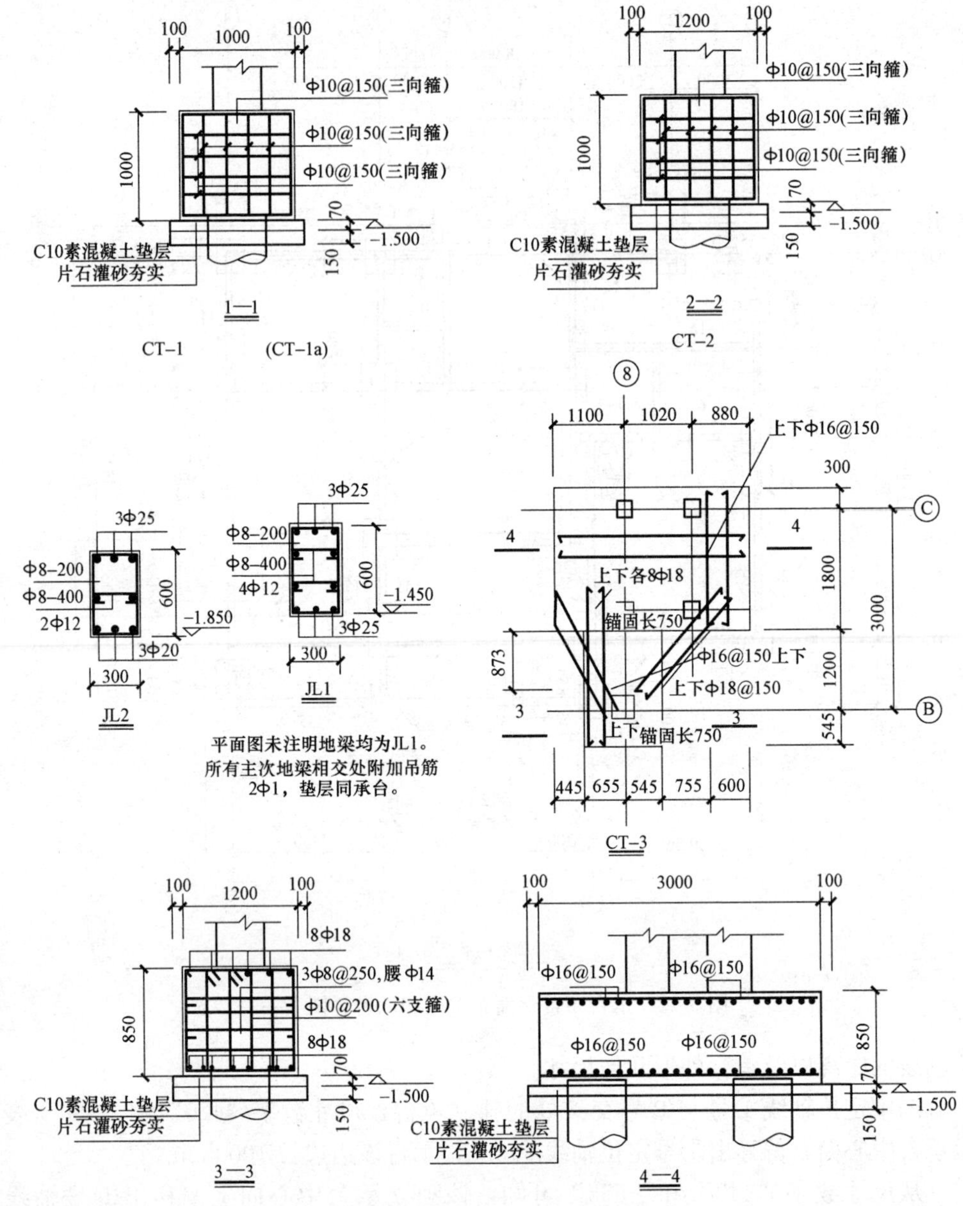

图 9-13 承台布置平面布置图和承台详图（二）

图 9-13 中 CT-3 为独立承台 CT-3 的平面详图，其中的截面图“3—3”“4—4”为独立承台 CT-3 的剖面图。

（4）由“1—1”剖面图可知，承台高度为 1000mm，承台底面即垫层顶面标高为−1.500m。垫层分上、下两层，上层为 70mm 厚的 C10 素混凝土垫层，下层用片石灌砂夯实。

由于承台 CT-1 与承台 CT-1a 的剖面形状、尺寸相同，只是承台内部配置有所差别，如图中Φ10@150 为承台 CT-1 的配筋，其旁边括号内注写的三向箍为承台 CT-1a 的内部配筋，所以当选用括号内的配筋时，“1—1”表示的为承台 CT-1a 的剖面图。

（5）从平面详图 CT-3 可知，该独立承台由两个不同形状的矩形截面组成，一个是边长为 1200mm 的正方形独立承台，另一个为截面尺寸为 2100mm×3000mm 的矩形双柱独立承台。两个矩形部分之间用间距为 150mm 的Φ8 钢筋拉结成一个整体。

图中“上下Φ6@150”表示该部分上下部分两排钢筋均为间距 150mm 的Φ6 钢筋；其中弯钩向左和向上的钢筋为下排钢筋，弯钩向右和向下的钢筋为上排钢筋。

（6）剖切符号“3—3”“4—4”表示断面图“3—3”“4—4”在该详图中的剖切位置。

由“3—3”断面图可知，该承台断面宽度为 1200mm，垫层每边多出 100mm，承台高度 850mm，承台底面标高为－1.500m，垫层构造与其他承台垫层构造相同。

由“4—4”断面图可知，承台底部所对应的垫层下有两个并排的桩基，承台底部与顶部均纵横布置着间距 150mm 的Φ6 钢筋，该承台断面宽度为 3000mm，下部垫层两外侧边线分别超出承台宽两边线 100mm。

（7）CT-3 为编号为 3 的一种独立承台结构详图。A 实际是该独立承台的水平剖面图，图中显示两个不同形状的矩形截面。它们之间用间距为 150mm 的Φ8 钢筋拉结成一个整体。该图中上下Φ6@150 表达的是上下两排Φ16 的钢筋间距 150mm 均匀布置，图中钢筋弯钩向左和向上的表示下排钢筋，钢筋弯钩向右和向下的表示上排钢筋。还有，独立承台的剖切符号“3—3”“4—4”分别表示对两个矩形部分进行竖直剖切。

（8）JL1 和 JL2 为两种不同类型的基础梁或地梁。

JLI 详图也是该种地梁的断面图，截面尺寸为 300mm×600mm，梁底面标高为－1.450m；在梁截面内，布置着 3 根直径为Φ25 的 HRB 级架立筋，3 根直径为Φ25 的 HRB 级受力筋，间距为 200mm、直径为Φ8 的 HPB 级箍筋，4 根直径为Φ12 的 HPB 级的腰筋和间距 100mm、直径为Φ8 的 HPB 级的拉筋。

JL2 详图截面尺寸为 300mm×600mm，梁底面标高为－1.850m；在梁截面内，上部布置着 3 根直径为Φ20 的 HRB 级的架立筋，底部为 3 根直径为Φ20 的 HRB 级的受力钢筋，间距为 200mm、直径为Φ8 的 HPB 级的箍筋，2 根直径为Φ12 的 HPB 级的腰筋和间距为 400mm、直径为Φ8 的 HPB 级的拉箍。

184. 如何识读桩、承台平面布置图？

下面以实例来说明：

（1）某建筑的桩、承台平面布置图，如图 9-14 所示，桩身详图和设计说明如图 9-15 所示。

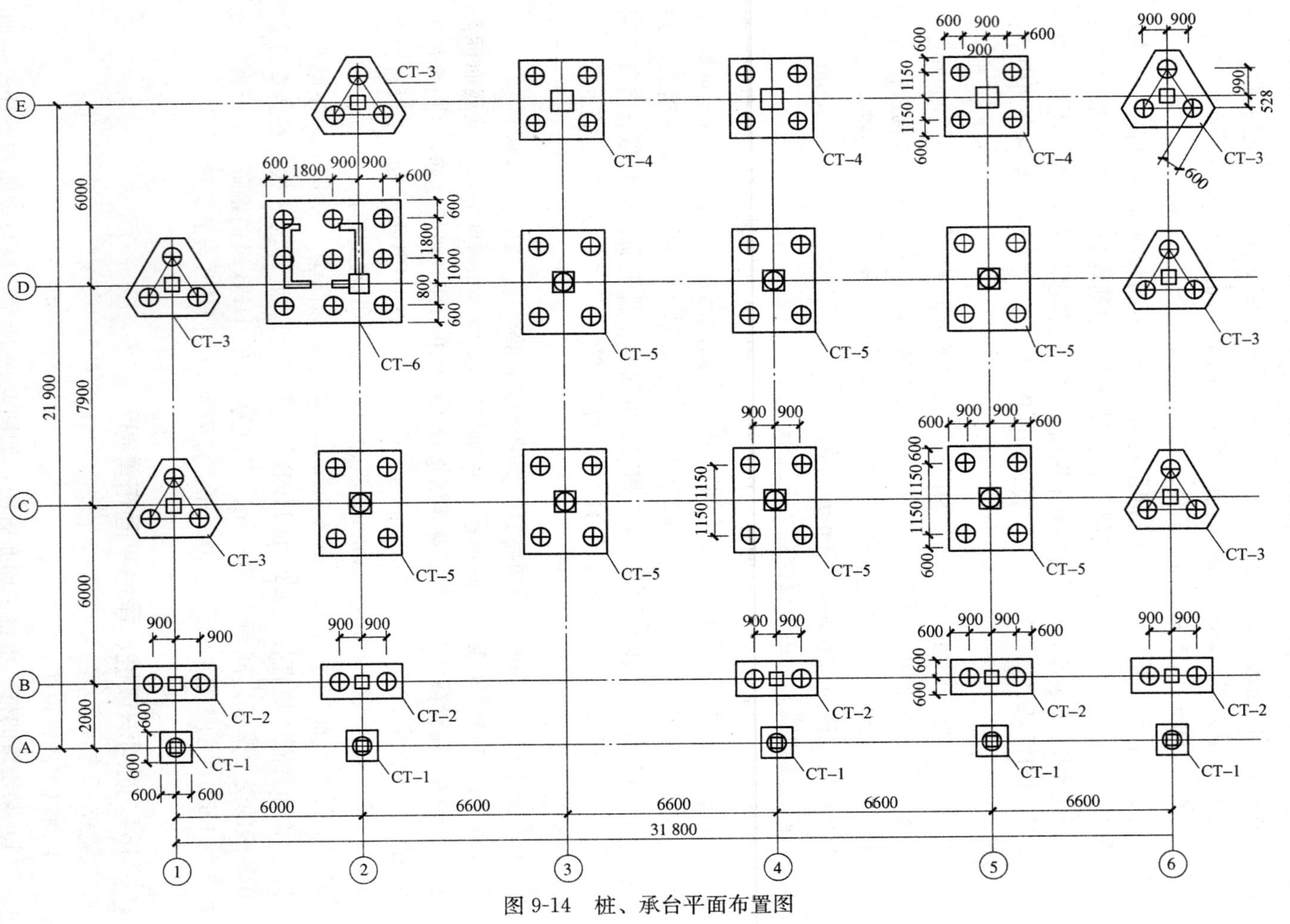

图 9-14　桩、承台平面布置图

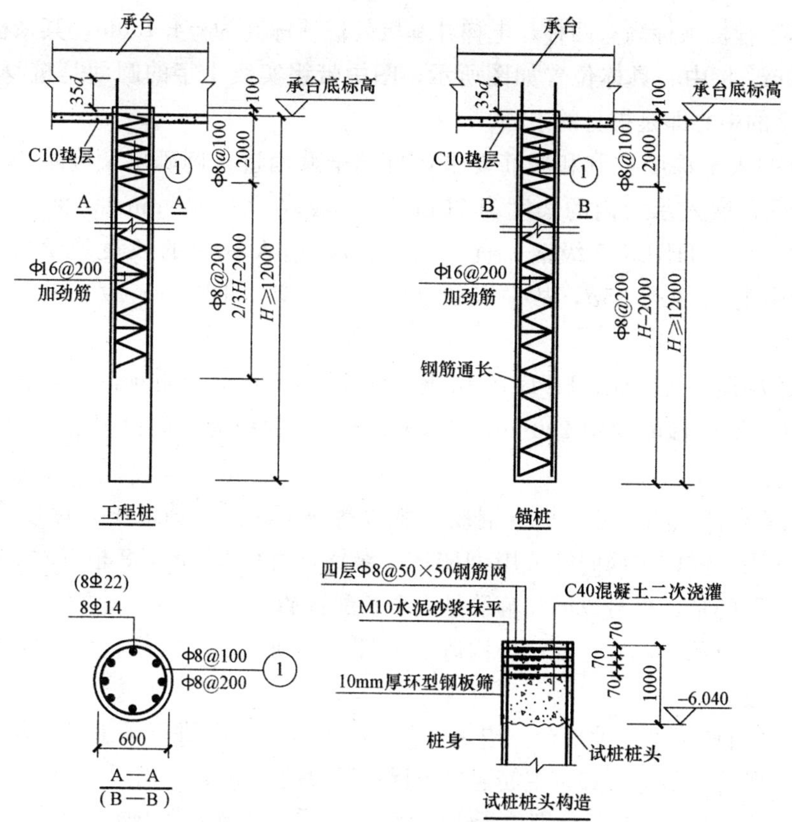

图 9-15　桩身详图及说明

注：1. 本工程采用螺旋钻孔压灌混凝土桩，桩径为 600mm，桩长不小于 12m，单桩竖向承载力特征值 R_a＝2000kN，桩端持力层为圆砾层，桩端进入持力层深度不小于 1.5 倍桩径。

2. 桩身混凝土强度等级 C30、Φ为 HPB235 钢筋，Φ为 HRB335 钢筋，桩身钢筋保护层 70mm。

3. 桩顶部浮浆段应凿掉，此段不在桩长范围内，试桩桩头，桩身及锚桩桩身混凝土在试桩时应达到设计强度，为保证工期，施工时应及时清除试桩桩头部分的浮浆并浇筑试桩桩头混凝土。

4. 施工前应试成孔成桩，且不少于 2 个，以核对地质资料，确定适合实际条件的各项工艺参数。

5. 施工前应按有关规定试桩，试桩数量不少于总桩数的 1%，并不少于 3 根，同时应采用应变法等方法对桩身质量及承载力进行检查。

6. 施工时如实际土层与设计不符，请及时与设计人员联系处理。

实例识读：

1）图 9-14 和图 9-15 是该建筑的桩基础平面布置图，是以 1∶100 的比例绘制的。经核对，其轴线及尺寸与建筑平面图一致。

2）阅读设计说明，可知本工程基础采用螺旋钻孔压灌混凝土桩（简称压灌桩），根据××勘察研究院提供的“岩土工程勘察报告”，选用圆砾层为桩端持力层，桩径为 600mm，桩长不小于 12m，单桩竖向承载力特征值 R_a＝2000kN。

3）本工程桩顶标高有两种，电梯井基坑处桩顶标高为－4.150m，其余桩顶标高－2.550m，桩中心具体位置如图所示，图中带粗实线十字的圆即是桩身截面，粗实线十字的中心即是桩身的中心。

4）桩的入土深度控制和配筋要求：桩端全截面进入圆砾层长度不小于1.5倍桩径，桩顶嵌入承台内的长度为70mm（一般取50～100mm）；桩身配筋主筋为8⌀14（8根HRB335级钢，直径14mm），埋入桩内的长度取2/3桩长，锚入承台中的长度为35d，故总长度为8560mm，（12000×2/3＋35×14＋70＝8560）。

箍筋采用螺旋式箍筋，HPB235级钢、ϕ8@100/200，在桩顶部2000mm范围内间距100，除此箍筋间距200mm；为增强钢筋笼的稳固性而设置的加劲筋ϕ16每2m一道。

5）阅读设计说明，可知桩身混凝土强度等级C30，主筋保护层厚度50mm；试桩数量3根，锚桩主筋同样采用HRB335级钢，直径22mm，8根（8⌀22），但与工程桩不同的是，桩身纵筋和箍筋是沿全长配置的。

（2）某建筑承台尺寸、配筋、构造，如图9-16所示。

实例识读：

1）该建筑使用了6种承台，按承台种类的不同，分别进行了编号，参照说明承台混凝土强度等级为C40，主筋混凝土保护层厚度40mm。

2）CT-1：数量5个，分别位于①、②、④、⑤、⑥轴与Ⓐ轴相交处，是单桩承台，为正方形1200mm×1200mm，承台CT-1顶标高－1.500m，考虑承台高度900，故CT-1底标高－2.400m。

配筋形式为三向环箍⌀12@200，表示：HRB335级钢筋，直径12mm，间距200mm。

3）CT-2：数量5个，分别位于①、②、④、⑤、⑥轴与Ⓑ轴相交处，属两桩承台，为矩形3000mm×1200mm（长×宽），承台CT-2顶标高－1.500m，考虑承台高度1400，故CT-2底标高－2.900m；两桩承台从受力的角度看就好比一根简支梁，因此它的配筋形式和简支梁的配筋形式相似，下部配置受力钢筋10⌀25，上部配置为绑扎箍筋而设置的架立筋4⌀14，箍筋为四肢箍⌀14@200；两侧配置侧面构造钢筋8⌀14。

4）CT-3：数量6个，分别位于①、⑥轴相交处、②轴与Ⓔ轴相交处，属三桩承台，承台的形状近似于一个三角形，但在角部做了60°切角，承台CT-3顶标高－1.500m，考虑承台高度1200，故CT-3底标高－2.700m。CT-3沿着三根桩的中心线，在承台下部配置了9⌀25的钢筋，同时钢筋之间间距为100mm。

5）CT-4：数量3个，分别位于③、④、⑤轴与Ⓔ轴相交处，属四桩承台，为正方形3000mm×3000mm，承台CT-4顶标高－1.500m，考虑承台高度1200，故

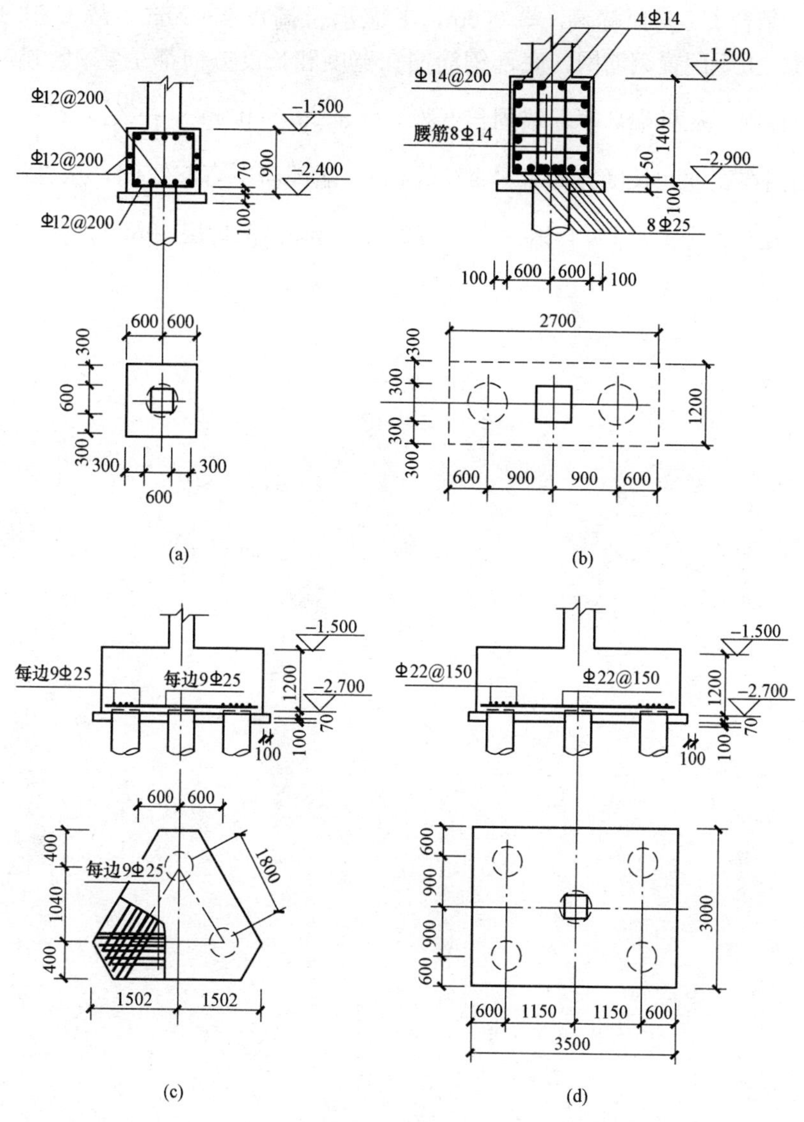

图 9-16 承台详图

CT-4 底标高－2.700m。在承台底面沿着承台两个边的方向均匀地布置 15Φ25 钢筋。

6）CT-5：数量 7 个，位于建筑物地中间部位，属五桩承台，为矩形，边长 3500mm×3000mm（长×宽），承台 CT-5 顶标高－1.500m，考虑承台高度 1200，故 CT-5 底标高－2.700m。在承台底面沿着承台两个边的方向，在长边方向均匀地布置 22Φ25 钢筋，在短边方向均匀地布置 20Φ25 钢筋。

7）CT-6：数量 1 个，位于电梯井处，属群桩承台，为矩形，边长 4800mm×

4800mm，承台CT-6顶标高－3.000m，考虑承台高度1300mm，故CT-6底标高－4.300m。上下配置钢筋网，底部钢筋网在宽度和长度方向都是⌀20@150，端部向上弯起锚固，从桩端部算起锚固长度为$l_a=\alpha\frac{f_y}{f_t}d=0.14\times\frac{300}{1.71}\times25=614\text{mm}$，顶部钢筋网在宽度和长度方向都是⌀25@120，端部向下弯起锚固，从桩端部算起锚固长度为$l_a=\alpha\frac{f_y}{f_t}d=0.14\times\frac{300}{1.71}\times20=491\text{mm}$。保护层40mm。

楼梯平法施工图识读

 185. 楼梯类型有几种?

《混凝土结构施工图平面整体表示方法制图规则和构造详图（现浇混凝土板式楼梯）》（11G101-2）中共包含 11 种类型的楼梯，见表 10-1。

表 10-1　楼　梯　类　型

梯板代号	适用范围		是否参与结构整体抗震计算
	抗震构造措施	适用结构	
AT	无	框架、剪力墙、砌体结构	不参与
BT			
CT	无	框架、剪力墙、砌体结构	不参与
DT			
ET	无	框架、剪力墙、砌体结构	不参与
FT			
GT	无	框架结构	不参与
HT		框架、剪力墙、砌体结构	
ATa	有	框架结构	不参与
ATb			不参与
ATc			参与

注　1. ATa 低端设滑动支座支承在梯梁上；ATb 低端设滑动支座支承在梯梁的挑板上。
　　2. ATa、ATb、ATc 均用于抗震设计，设计者应指定楼梯的抗震等级。

 186. 楼梯是由哪几部分组成?

楼梯是由楼梯段、休息平台和栏杆或栏板而组成，如图 10-1 所示。

楼梯详图一般分建筑详图和结构详图，并分别绘制，分别编入建筑施工图和结构施工图中。当楼梯的构造和装修都比较简单时，也可将建筑详图与结构详图合并绘制，或编入建筑施工图中，或编入结构施工图中。

楼梯详图主要表明楼梯形式、结构类型、楼梯间各部位的尺寸及装修做法，

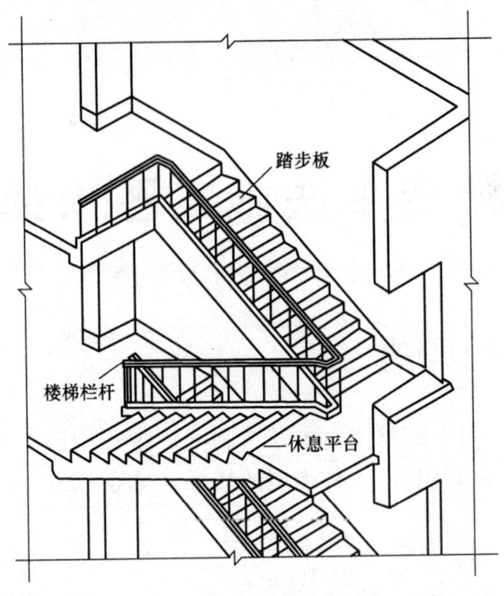

图 10-1　楼梯组成

为楼梯的施工制作提供依据。

楼梯建筑详图一般包括楼梯平面图、楼梯剖面图及栏杆或栏板、扶手、踏步大样图等图样。

187. 现浇混凝土板式楼梯平法施工图的表达方式是什么?

(1) 现浇混凝土板式楼梯平法施工图有平面注写、剖面注写和列表注写三种表达方式，设计者可根据工程具体情况任选一种。

梯板表达方式及与楼梯相关的平台板、梯梁、梯柱的注写方式参见国家建筑标准设计图集《混凝土结构施工图平面整体表示方法制图规则和构造详图（现浇混凝土框架、剪力墙、梁、板)》(11G101-1)。

(2) 楼梯平面布置图，应按照楼梯标准层，采用适当比例集中绘制，需要时绘制其剖面图。

(3) 为方便施工，在集中绘制的板式楼梯平法施工图中，宜注明各结构层的楼面标高、结构层高及相应的结构层号。

188. 楼梯的相关构造有哪些?

(1) AT 型楼梯板配筋构造如图 10-2 所示。

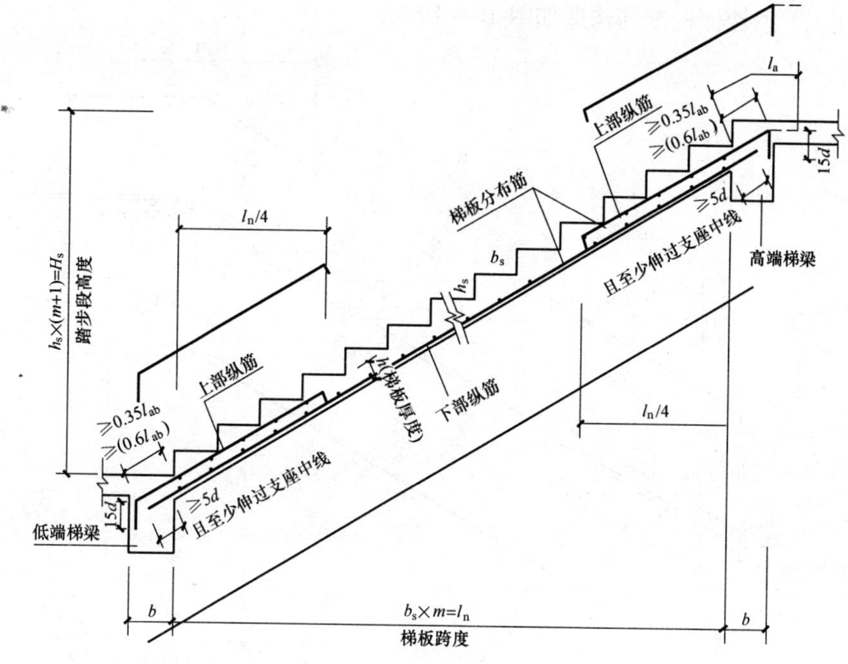

图 10-2　AT 型楼梯板配筋构造

(2) BT 型楼梯板配筋构造如图 10-3 所示。

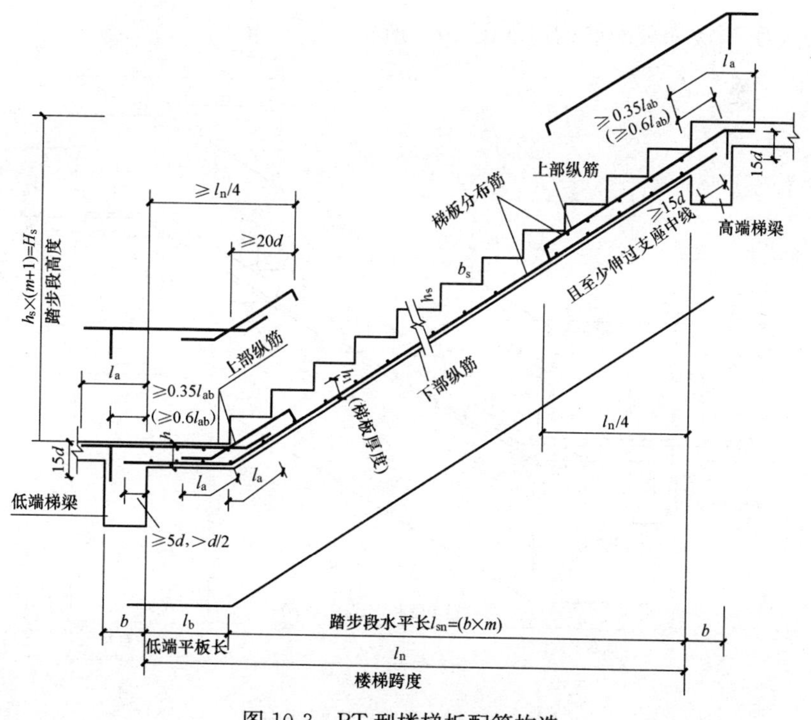

图 10-3　BT 型楼梯板配筋构造

(3) CT 型楼梯板配筋构造如图 10-4 所示。

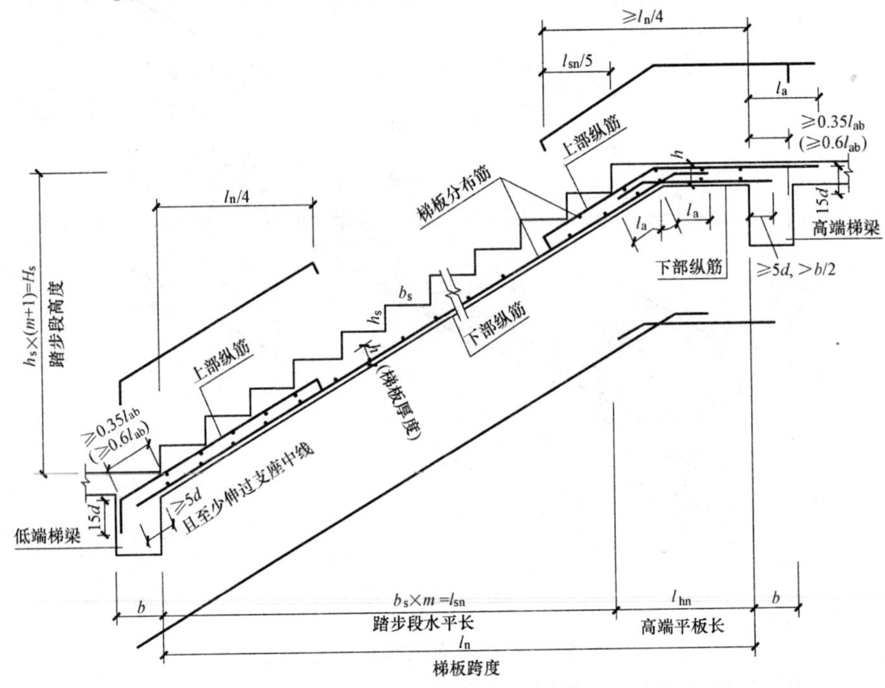

图 10-4 CT 型楼梯板配筋构造

(4) DT 型楼梯板配筋构造如图 10-5 所示。

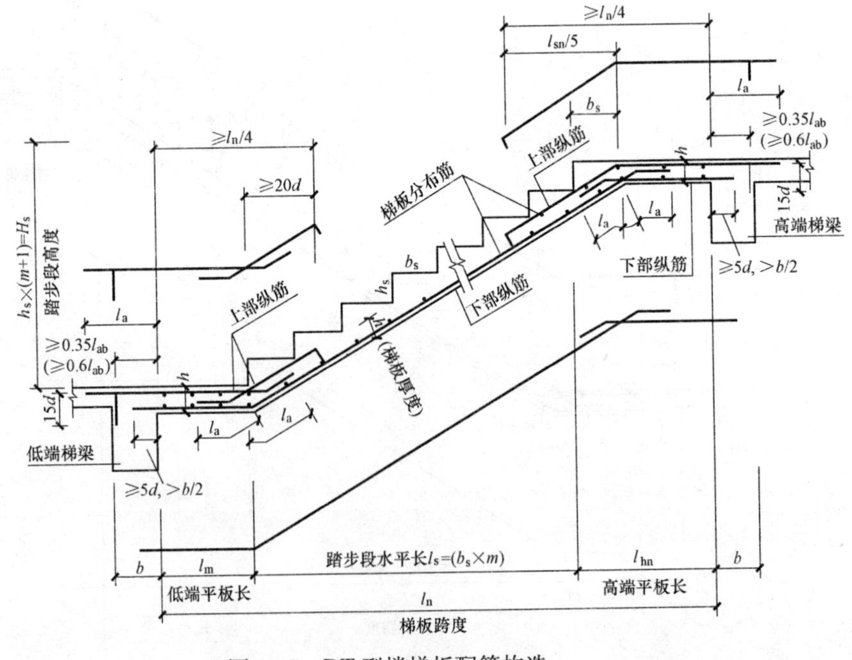

图 10-5 DT 型楼梯板配筋构造

（5）ET 型楼梯板配筋构造如图 10-6 所示。

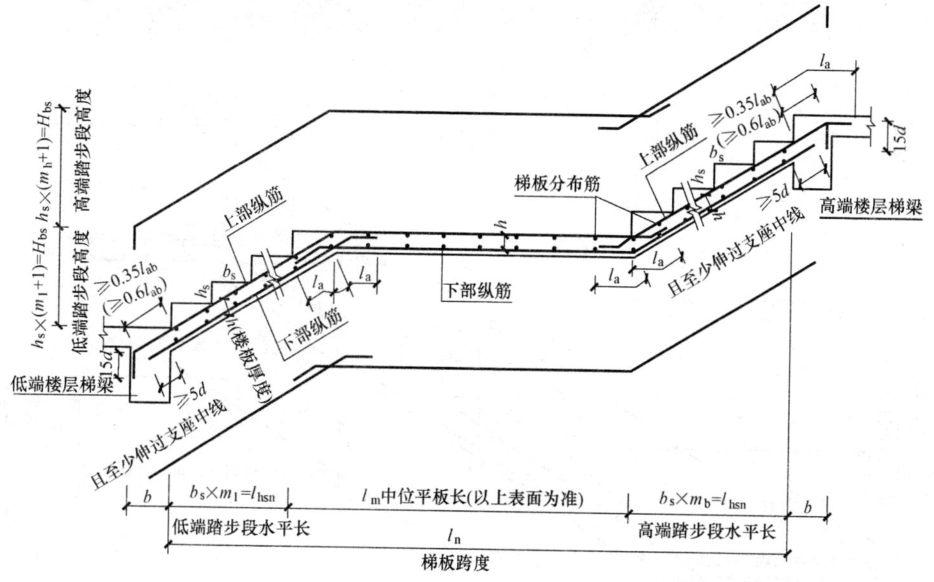

图 10-6　ET 型楼梯板配筋构造

（6）FT 型楼梯板配筋构造如图 10-7 所示。

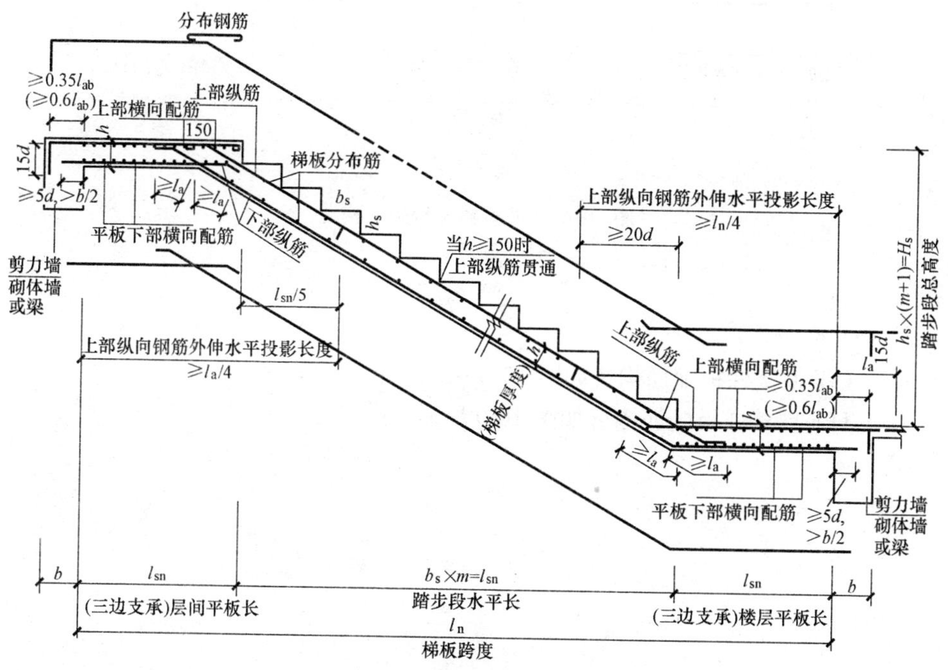

图 10-7　FT 型楼梯板配筋构造

（a）截面 $A—A$

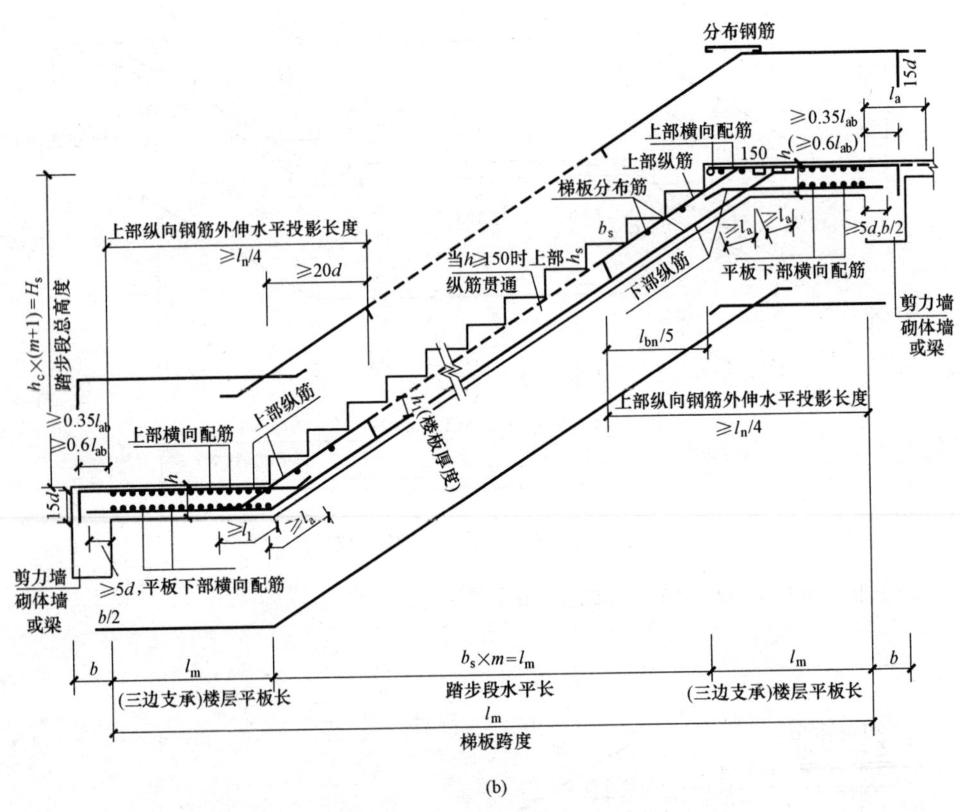

图 10-7　FT 型楼梯板配筋构造

(b) 截面 B—B

(7) GT 型楼梯板配筋构造如图 10-8 所示。

(8) HT 型楼梯板配筋构造如图 10-9 所示。

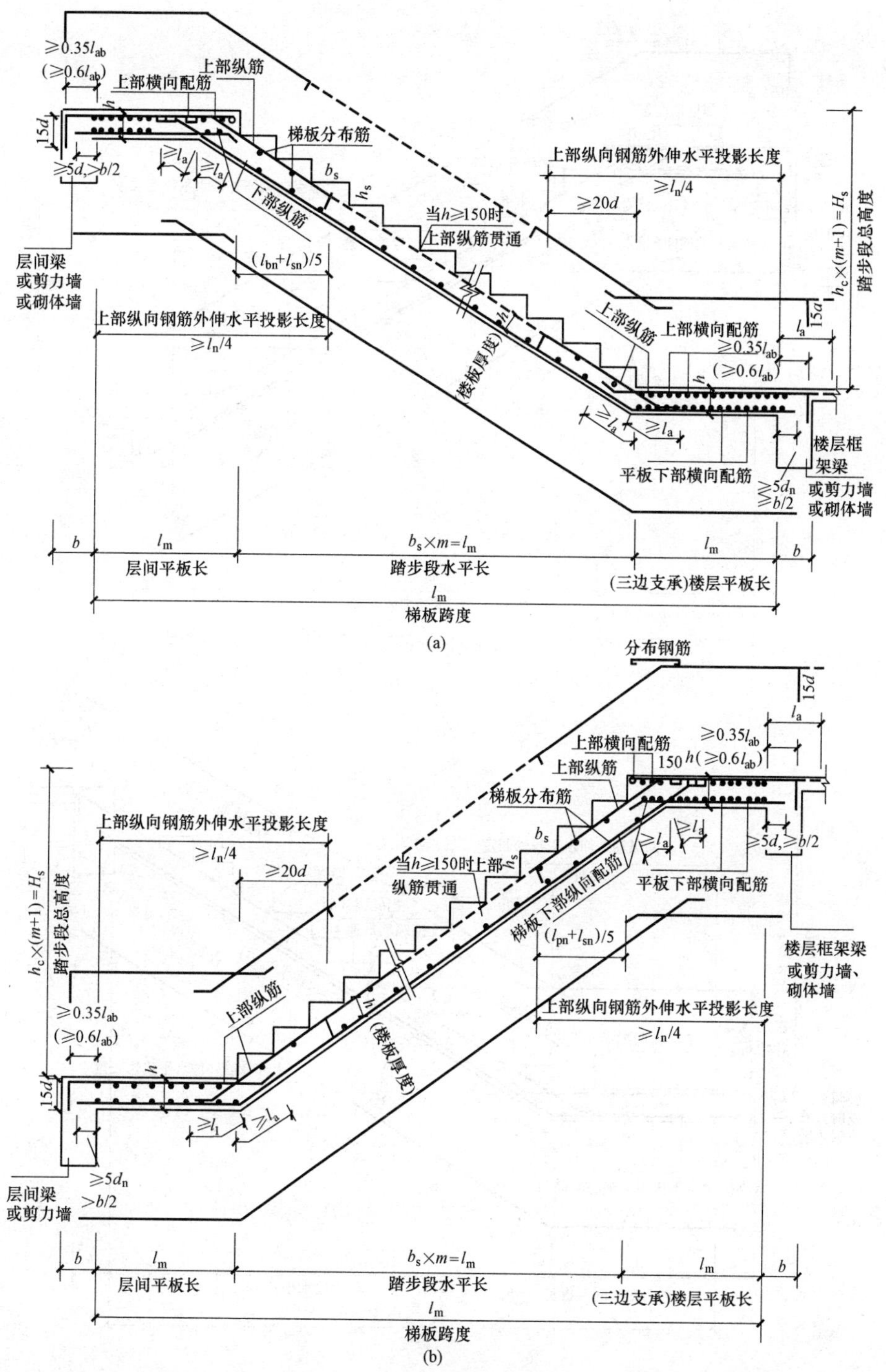

图 10-8 GT 型楼梯板配筋构造

(a) 截面 A—A；(b) 截面 B—B

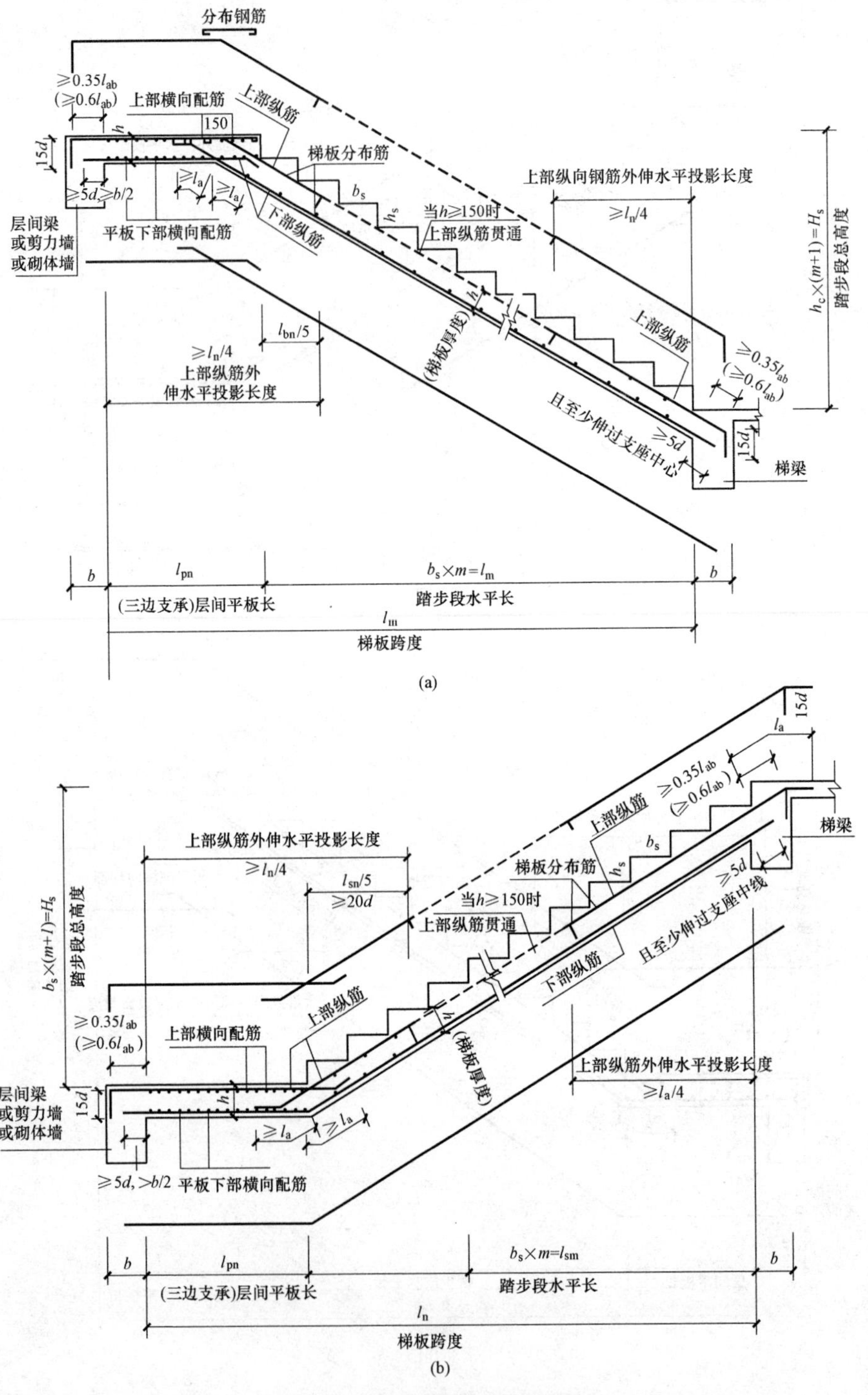

图 10-9　HT 型楼梯板配筋构造

（a）截面 A—A；（b）截面 B—B

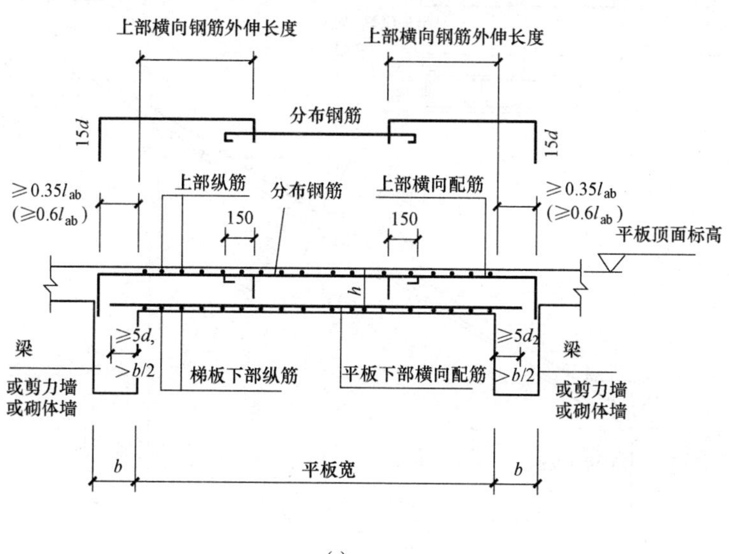

(c)

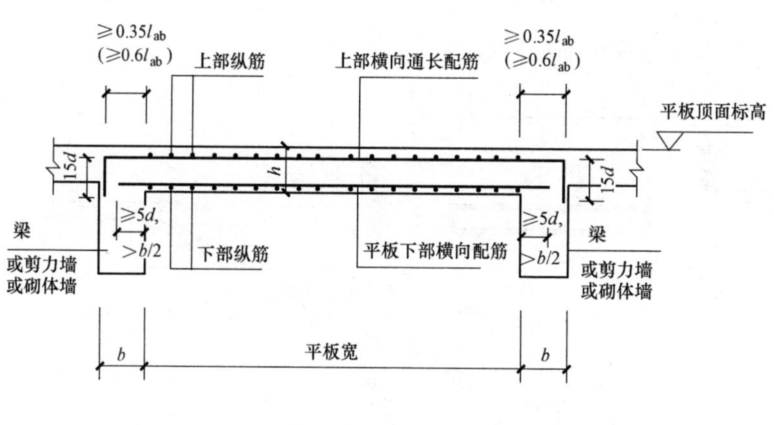

(d)

图 10-9　HT 型楼梯板配筋构造

(c) 截面 *C—C*；(d) 截面 *D—D*

(9) ATa 型楼梯板配筋构造如图 10-10 所示。

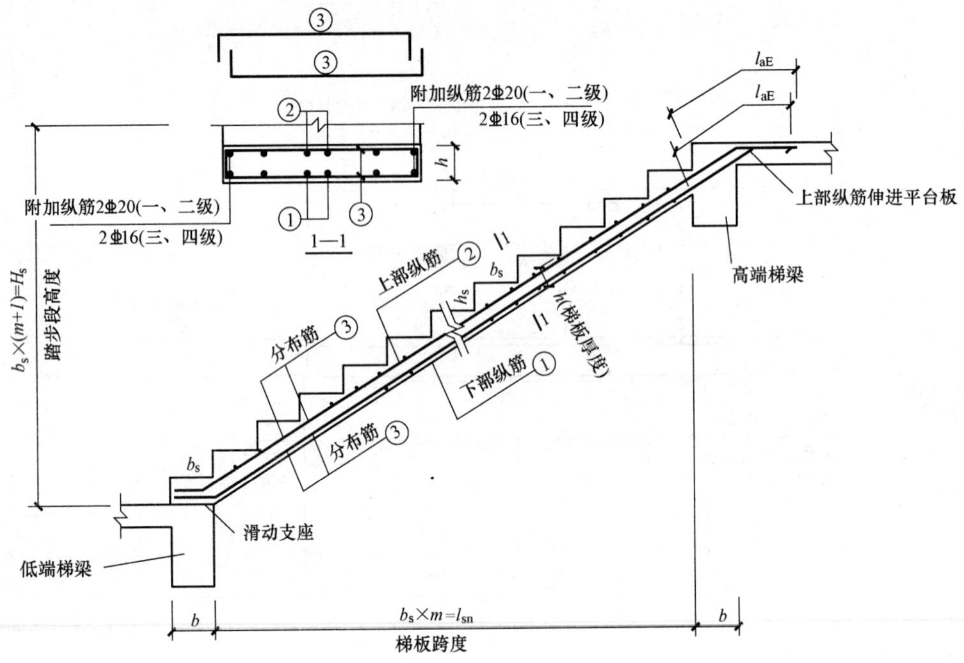

图 10-10　Ata 型楼梯板配筋构造

（10）ATb 型楼梯板配筋构造如图 10-11 所示。

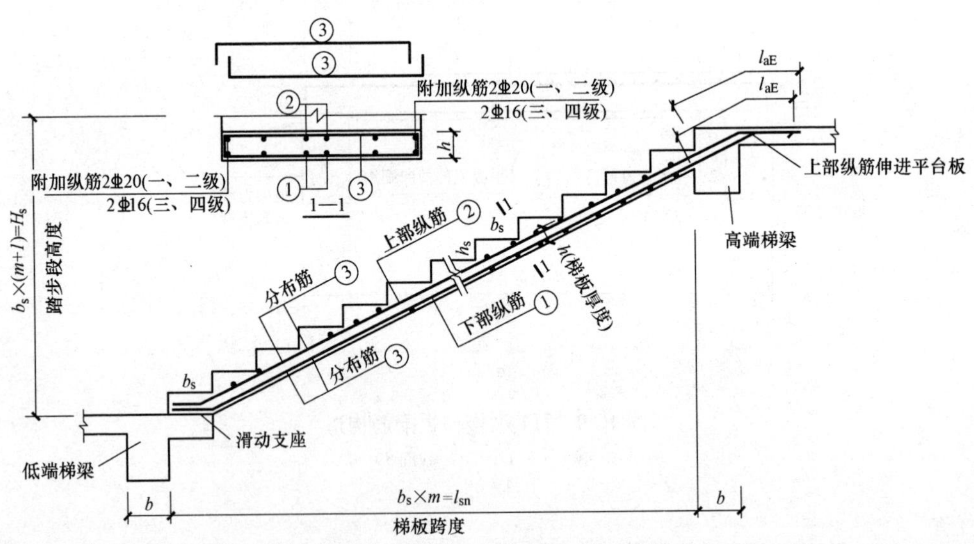

图 10-11　ATb 型楼梯板配筋构造

（11）ATc 型楼梯板配筋构造如图 10-12 所示。

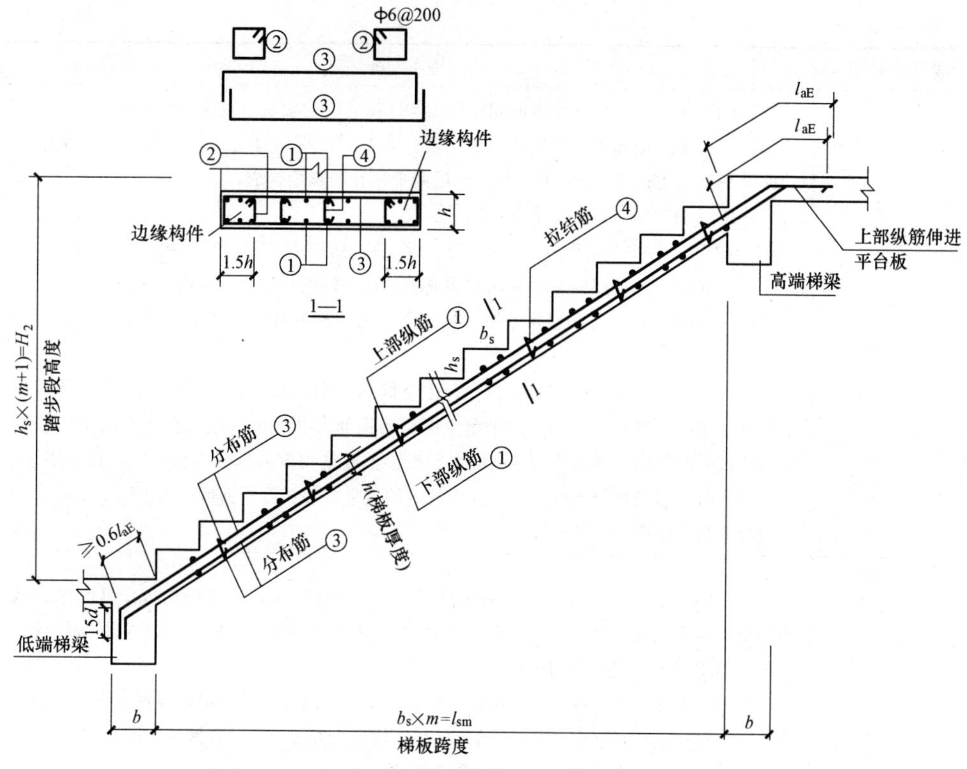

图 10-12　ATc 型楼梯板配筋构造

189. 各类板式楼梯的特征是什么？

各类板式楼梯的特征，见表 10-2。

表 10-2　　各类板式楼梯的特征

楼 梯 类 型	特　征
AT～ET 型板式楼梯	(1) AT～ET 型板式楼梯代号代表一段带上下支座的梯板。梯板的主体为踏步段，除踏步段之外，梯板可包括低端平板、高端平板以及中位平板。 (2) AT～ET 各型梯板的截面形状如下： AT 型梯板全部由踏步段构成 BT 型梯板由低端平板和踏步段构成 CT 型梯板由踏步段和高端平板构成 DT 型梯板由低端平板、踏步板和高端平板构成 ET 型梯板由低端踏步段、中位平板和高端踏步段构成。 (3) AT～ET 型梯板的两端分别以（低端和高端）梯梁为支座，采用该组板式楼梯的楼梯间内部既要设置楼层梯梁，也要设置层间梯梁（其中 ET 型梯板两端均为楼层梯梁），以及与其相连的楼层平台板和层间平台板。 (4) AT～ET 型梯板的型号、板厚、上下部纵向钢筋及分布钢筋等内容由设计者在平法施工图中注明。梯板上部纵向钢筋向跨内伸出的水平投影长度见相应的标准构造详图，设计不注，但设计者应予以校核；当标准构造详图规定的水平投影长度不满足具体工程要求时，应由设计者另行注明

续表

楼梯类型	特 征
FT～HT 型板式楼梯	(1) FT～HT 每个代号代表两跑踏步段和连接它们的楼层平板及层间平板。 (2) FT～HT 型梯板的构成分两类：第一类，FT 型和 GT 型，由层间平板、踏步段和楼层平板构成；第二类，HT 型，由层间平板和踏步段构成。 (3) FT～HT 型梯板的支承方式如下： FT 型：梯板一端的层间平板采用三边支承，另一端的楼层平板也采用三边支承。 GT 型：梯板一端的层间平板采用单边支承，另一端的楼层平板采用三边支承。 HT 型：梯板一端的层间平板采用三边支承，另一端的梯板段采用单边支承（在梯梁上）。 (4) FT～HT 型梯板的型号、板厚、上下部纵向钢筋及分布钢筋等内容由设计者在平法施工图中注明。FT～HT 型平台上部横向钢筋及其外伸长度，在平面图中原位标注。梯板上部纵向钢筋向跨内伸出的水平投影长度见相应的标准构造详图，设计不注，但设计者应予以校核；当标准构造详图规定的水平投影长度不满足具体工程要求时，应由设计者另行注明
ATa、ATb 型板式楼梯	(1) ATa、ATb 型为带滑动支座的板式楼梯，梯板全部由踏步段构成，其支承方式为梯板高端支承在梯梁上，ATa 型梯板低端带滑动支座支承在梯梁上，ATb 型梯板低端带滑动支座支承在梯梁的挑板上。 (2) 滑动支座采用何种做法应由设计指定。滑动支座垫板可选用聚四氟乙烯板（四氟板），也可选用其他能起到有效滑动的材料，其连接方式由设计者另行处理。 (3) ATa、ATb 型梯板采用双层双向配筋。梯梁支承在梯柱上时，其构造做法按《混凝土结构施工图平面整体表示方法制图规则和构造详图（现浇混凝土框架、剪力墙、梁、板）》(11G101-1) 中框架梁 KL；支承在梁上时，其构造做法按《混凝土结构施工图平面整体表示方法制图规则和构造详图（现浇混凝土框架、剪力墙、梁、板）》(11G101-1) 中非框架梁 L
ATc 型板式楼梯	(1) ATc 型梯板全部由踏步段构成，其支承方式为梯板两端均支承在梯梁上。 (2) ATc 楼梯休息平台与主体结构可整体连接，也可脱开连接。 (3) ATc 型楼梯梯板厚度应按计算确定，且不宜小于 140mm；梯板采用双层配筋。 (4) ATc 型梯板两侧设置边缘构件（暗梁），边缘构件的宽度取 1.5 倍板厚；边缘构件纵筋数量，当抗震等级为一、二级时不少于 6 根，当抗震等级为三、四级时不少于 4 根；纵筋直径为Φ12 且不小于梯板纵向受力钢筋的直径；箍筋为Φ6@200

 190. BT 型楼梯板配筋构造是怎样的?

BT 型楼梯板配筋构造，如图 10-13 所示。

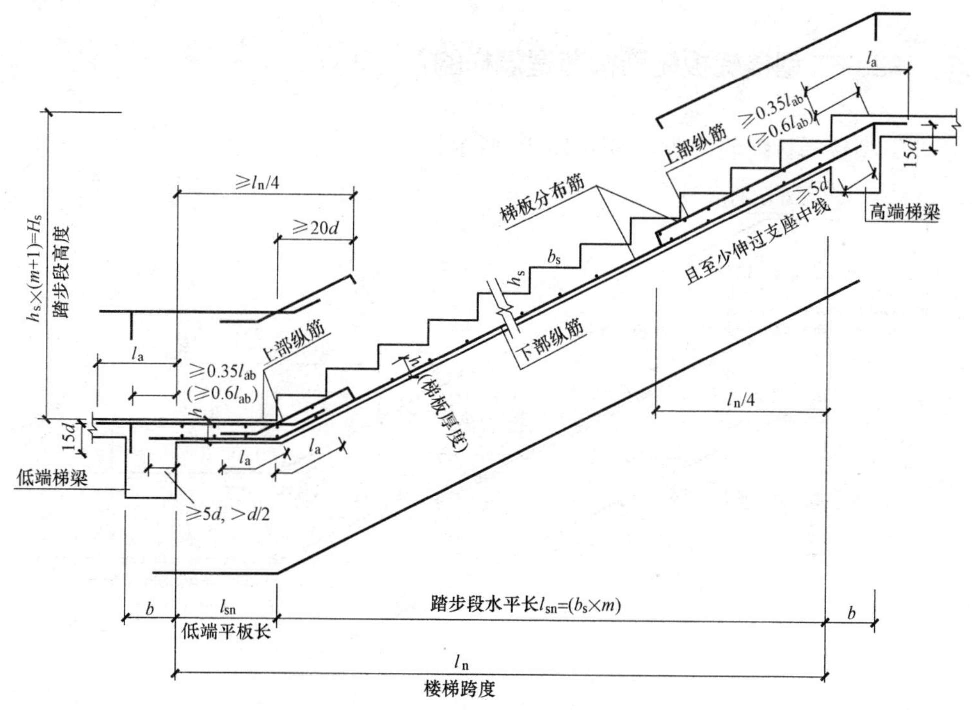

图 10-13　BT 型楼梯板配筋构造

191. ET 型楼梯板配筋构造是怎样的?

ET 型楼梯板配筋构造，如图 10-14 所示。

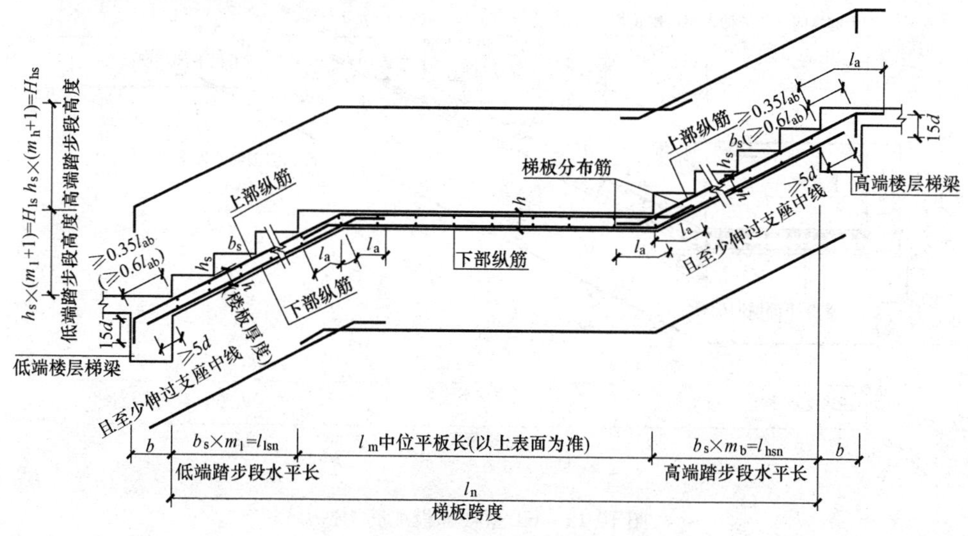

图 10-14　ET 型楼梯板配筋构造

192. FT 型楼梯板配筋构造是怎样的？

FT 型楼梯板配筋构造，如图 10-15 所示。

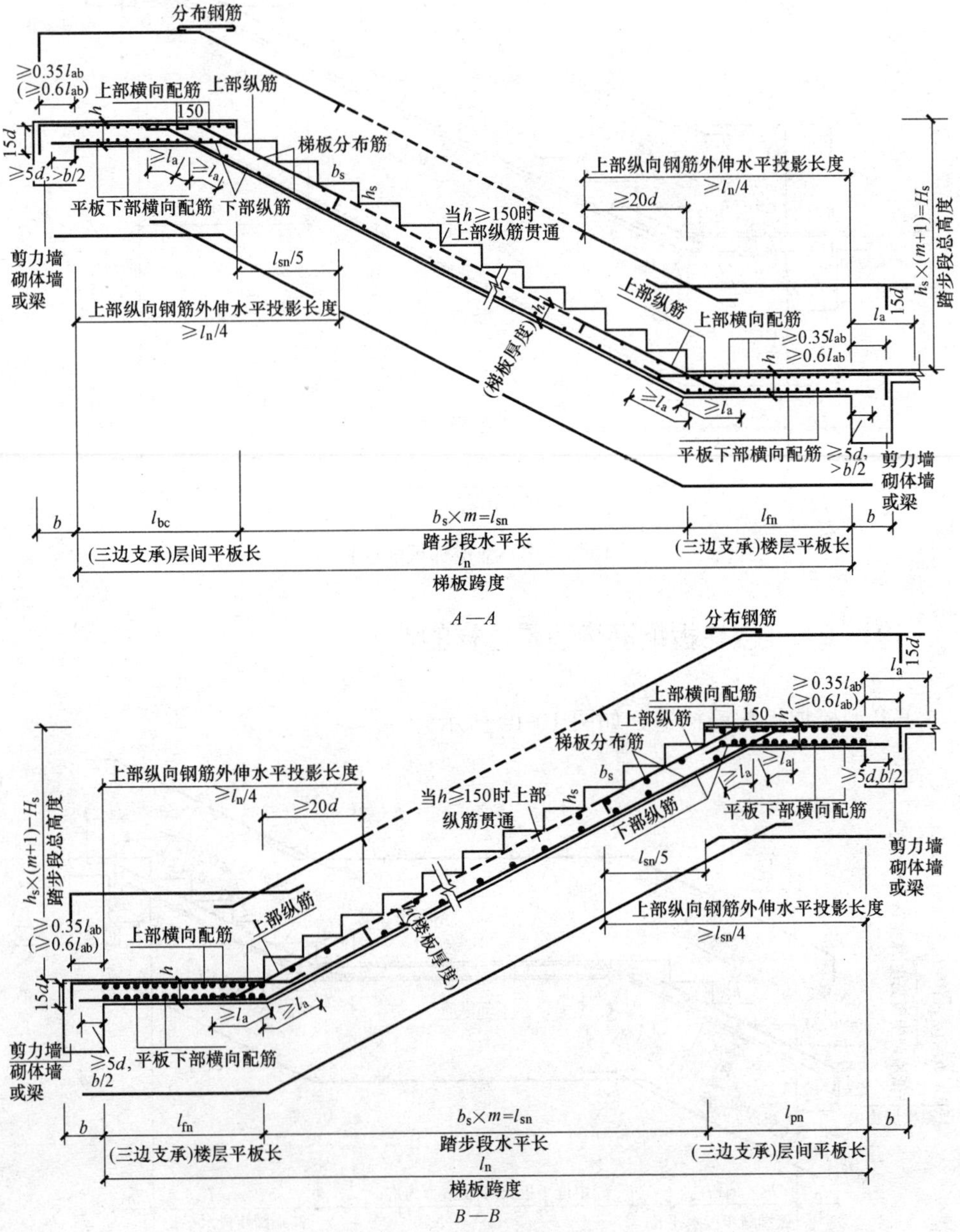

A—A

B—B

图 10-15　FT 型楼梯板配筋构造

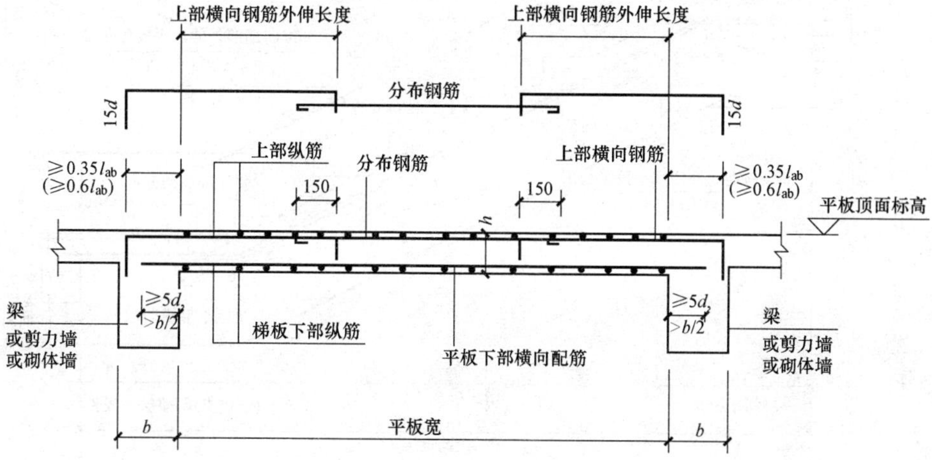

C—C

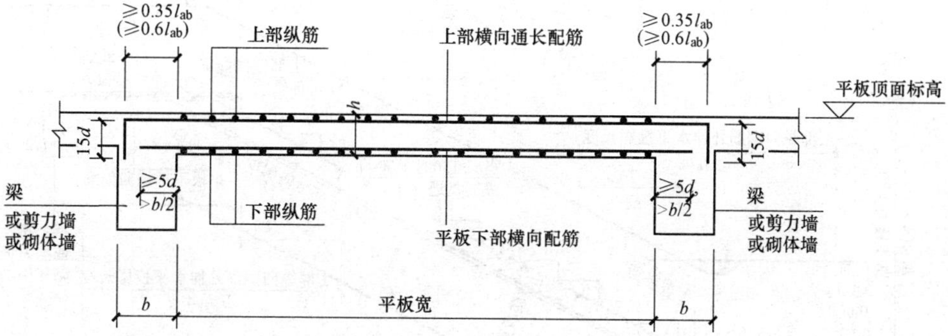

D—D

图 10-15　FT 型楼梯板配筋构造

图 10-15 中 A—A、B—B 剖面的楼层平板和层间平板均为三边支承；C—C、D—D 剖面用于 FT、GT、HT 型楼梯，故下面不再进行列出。

193. GT 型楼梯板配筋构造是怎样的?

GT 型楼梯板配筋构造，如图 10-16 所示。

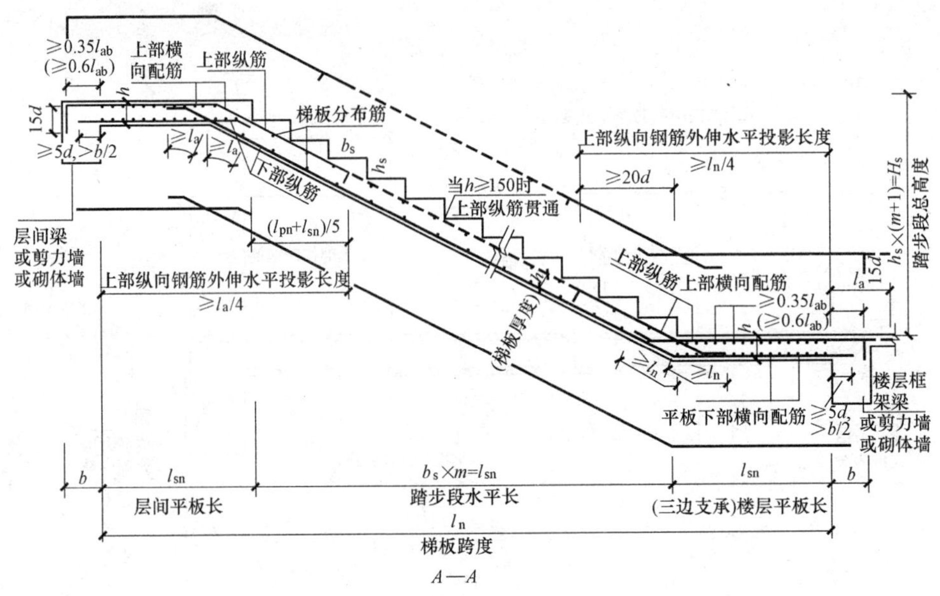

A—A

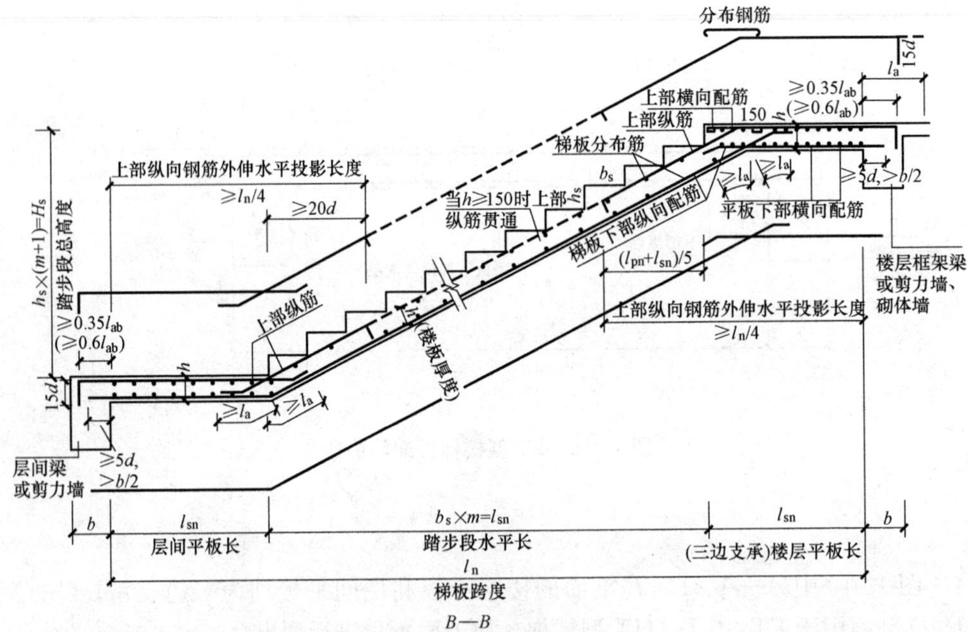

B—B

图 10-16　GT 型楼梯板配筋构造（楼层平板为三边支承，层间平板那为单边支承）

194. ATa 型楼梯的滑动支座的构造是怎样的?

ATa 型楼梯的滑动支座的构造，如图 10-17 所示。

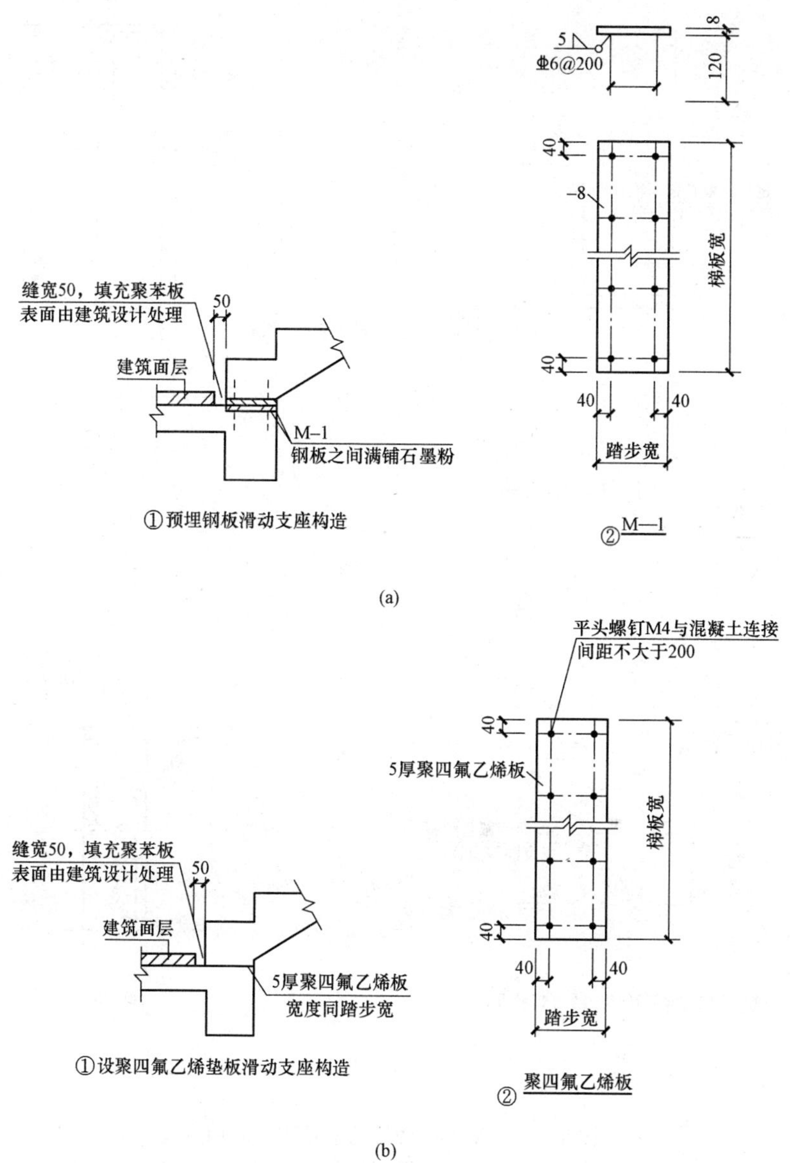

图 10-17　ATa 型楼梯的滑动支座的构造

（a）预埋钢板；（b）设聚四氟乙烯垫板（梯段浇筑时应在垫板上铺设塑料薄膜）

195. ATb 型楼梯的滑动支座的构造是怎样的?

ATb 型楼梯的滑动支座的构造，如图 10-18 所示。

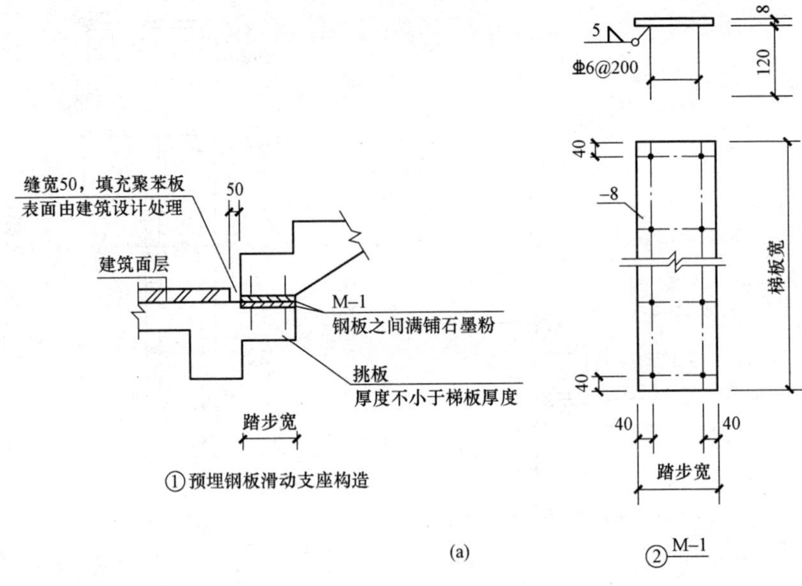

(a)

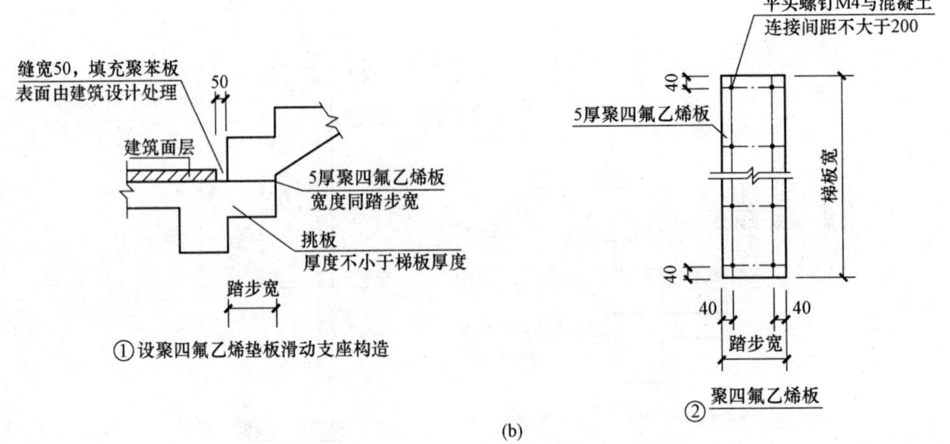

(b)

图 10-18　ATb 型楼梯的滑动支座的构造

（a）预埋钢板；（b）设聚四氟乙烯垫板（梯段浇筑时应在垫板上铺设塑料薄膜）

196. ATb 型楼梯板配筋构造是怎样的?

ATb 型楼梯板配筋构造，如图 10-19 所示。

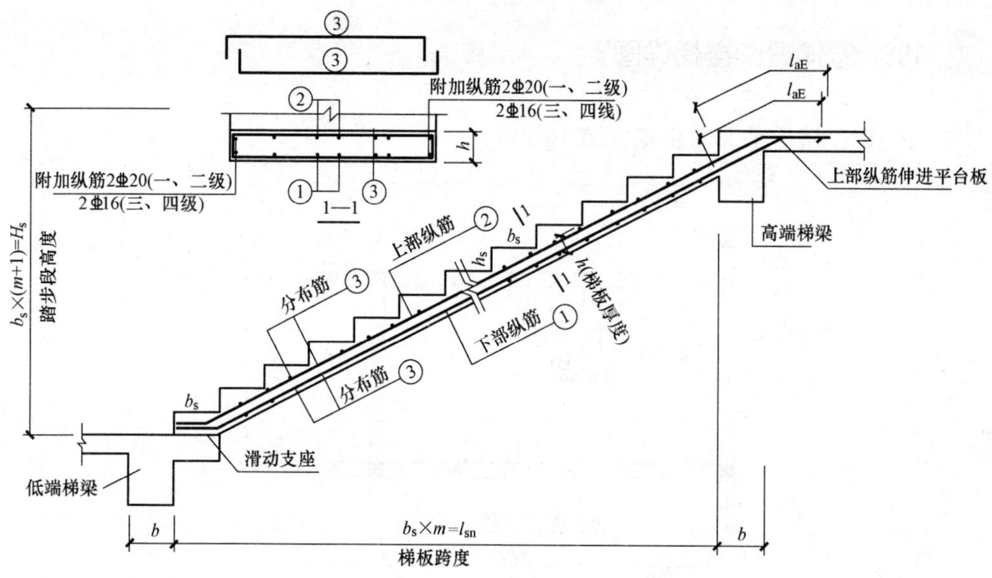

图 10-19　ATb 型楼梯板配筋构造

197. ATc 型楼梯板配筋构造是怎样的?

ATc 型楼梯板配筋构造，如图 10-20 所示。

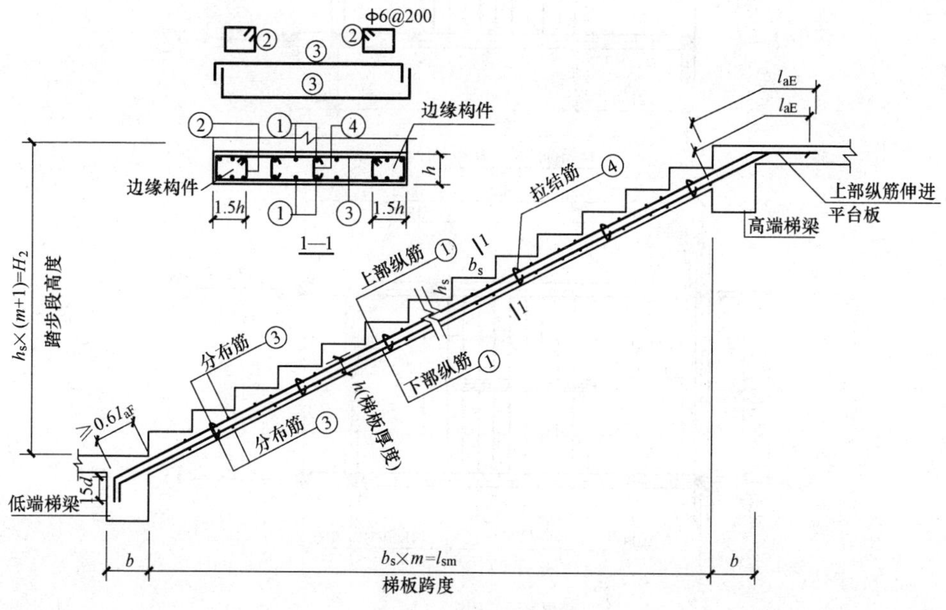

图 10-20　ATc 型楼梯板配筋构造

198. 怎样识读楼梯详图?

（1）识读楼梯平面图步骤（图 10-21）。

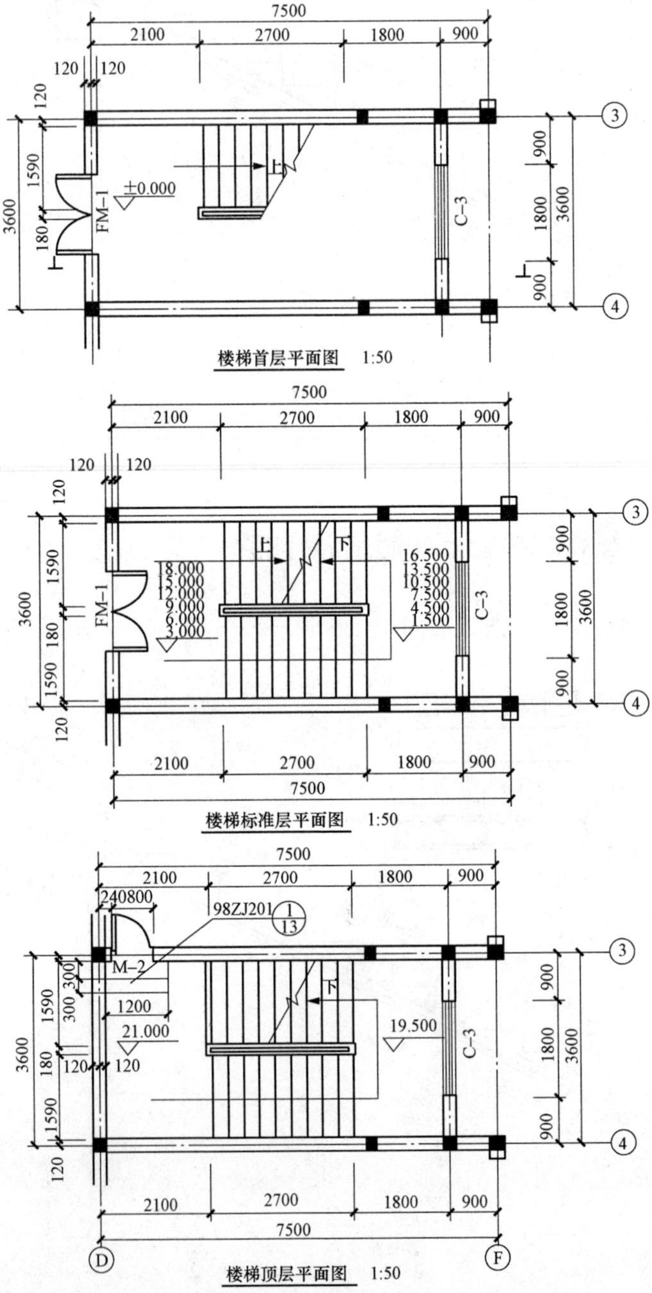

楼梯首层平面图　1:50

楼梯标准层平面图　1:50

楼梯顶层平面图　1:50

图 10-21　楼梯平面图

①了解楼梯在建筑平面图中的位置与相关轴线的布置。

②了解楼梯的平面形式、踏步尺寸、楼梯的走向与上下行的起步位置。

③了解楼梯间的开间、进深，墙体的厚度。

④了解楼梯和休息平台的平面形式、位置，踏步的宽度和数量。

⑤了解楼梯间各楼层平台、梯段、楼梯井和休息平台面的标高。

⑥了解中间层平面图中三个不同梯段的投影。

⑦了解楼梯间墙、柱、门、窗的平面位置、编号和尺寸。

⑧了解楼梯剖面图在楼梯底层平面图中的剖切位置。

（2）楼梯剖面图的识读步骤（图 10-22）。

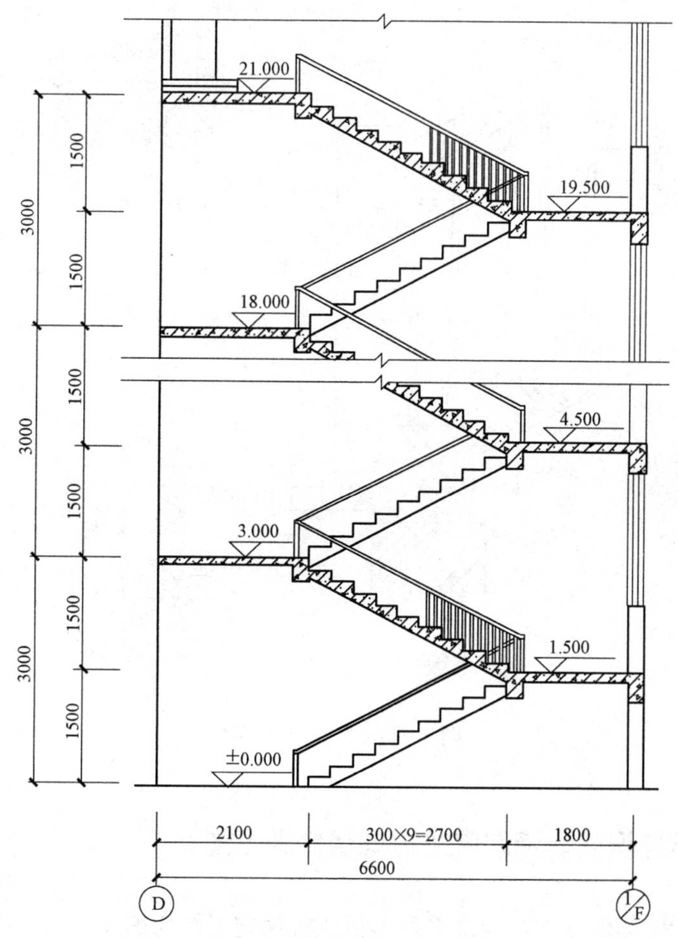

图 10-22　楼梯剖面图

①了解楼梯的构造形式。

②了解楼梯在竖向和进深方向的有关尺寸。

③了解楼梯段、平台、栏杆、扶手等的构造和用料说明。

④了解被剖切梯段的踏步级数。

⑤了解图中的索引符号。

（3）楼梯节点详图的识读　楼梯节点详图主要表达楼梯栏杆、踏步、扶手的做法，如果采用标准图集，则直接引注标准图集代号；如果采用的形式特殊，则用1∶10、1∶5、1∶2或1∶1的比例详细表示其形状、大小、所采用材料以及具体做法，如图10-23所示。

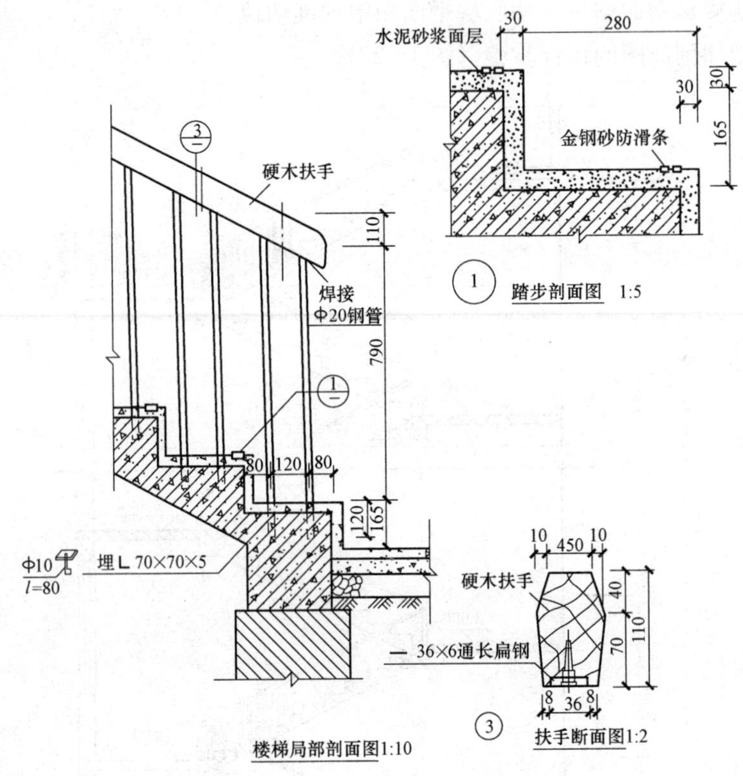

图10-23　楼梯节点详图

199. 怎样识读现浇混凝土板式楼梯施工图？

以图10-24为例，进行现浇混凝土板式楼梯施工图的识读。

某工程现浇混凝土板式楼梯施工图，如图10-24所示，图纸说明如下：

1）现浇楼梯采用C30混凝土，HPB300（Φ）级钢筋，HRB400（Φ）级钢筋。

2）板顶标高为建筑标高－0.050m。

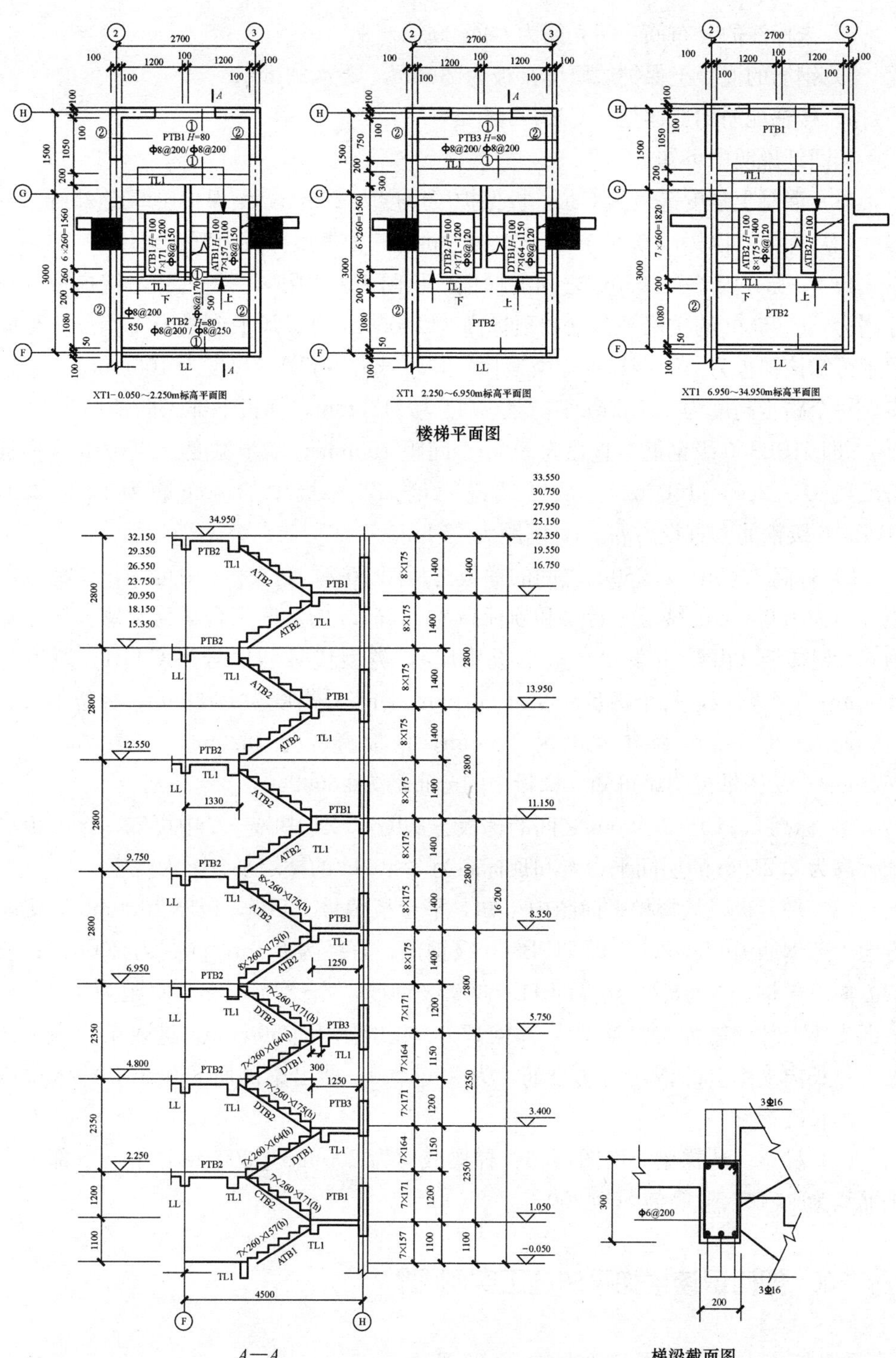

楼梯平面图

A—A

梯梁截面图

图 10-24　现浇混凝土板式楼梯施工图

3）未标注的分布筋：架立筋为Φ8@250。

4）钢筋的混凝土保护层厚度：板为20mm，梁为25mm。

5）楼梯配筋构造详见11G101-2图集。

从图纸说明中可知：

（1）混凝土强度等级为C30，板保护层厚度为20mm，梁保护层厚度25mm。

（2）梯板。以标高0.050～3.400m之间的三种类型梯板为例介绍。

1）标高0.050～1.050m之间的梯板。从图10-24中*A*—*A*可知，该梯板以顶标高为－0.050m的楼层平台梁和顶标高为1.050m的层间平台梁为支座。从平面图中可知该梯板为AT型梯板，类型代号和序号为ATB1，厚度为100mm，7个踏步，每个踏步高度为157mm，踏步总高度为1100mm；梯板下部纵向钢筋为Φ8@150，即HPB300级钢筋，直径为8mm，间距150mm。踏步宽度为260mm，梯板跨度为6×260＝1560mm。从图纸说明可知，梯板中的分布筋为Φ8@250，HPB300级钢筋，直径为8mm，间距为250mm。

2）标高1.050～2.250m之间的梯板。从图10-24中*A*—*A*中可知，该梯板以顶标高为1.050m的楼层平台梁和顶标高为2.250m的层间平台梁为支座。该梯板为CT型梯板（由踏步段和高端平板构成），类型代号和序号为CTB1，厚度为100mm；7个踏步，每个踏步高度为171mm，踏步总高度为1200mm；梯板下部纵向钢筋为Φ8@150。踏步宽度为260mm，梯板跨度为1820mm（6×260mm＋260mm）。从图纸说明中可知，梯板中的分布筋为Φ8@250。

3）标高2.250～3.400m之间的梯板。从图10-24中*A*—*A*中可知，该梯板以顶标高为2.250m的层间平台梁和顶标高为3.400m的楼层平台梁为支座。

（3）平台板。从楼梯平面图中可知，平台板编号PTB2，板厚为80mm，短跨方向下部钢筋为Φ8@200，即HPB300级钢筋，直径为8mm，间距为200mm；长跨方向下部钢筋为Φ8@250，即HPB300级钢筋，直径为8mm，间距为250mm。短向支座上部钢筋为①号筋，为Φ8@170，伸出梁侧面500mm，进入梁内为锚固长度；长向支座上部钢筋为②号筋，为Φ8@200，伸出梁侧面850mm，进入梁内为锚固长度梯梁。

（4）梯梁。从梯梁截面图可知：梯梁截面为200mm×300mm，上、下部纵向钢筋均为3Φ16，箍筋为Φ6@200。

200. 如何识读楼梯平法施工实例图？

【例】 某楼梯平法施工图如图10-25所示。

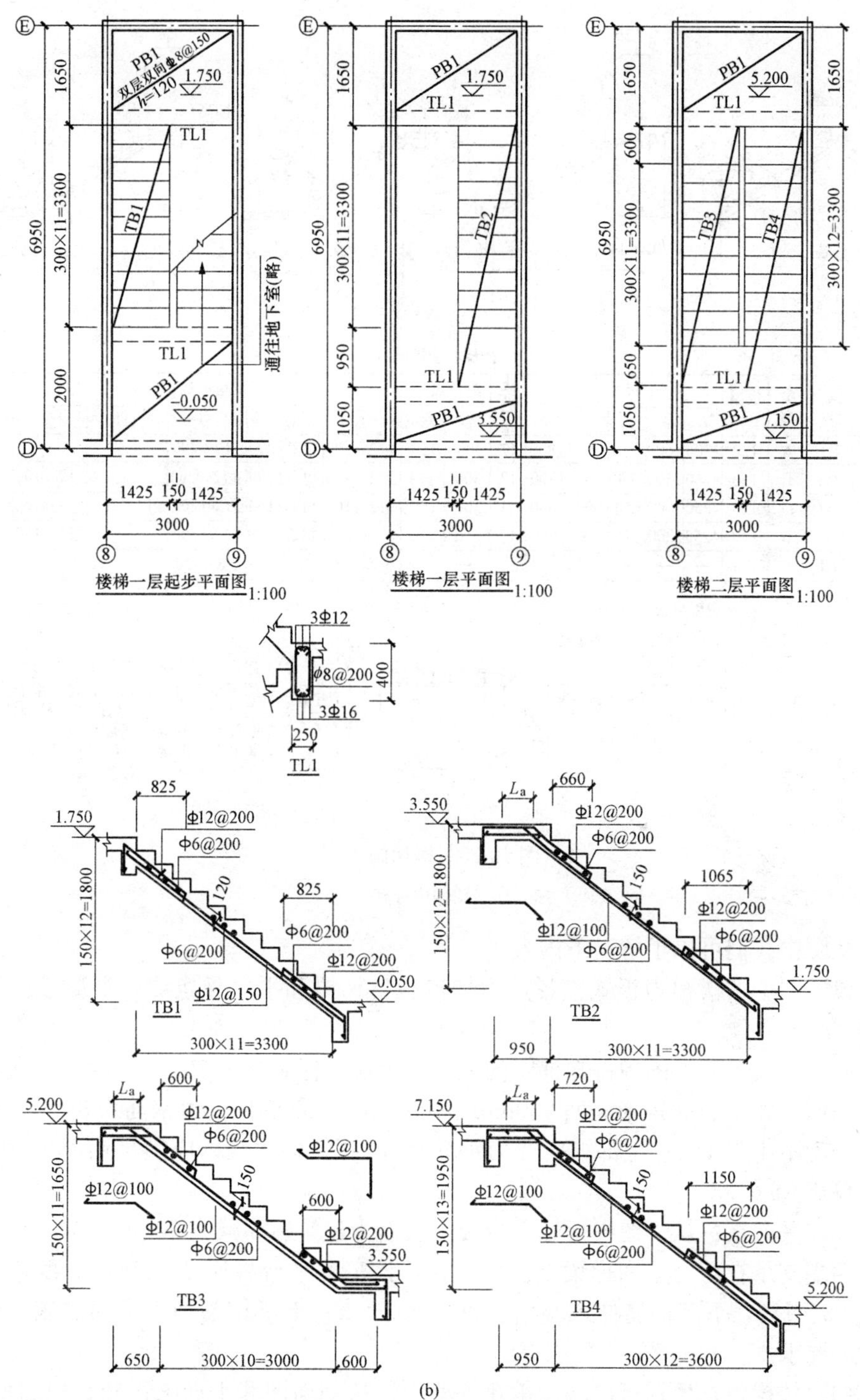

图 10-25　楼梯施工图

（a）楼梯构件详图；（b）楼梯构件详图

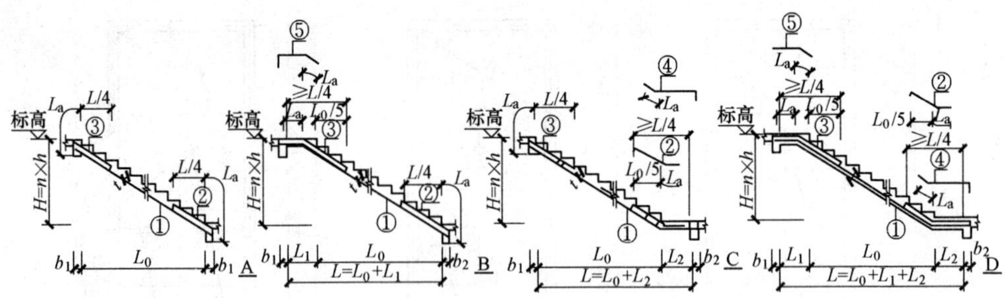

楼梯板配筋表

楼梯号	编号	类型	板厚 t	尺寸					级数 n	踏步尺寸		梯板配筋					备注
				L	L_0	L_1	L_2	H		宽b	高h	①	②	③	④	⑤	
楼梯A	TB1	A	120	3300	2600	—	—	1800	12	300	150	Φ12@100	Φ12@200	Φ12@200	—	—	
	TB2	B	150	4250	3300	950	—	1800	12	300	150	Φ12@100	Φ12@200	Φ12@200	—	Φ12@100	
	TB3	D	150	4250	3000	650	600	1650	11	300	150	Φ12@100	Φ12@100	Φ12@200	Φ12@200	Φ12@100	
	TB4	B	150	4250	3300	950	—	1950	13	300	150	Φ12@100	Φ12@100	Φ12@200	—	Φ12@100	
	PB1	E	120	—	—	—	—	—	—	—	—	Φ8@150	Φ8@150	Φ8@150	—	—	

楼梯梁配筋表

楼梯号	梁号	尺寸		梁底筋	梁顶筋	梁箍筋
		b	h	①	②	③
楼梯A	TL1	250	400	3Φ12	3Φ16	φ8@200

E平台板　　梯梁

说明:
1.楼梯混凝土强度等线:C25。
2.位于半平台处的梯梁，若端部无支承，应设混凝土立柱(另详)落于楼面梁上。
3.钢筋长度尚应现场放样确定。
4.本图需配合建施使用，梯级大样，扶手，预埋件详见建施图。

(c)

图 10-25　楼梯施工图

(c) 楼梯构件详图

从图中我们可以了解以下内容：

(1) 图中的楼梯为板式楼梯，由梯段板、梯梁和平台板组成，混凝土强度等级为 C25。

(2) 梯梁：从上图中得知梯梁的上表面为建筑标高减去 50mm，断面形式均为矩形断面。如 TL1，矩形断面 250mm×400mm，下部纵向受力钢筋为 3Φ16，伸入墙内长度不小于 15d；上部纵向受力钢筋为 3Φ12，伸入墙内应满足锚固长度 l_a要求；箍筋Φ8@200。

(3) 平台板：从上图中得知平台板上表面为建筑标高减去 50mm，与梯梁同标高，两端支承在剪力墙和梯梁上。由图知，该工程平台板厚度 120mm，配筋双层双向Φ8@150，下部钢筋伸入墙内长度不小于 5d；上部钢筋伸入墙内应满足锚固长度 l_a要求。

(4) 楼梯板：楼梯板两端支承在梯梁上，从剖面图和平面图得知，根据型式、跨度和高差的不同，梯板分成 5 种，即 TB1～TB5。

①类型 A：下部受力筋①通长，伸入梯梁内的长度不小于 5d；下部分布筋为

Φ6@200；上部筋②、③伸出梯梁的水平投影长度为 0.25 倍净跨，末端作 90°直钩顶在模板上，另一端进入梯梁内不小于锚固长度 l_a，并沿梁侧边弯下。

②类型 B：板倾斜段下部受力筋①通长，至板水平段板顶弯成水平，从板底弯折处起算，钢筋水平投影长度为锚固长度 l_a；下部分布筋为Φ6@200；上部筋②伸出梯梁的水平投影长度为 0.25 倍净跨，末端作 90°直钩顶在模板上，另一端进入梯梁内不小于锚固长度 l_a，并沿梁侧边弯下；上部筋③中部弯曲，既是倾斜段也是水平段的上部钢筋，其倾斜部分长度为斜梯板净跨（L_0）的 0.2 倍，且总长的水平投影长度不小于 0.25 倍总净跨（L），末端作 90°直钩顶在模板上，另一端进入梯梁内不小于锚固长度 l_a，并沿梁侧边弯下。

③类型 D：下部受力筋①通长，在两水平段转折处弯折，分别伸入梯梁内，长度不小于 $5d$；板上水平段上部受力筋③至倾斜段上部板顶弯折，既是倾斜段也是上水平段的上部钢筋，其倾斜部分长度为斜梯板净跨（L_0）的 0.2 倍，且总长的水平投影长度不小于 0.25 倍总净跨（L），末端作 90°直钩顶在模板上，另一端进入梯梁内不小于锚固长度 l_a，并沿梁侧边弯下；板上水平段下部筋⑤在靠近斜板处弯折成斜板上部筋，延伸至满足锚固长度后截断；下部分布筋为Φ6@200；板下水平段下部筋②至倾斜段上部板顶弯折，既是倾斜段也是下水平段的上部钢筋，其倾斜部分长度为斜梯板净跨（L_0）的 0.2 倍，且总长水平投影长度不小于 0.25 倍总净跨（L），末端作 90°直钩顶在模板上，另一端进入下水平段板底弯折，延伸至满足锚固长度后截断；板下水平段上部筋④至斜板底面处弯折，另一端进入梯梁内不小于锚固长度 l_a，并沿梁侧边弯下。

参 考 文 献

[1] 中国建筑标准设计研究院．11G101-1混凝土结构施工图平面整体表示方法制图规则和构造详图（现浇混凝土框架、剪力墙、梁、板）[S]．北京：中国计划出版社，2011.

[2] 中国建筑标准设计研究院．11G101-2混凝土结构施工图平面整体表示方法制图规则和构造详图（现浇混凝土板式楼梯）[S]．北京：中国计划出版社，2011.

[3] 中国建筑标准设计研究院．11G101-3混凝土结构施工图平面整体表示方法制图规则和构造详图（独立基础、条形基础、筏型基础及桩基承台）[S]．北京：中国计划出版社，2011.

[4] 陈达飞．平法识图与钢筋计算[M]．2版．北京：中国建筑工业出版社，2012.

[5] 李守巨．平法钢筋识图与算量[M]．北京：中国电力出版社，2014.

[6] 中华人民共和国住房和城乡建设部．JGJ 18—2012钢筋焊接及验收规程[S]．北京：中国建筑工业出版社，2012.

[7] 赵容．G101平法钢筋识图与算量[M]．北京：中国建筑工业出版社，2010.

[8] 中华人民共和国住房和城乡建设部．GB 50204—2002（2011版）混凝土结构工程施工质量验收规范[S]．北京：中国建筑工业出版社，2011.

[9] 李守巨．平法钢筋识图与算量[M]．北京：中国电力出版社，2014.

[10] 陈达飞．平法识图与钢筋计算[M]．2版．北京：中国建筑工业出版社，2012.